环境·设计·美学

ENVIRONMENT DESIGN AESTHETIC

——区域实践与个案研究

REGIONAL PRACTICE AND CASE STUDIES

骆玉平 等 著

中国纺织出版社有限公司

内 容 提 要

相较于逻辑的真，我们更关注生活的真。

本书以实地调研、案例分析为重点，详细分析了城乡环境与生活、实践反映在美学上的不同表征和追求。重庆、贵州与浙江是本书聚焦的核心区域，它们分别是西部和东部地区的代表，同是基于城市生活载体，浙江与重庆分别关注了社区治理、公园环境和滨水景观；同是基于西部地区，贵州与重庆分别关注了乡镇集市生活、在地性艺术和乡村美育。同时基于审美、极简主义，一些设计突显了对日本审美文化的宏观把握，体现了现代与传统、中国与日本的生活文化对比。全书图文并茂，针对性强，不仅适合从事应用性美学理论的研究人员，也适合广大关注城乡发展与变化的热心人士阅读。

图书在版编目（CIP）数据

环境·设计·美学：区域实践与个案研究 / 骆玉平等著. -- 北京：中国纺织出版社有限公司，2023.4
ISBN 978-7-5229-0332-3

Ⅰ. ①环… Ⅱ. ①骆… Ⅲ. ① 城市环境—环境设计—研究 Ⅳ. ①TU-856

中国国家版本馆CIP数据核字（2023）第026975号

HUANJING SHEJI MEIXUE：QUYU SHIJIAN YU GEAN
YANJIU

责任编辑：李春奕　　责任校对：楼旭红　　责任印制：王艳丽

中国纺织出版社有限公司出版发行
地址：北京市朝阳区百子湾东里 A407 号楼　邮政编码：100124
销售电话：010 — 67004422　传真：010 — 87155801
http://www.c-textilep.com
中国纺织出版社天猫旗舰店
官方微博 http://weibo.com/2119887771
北京华联印刷有限公司印刷　各地新华书店经销
2023 年 4 月第 1 版第 1 次印刷
开本：710×1000　1/16　印张：17
字数：252 千字　定价：138.00 元

本书的初稿成形于全球新型冠状病毒感染疫情流行之初，那时谁都不曾料到生活方式会因疫情而发生翻天覆地的变化。转眼即将三年，疫情尚未结束，我们时常忘了生活本来的模样，就仿佛过分迷失在逻辑真理中的人，忘了叩问自己脚踏的那片土地。

本书共有三个特点。一是内容丰富，作者们具有不同的专业背景，如有学设计历史与理论专业、视觉传达设计专业、产品设计专业、环境艺术设计专业，也有学出镜记者专业等，他们的生活地域也存在差异性，如有的来自东部沿海城市，有的来自中部城镇，还有的来自西部乡村，这都为本书提供了多角度观察的可能。二是聚焦真实，作者们都热心于关注自己生活其中的环境、生活和实践，相对于形而上的纯逻辑推演，真实的世界才是他们关注的重点，部分区域的个案研究可能会受到诸如不具有普遍性真理的责备，但在个性中发现共性也是寻找真理的途径之一。三是创新性的尝试，本书主要是设计学学科师生积极探索设计学和美学融合发展的有益尝试，部分分析较为新颖，因此，算是有所创新。

本书一共有七篇文章，第一篇至第四篇着眼于重庆区域，依靠重庆独特的山地城市建设和生态景观，探索城市公共空间中景观设计的审美、乡村公共空间的美育价值和公共艺术中的设计特点。其中，第一篇是从设计美学的视角出发，详细分析了重庆山地公园的代表——鸿恩寺公园的景观设计、设计审美及其经验与价值；第二篇全文聚焦于"在地"二字，探索的是在艺术乡建语境下，2019年8月正式开

P R E F A C E

序

幕的重庆武隆懒坝大地艺术节中的作品设计；第三篇同样是以重庆的公园为研究对象，不过利用的却是生态学中的共生理论，且公园的类别也是有别于山地公园的湿地公园；第四篇从城市转向乡村，以酉阳"叠石花谷"公共空间为例，在乡村振兴的时代背景下，追问乡村的美育价值及其实现路径。第五篇至第七篇研究的对象和问题更具差异性，在这一部分，研究的区域从中国跳至日本，并再次回到中国。其中，第五篇是对日本极简主义设计的核心思想——"白"的审美文化探究，"白"在口语中的滥觞，部分遮蔽了其更深沉的审美内涵，因此，有必要恢复其美学涵义；第六篇致力于探索在设计对象的非实体性、多学科交叉的复杂性和传统设计美学的突破性发展下，生活美学、环境美学和生态美学等在乡镇集市上进行设计分析的可能性，同时，凸显贵州黔东南苗族乡镇集市的审美特点；第七篇主要是对浙江义乌鸡鸣山多元文化社区自组织设计现象的探索，其多元文化源于当地多个国家的居民和少数民族的集聚，其研究与其他章节相比也更具探索性和未来性。

本书的成形和出版尤其要感谢同行前辈们的精心指导，在以设计学为研究基点的写作方向下，对其学科的交叉性研究中提供了很多新的研究思路和方法。另外，要感谢中国纺织出版社有限公司的编辑团队，在他们的协作和努力下，此书才得以呈现在大家面前。

本书作为设计学学科的学生探索设计学与美学相结合的可能性尝试，恳请各领域专家及读者们给予指正！

著者

2022年9月7日

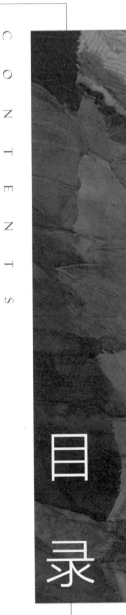

C O N T E N T S

目录

03

重庆彩云湖湿地公园设计的共生理论研究
裴冬冬

04

乡村美育价值及其实现路径研究
——以酉阳"叠石花谷"为例
孙全意

05

"白"的审美体验
——日本极简主义设计的审美文化探究
骆安琪

06
贵州黔东南苗族乡镇集市的生活美学研究
蒋泽云

07
多元文化社区的自组织设计与未来发展
——以鸡鸣山社区为例
吴億能

重庆山地公园的设计美学研究

01

——以鸿恩寺公园为例

马敏

中国园林以其独特的外观形态和丰富的文化内涵成为中华文明代表之一，我国西部城市的山地公园几乎都是依托于当地特有的自然地形而建构，山地公园空间的立体性、景观的层次感、与城市人文的包容性，成为城市景观面貌的有机组成部分。重庆山地公园因其自成一派的园林艺术表现风格，在中国园林艺术中别具一格，经过千百年历史的洗礼，不断传承与发展。在尊重巴渝地区地理环境的前提下，巧用重庆地区的山水条件而布局，以呈现重庆公园景观蕴含的独特的设计思想和艺术价值。

1 重庆园林演变历史

1.1 重庆传统园林

春秋战国到唐代，城市发展越来越壮大，在城建过程中，重庆传统园林逐渐形成，以寺庙园林最为突出。

在秦汉时期和魏晋南北朝时期，帝王和圣人是巴渝地区的主要祭祀对象，形成重庆历史纪念园林的前身。《华阳国志》中记载，汉朝巴郡太守建造的荔枝园是汉朝第宅园林的开始。宋朝时治学观念盛行，书院数量大幅增加且常建于山林之中，形成了别具一格的书院园林。

宋朝时因重庆地区是川东地区的经济中心，重庆传统园林进入繁荣发展阶段，园林数量增加，类型增多，特色日渐明显，出现了寺庙园林、私家园林、书院园林和会馆园林等多种类型的传统园林。

私家园林在重庆地区发展较晚，随着重庆地区经济文化情况不断有起色，才慢慢地带动了私家园林的发展。在私家园林发展阶段，重庆传统园林不管在数量、类型还是特色上都进入了繁荣发展的阶段，但也走到了最后的阶段。

1.2 重庆近代园林

在清末民初这段时期，私家宅院渐渐增多，尤其是由于外来文化的侵入，园林建造风格受到极大影响，出现了新的园林形式，如花园别墅、教堂等。但是，重庆园林仍然保持了自身的地域特色，形成了中西合璧的态势。

在抗日战争时期，重庆又经历了一次大规模的经济文化人口融合。重庆近代园林在园林发展的进程中，继承了传统园林的特点，吸收外来造园形式，不断克服困难，向近代园林一步步迈进，形成了自己的园林特色。

1.3 重庆现代公园

在军阀统治时期，权贵人士掌握着国家的政治、经济权利，建造了很多大型城市公园。中央公园是重庆第一个具有现代公园意义的开放式公园。在这之后，便开始了重庆现代公园的创立时期，许多公园是在寺庙、山林、宅院、祠堂旧址基础上改建的。比如，1927年的长寿城南公园，1930年卢作孚建立的北岸公园，万县西山公园改建成万县商埠公园等。

20世纪50年代是现代公园发展的重要时期。在50年代初，中央公园被改为人民公园，礼园被改建为鹅岭公园，王园被改建为枇杷山公园，新建造了西区公园。目前，有为数不多的公园至今还在为当地机关或学校服务使用。

随着重庆市经济文化的繁荣发展和城市建设的矫健步伐，如今，重庆已经是一个环境优美、城市整洁的园林化城市，这也证明重庆公园建设事业的突飞猛进。

从重庆园林发展历史来看，重庆数千年积淀的历史文化孕育了重庆园林，重庆作为历史文化名城，不管是政治经济发展，还是历史文化故事、名人、典故，都蕴含着丰富深刻的文化内涵，而这种文化内涵可以给重庆山地公园注入生命力。

总的来说，与自然和谐相处，是重庆山地公园景观设计的核心，这种造园观念渗透着对自然的尊重。重庆山地公园在有限的山地空间区域，建造出变化无穷的公园景观空间，既不破坏生态系统，又符合可持续发展的公园空间，并保留着中国园林传统的优秀造园思想。重庆山地公园以传统的自然生态观念，卓越的山地建造技术和先进的文化景观理念塑造了生态、人文的公园景观。

2 基于重庆本土环境的山地公园景观设计

2.1 环境因素

2.1.1 自然环境

在地域气候上，重庆属于亚热带湿润季风气候，日照少，湿度大，阴天多。降水量丰富，因多云雾，是全国光能最低值地区之一。

重庆独特的自然环境，给动植物的生长提供了条件，这样的自然气候适宜喜温暖高温的植物生存，以亚热带常绿阔叶林为主。重庆多种多样的植被类型形成了丰富的植被景观。

另外，重庆地处四川盆地东南丘陵山地区，地形呈现南北高、中间低的态势，江河流向受其影响，便于东西方向的水上交流。但是，南北方向的陆地联系较为艰难，同时影响着其气候特征，产生河谷气候效应。

重庆地理位置特殊，地处内陆腹地，山脉将重庆分割成不计其数的丘陵和山地，能够用来耕作的农田不多，生存条件较恶劣，既阻碍了重庆农业的发展，也阻碍了中原文化在重庆土地上的传播，使得巴渝文化相对独立，较少受到外界打扰。如今，在山地公园的景观设计中仍然能够找到巴渝文化的原始特征，也证明巴渝人民对山地公园的风格偏好，从而成为重庆山地公园特色的直接原因。

2.1.2　人文环境

除了自然环境对人的审美活动产生影响，社会文化环境同样参与审美活动的形成过程，甚至对审美活动起关键作用，这些审美偏好对山地公园风格的形成有着深刻影响。

基于山城文化的影响，重庆人民对自然的改造趋于自然与人类的协调共生和维持可持续发展的山水文化。山地建筑在建筑的功能与形态上与平原建筑有明显的不同，居住文化通过住宅来体现❶。在居住文化方面，山地城市的住宅形式特点和居住习俗主要表现为山城住宅依赖自然环境和利用改造住宅区的地形；在街道文化方面，街道的地形主要由坡、梯、坎、台、坝等形式组成，这种独特的山地道路从侧面反映了山地城市的生活特点和山城人民的性格特征；在交往文化方面，由于山地城市的地形所致，山地城市在交往空间上具有垂直空间的三维性，山地的地形差异形成了变化曲折的空间，显得更加灵动自由。

我国山地城市存在着不同的民族和地域差异，有着不一样的生活方式和风格迥

---

❶ 余廷墨. 基于文化观的山地城市设计研究 [D]. 重庆：重庆大学，2012：33.

异的民风民俗，就如"百里不同风，千里不同俗"❶，每个地方的地域文化不同，民族文化也各有不同，拥有着不同的人文美，所以，山地公园在当地地域文化和民族文化的照耀下，散发出独特的魅力。

生活于险恶的大山大川自然环境中的巴人，时常与恶劣的自然环境斗争，巴人顽强坚韧的性格在这样的环境中慢慢形成，巴人精神中的"崇力尚武"和"淳朴憨直"体现了重庆人阳刚豪爽的精神和朴实淳直、不爱虚华的性格。在山地公园景观中体现出返璞归真、自然淳朴的风格。

土家族的文化与巴文化一脉相承，土家族文化重视人与自然的和谐关系，由于生产生活方式的封闭，土家人受到自然崇拜的影响很深，这种自然崇拜的思想代代相传，养成了热爱自然、尊重自然的意识，形成巴人喜爱自然山水的性格。体现在山地公园景观的建造上，顺应自然地理环境，巧妙地利用地形、山水等自然要素塑造有地域特色却不失和谐的自然山水园林景观。并在长期的发展中，创造了"吊脚楼"这种建筑形式。

自秦以来，来自经济发展水平较高地区的大量移民为巴蜀带来了先进的生产技术和文化生活，丰富了巴蜀文化。巴渝地区独特的文化魅力获得了众多文人墨客的关注，其中竹枝词吸引了大量唐代文化名人来此创作，如杜甫、白居易、刘禹锡等人创作竹枝词多首。这些文化名人将巴渝文化传遍于全国，也在巴渝地区留下了丰富的文化珍馐，为重庆园林注入了新的文化力量。

在近代，西方列强入侵我国疆土，西方文化改变了传统的重庆文化，在园林上表现为重庆有地位的人士纷纷模仿西式住宅、花园模式，在巴渝文化与西方文化交流的过程中，重庆园林开始向西方文化学习，但具备自身地域特征。

所以，重庆立足于世界格局的社会文化环境悄无声息地吸收了现代城市公园和西方城市公园的建造特色，注入都市文化的内涵。山地本身是比较脆弱的生态系统，现代生态设计理念为山地公园景观提供了科学的景观设计方法，最大限度地保护了山地公园的生态系统与人们安逸舒适的休闲场所。

中国山地面积广阔，山地城市众多，从山地这一地理角度来讲，其所体现出的

---

❶ 杜春兰. 山地城市景观学研究［D］. 重庆：重庆大学，2005：78.

文化特征统称为山地文化。但是由于山地文化的多样性，每个地域之间的山地文化差异很大，山城文化中不仅有着山地文化，还包含着本地域的特色文化。重庆山地公园主要受巴渝文化的影响，它的形成发展是巴渝地区的自然环境、社会文化环境相互影响的结果。另外，现代都市文化也为重庆山地公园景观增添了一层都市内涵，这些社会文化环境方面对重庆山地公园的景观设计审美产生了深远的决定性影响。

2.2 重庆山地公园景观的设计原则

2.2.1 因地制宜原则

因地制宜是指在制定计划之前，要根据当地的具体情况实施，切不能张冠李戴。设计美学指导下的因地制宜原则是指设计要符合当地的实际情况，符合当地的审美习惯，是山地城市公园景观最基本的设计原则。

不同城市有不同的自然环境、风俗习惯、人文历史，相应的城市景观也不尽相同。作为城市景观的一部分，公园景观也会在一定程度上体现出当地的地域特征，在山水布局形态、植被景观、建筑景观等方面形成自己的特色。对于重庆山地公园来说，区别于其他城市公园最显著的特征是其自然环境特征，在这种特殊的自然环境中形成重庆山地公园鲜明的特色。因地制宜原则要求山地公园的景观设计在不破坏原有的自然条件下，依据山地特殊的地形地势条件，使人工造景与自然环境相协调，在景观设计中因地制宜，做好对山体、水体等自然条件的保护工作，合理安排好各种景观要素并充分利用这些要素进行景观设计。

遵循因地制宜原则有利于维护自然界自身的生态调节功能，创造多样的生物生存空间，提供宜人的生存生活环境，出发点在于保护自然环境和节约自然资源。所以，因地制宜原则在某种意义上对于生态设计的发展也起到了促进作用，使山地公园景观设计更符合生态美的要求。将这一原则作为人类行为活动的出发点，不仅对山地公园设计，更是对整个人类设计活动来说，都是一个健康繁荣发展的全新局面。

2.2.2 环境美学原则

科技的发展造福了人类的生存和发展，却给环境造成了恶劣的影响，破坏了自然生态系统。人们逐渐意识到拥有一个美好生活环境的重要性，为了拥有舒适美丽的环境，并能长久地享受环境美氛围，实现自然环境可持续发展，因而环境美学的概念被提了出来。

"环境美学在景观设计领域也被称为景观美学，指导城市规划、园林建设。"❶卡尔松对环境美学范围的描述是这样的：①环境美学的领域包括了自然景观、乡村景观与城市景观；②环境有大有小，有宏观环境，也有中观环境，还有微观环境，这些环境都是环境美学的对象；③环境美学的范围就是我们周围的世界，我们的日常生活与经验。❷重庆山地公园中珍贵的景观资源如地形地貌、树木植被、湖泊河流等，在设计时，充分考虑这些自然环境因素，合理利用公园内的自然资源，努力做到不破坏自然资源，最大限度发挥自然环境资源的作用，对于创建环境美学指导下的山地公园景观有重要意义。

伯林特指出："评价一个城市个性与成功的关键标准是美学标准，将美学考虑纳入城市设计与规划之中就是让城市服务于那些与完满生活相关的价值与目标。"❸可见，环境不仅要满足人类的居住需求，还要满足人的审美需求，注重精神层面的满足。现代化城市在加速发展的同时，忽视了人在环境中的地位和人的感受，设计美学在环境美学原则的指导下，一方面，有利于设计出优美宜人的山地公园风景面貌；另一方面，公园景观能否激起人的审美感受，也是基于这一原则指导下山地公园设计的重要一环。

2.2.3 以人为本原则

人本主义思想来源于欧洲。欧洲的人本主义思潮是在意大利文艺复兴时期的背景下兴起的，"人本主义所否定的是神权中心及其附带的来世主义和禁欲主义，所肯定的是要求个性解放、理性至上和人的全面发展的生活理想。"❹这一以人为本的思想原则在设计中具有重要的地位。在公园的景观设计中，遵循这一原则就是要把人的主体地位充分展现出来，也就是说，人的物质、精神需求得到最大的满足是公

❶ 郭平平. 环境美学视野下城市开放空间景观设计研究 [D]. 郑州：郑州轻工业学院，2011：21.
❷ 杨平. 环境美学的谱系 [M]. 南京：南京出版社，2007：103-104.
❸ 陈后亮. 伯林特的城市美学观刍议 [J]. 创新，2010（1）：114.
❹ 朱光潜. 西方美学史 [M]. 南京：江苏人民出版社，2015：112.

园景观设计的各项指标应努力达成的。

设计师在景观设计的过程中，应通过对游客行为活动、心理活动的了解来思考人与公园景观之间的互动关系。游客在公园中的休闲活动包括散步、健身、看书、休息等，这些休闲活动不仅是一个活动的开端，也可能是一个活动的延续。所以，公园景观能否满足人在户外空间内的行为活动要求，能否满足受众在户外环境中的心理审美需求，要充分地对人的行为方式等生活习惯进行全面思考和分析，使人的活动规律能够适应山地公园的景观设计。在审美上，不同的城市有不一样的人情风俗和历史文化，基于巴渝文化和山城文化的重庆，人们的生活方式与审美习惯都与这些地域文化有关。因此，要设计出具有当地特色和符合当地人审美的景观，不仅要从大的景观空间设计入手，还要从小的景观局部细节把握符合当地人的审美倾向，创造出一个符合游客行为活动和心理需求的公园景观，这是以人为本这一设计原则的充分体现。

2.2.4 和谐均衡原则

在景观学里，景观是一个具有美学特征的有机体，要遵循一定的内在逻辑规则和外在整体发展规律，使各构成要素之间形成最优结构，让有机体的整体效益达到最大化。❶因此，山地公园景观设计是一个需要全方面整体思考实施的设计活动，对形态、功能等各方面的考虑要周到全面，以期与公园整体环境和谐统一。山地公园景观如地形地势、植物水文、道路建筑等多种景观要素构成了山地公园相对独立完整的空间形态，这些景观要素需要设计人员对其进行优化组合，将其整体化，而不是简单地叠加，达到和谐均衡的目的。

这种和谐均衡的整体美也有助于环境美的表达，公园景观要素等实物仅是在形态和色彩等方面各种搭配的组合关系，景观外在表现形式用景观空间来表达，景观的情感精神是由这些景观实体与虚体要素及其形成的组合来表达的。景观要素之间的相互配合增加了山地公园环境的景观表现力，形成山地公园环境美的氛围，与游人进行情感对话，满足人们的精神需求。公园景观依据当地城市的特色，与城市的具体情况相结合，通过配置呈现出不同的风格，表达出公园景观的个性，给游人留下深刻印象。

---

❶ 曾振东. 基于园林美学的公园景观形态设计研究［D］. 南昌：江西农业大学，2013：27.

2.3 鸿恩寺公园（Hongen Temple Park）景观构成要素分析

植物、建筑、道路、水体和山石组成了公园景观的构成要素，因此，本文对鸿恩寺公园的景观要素分析也遵循这一划分原则，主要以这五个构成要素进行分析。

2.3.1 植物景观

在山地公园的景观设计中，植物表现得最为生动，为公园景观增添了生命力，也是人们对公园景观植物的最直接的感受。鸿恩寺公园的植物种类丰富，为打造公园的桂花文化，共栽植了60余个桂花品种。除此之外，园内还种植了季相不同的花卉植物以及灌木、藤本植物、水生植物等。

园内植物群落主要有两种构建模式：第一种是在园内山地相对平缓的区域，构建疏林植物景观，并且在缓坡上配置一些植物景观用作点缀装饰，以丰富植物景观空间；第二种是在游人不适宜活动、坡度相对较大的区域，以种植桂花树、香樟树为主，混植银杏、红叶李等落叶阔叶树为辅，形成色彩缤纷、季相明显的植物景观。

在植物配置方面，公园主入口处的坡地台阶布局桂花树阵，在台阶两旁错落有致地分布，在台阶两侧的坡地形成开阔的疏林缀花草地。园内缓坡则是面积较大的草坪，并在缓坡边缘种植大量的乔木、灌木和草坪，多种植物结合的造景增加了草坪的层次感；在坡地面形成丛林景观，主要栽植桂树与银杏树，使园内游人在坡地上行走时感受到树林带来的光影交错的明暗变化；园内山脊线突出，随着山脊线走向，道路两旁种植了较高的乔木和低矮的花灌木；在山顶感恩坪，形成了以感恩文化和桂花文化为主题的桂花树阵；这片区域的视线范围四周可向外延伸，极为开阔，采取较高乔木与低矮花灌木相结合的方式打造植物景观（图1）。

2.3.2 建筑景观

鸿恩寺公园的建筑景观结合园内的地形特征，巧妙地利用园内空间，在不同的地形基础上采用不同的布局，使得建筑使用空间变大。与此同时，还满足了景观美感与经济效益的作用，园内建筑与园内地形协调共生，彰显了具有巴渝特点的建筑布局方式，体现了山地公园的山地空间层次结构和建筑形式特点，营造出了重庆山水园林的园林之美。公园的两大建筑景观为"鸿恩阁"与"鸿恩坊"。其中"鸿恩阁"是鸿恩寺公园的主要建筑景观。

图 1　鸿恩寺公园植物景观（图片来源：作者自摄）

　　"鸿恩阁"位于公园的最高点即山顶位置，海拔高度418米左右，是整个公园的观景胜地，利用山位优势获取了极佳的观景视野。鸿恩阁是一座仿古建筑，整体造型呈现出古色古香的风貌。鸿恩阁一共有七层。作为重庆主城内最高的观景台，登上这座观景台，可以观赏到重庆主城六区风光。鸿恩阁选址的地方与山位契合，再加上所在区域地势相对平坦，坡度小，使得建筑及场地的修建难度相对降低（图2）。

　　"鸿恩坊"则建在公园北部，位于龙脊山脉，走向错落有致。"鸿恩坊"根据山脉走势依山而建，是以巴渝传统民居建筑风格打造的一条仿古特色风情街，运用吊脚、青砖黑瓦、灰墙等元素，整体建筑景观看起来古朴庄重、传统而又多元，成为巴渝特色建筑的集中展示地。

图2　鸿恩寺公园建筑景观（图片来源：作者自摄）

另外，公园内的其他建筑小品在取材上多选用本地的材料，如青石、片石、毛石等，以此来展现巴渝地域特色；建筑风格以巴渝传统建筑形式为主。

2.3.3 道路规划

鸿恩寺公园的山脊线突出，地势走向明显，方向性以及引导性强，具备开阔视野。在景点引导线路规划时，山脊具有可将视线引向某一特殊焦点的功能，在山脊线上进行道路规划，可降低工程难度与复杂度，并且能将排水问题轻松解决。规划的游览路线也使游人在步行攀爬的时候较为轻松，便于观景。

道路规划主要由区外鸿恩大道、园内主干道、园内主环道、园内小步道四级道路组成。园区外的鸿恩大道负责连接鸿恩寺公园对外的车辆通行；园内的主干道负责连接公园里的主要功能区域，将其设计定性为环保车与步行共同使用的道路；园内主环道负责引导公园景点的到达路线；园内步道负责主干道与主环道道路系统的有机补充（图3）。

图3 鸿恩寺公园道路规划（图片来源：作者自摄）

四个等级道路呈环形连接，既充分利用了园内山地地形走势，又丰富了观景层次，游人在公园里欣赏游览时，可观赏到不同的景点，实现步移景异的效果。并且园内的道路规划在减少对动植物破坏的基础上沿山体盘旋而下，在一定限度上增加了游人与园内动植物的互动性与亲密性。

2.3.4 水体布置

鸿恩寺公园中的水体景观主要以瀑布、跌水和小型池塘为主（图4）。从主入口的小型池塘到阶梯两侧的跌水景观，再到公园广场的小水池，再延伸至各个景点

图4 鸿恩寺公园水体景观（图片来源：作者自摄）

中的瀑布、跌水、池塘、湖泊景观，园内的水体景观整体分布方式呈现为分散但却一直贯穿整个公园景观。

鸿恩寺公园将这些水体景观巧妙地引入公园整体的景观构成之中，与周围的山体与山石以及建筑景观相融相生，使得公园景观空间变化十足，自由灵活。

并且，公园利用原有水系，建立了雨水收集系统，并结合公园的水系分布情况，用园内的天然冲沟，设计出冲沟跌水的自然水景。在水系的下游设计了能够汇集园内自然水系的生态蓄水池，既提供了公园中的水体景观用水，又可以在缺水期灌溉植被，体现了公园的生态水系设计。所谓"无水不成园"，山静水动，园内水体景观为公园增添了一丝灵动与秀气。

2.3.5 山石景观

鸿恩寺公园在山石的运用上，遵循就地取材的原则，既节约造园成本，又可以打造地域特色，设计充分尊重自然环境，尽量选用天然石料改造，使公园风格更加接近自然。采用具有当地特色的青石、片石和毛石，主要用于铺装装饰和小型景观建筑。

公园内多以有特色的山石体系形成山体景观，在没有山体环绕的环境，营造了园内形态各异的山石小品，且与公园感恩主题和桂花主题交相呼应，以感恩文化为主要内容进行建构，让公园的文化氛围与公园景观更加融合。在道路铺装方面则使用多样的铺装方式和材料，增加了公园景观的丰富性（图5）。

图5　鸿恩寺公园山石景观（图片来源：作者自摄）

3　鸿恩寺公园的设计审美

3.1　鸿恩寺公园概况

公园内地形起伏大，具备山地地形的特征。南面临江，地形主要是斜坡和台地，西北面主要是悬崖峭壁。园内共分七个活动区域，即用树阵引导车辆通行的"山脚引入区"；使用山石、山水打造风雅人造自然景观的"主入口区"；"台地植被景观区"内遍布花田，是园内湿地资源所在区域；"西坡林地"设置了供游客散步和登高的"鸿恩500梯"；"巴渝坊"是一个巴渝风格建造的建筑院落，以展现重庆的民风民俗；"游客接待中心"是公园的高档酒店与高尔夫所在地；"山顶鸟瞰区"位于园内制高点，重庆主城六区风光在此处一览无余，尽收眼底（图6）。

图6　鸿恩寺公园（图片来源：作者自摄）

3.2　重庆山地公园景观的设计美学透视

3.2.1　人与自然共生

哲学中，讲人与自然的关系，往往讲得最多的是"自然的人化"。所谓"自然的人化"是说，人通过生产劳动的实践，改造了自然界（包括人自身），于是，自然界成了"人化的自然"。人在"人化的自然"中看到了人类改造世界的本质力量，从而产生美感。❶ 在这两者的关系中，人被看作是主体，而自然被看作是客体。因为从价值论上讲，以往的哲学觉得自然本身没有任何价值，人是有价值的。一味地关注人本身，不注重自然的价值，这样的结论是哲学关注这一关系的负面结果。但是，现在的环境美学则更关注人与自然的和谐统一，不只关注自然的人化，更加关注人的自然化，将自然也作为主体来看待。

在鸿恩寺公园景观设计中，游客进入公园，欣赏公园中美妙的景观，亲身体验大自然的感觉，愉悦自己的身心，这时是以欣赏公园中的美景，也就是自然美为主，公园景观为主体，游客在园内游览为客体。艺术美与自然美相互衬托，艺术美在自然美的照应下更具有艺术气息，自然美在艺术美的烘托之下更加自然。

3.2.2　审美与经济效益

在物质不富裕的时代，经济价值往往更被重视，人们没有时间、精力关注审美价值，尤其在环境问题上，经济价值与审美价值往往是站在对立面，以是否具有经济价值为重心，在这样的情况下，一味地强调经济价值的重要性则严重破坏了自然生态环境。为了经济利益忽视审美价值是片面的，所建造的公园满足不了人的精神需求，只满足了基本需求，往往会被时代淘汰。

审美对于设计美学而言具有至关重要的作用，不亚于经济价值的地位。只用经济价值来衡量公园景观是狭隘且长久不了的，社会的发展必然会将审美价值放在较重要的位置，不将审美价值考虑到景观的设计中，那么，它的经济价值也会失去。只有平衡好两者的关系，既兼顾经济效益，又具有审美价值，才是社会需要的公园景观。鸿恩寺公园设计不仅满足了经济需求，在审美需求上也极大地满足了人们的需要，不管是公园设计的形式美，还是游人体验上的美好感受，抑或是人文内涵上

---

❶ 叶朗. 美学原理［M］. 北京：北京大学出版社，2009：179.

的文化美，都符合一个优秀公园所具备的条件。

3.2.3 自然生态景观

设计美学在这个文化多元的时代被赋予了新的内容，生态美成为设计美学在新时代条件下关注的领域。梁梅在《设计美学》中写道："在环境设计中的生态要求既是人类生存的基本要求，也是审美要求。"[1] 她认为：环境设计中的生态美首先要满足人自身的基本需求，而在满足基本需求的同时已经在不知不觉中满足了人的审美需要。如果将人的审美需要片面理解就会本末倒置，徒增一些烦琐且不环保的装饰，破坏生态环境，失去审美的意义。

"审美作为人类的一种自我意识，是对人在对象世界中生存状况的一种自我观照和自我确证。生态审美便是把人自身的生态过程和生态环境作为审美对象而进行的审美观照。"[2] 一直以来，人类都以中心位置自居在地球上生存生活，一系列的生产生活活动破坏了地球的生态平衡，生态美这一理念改变了人类自我中心的看法，用全局观念看待自然生态环境，在营造人居环境时，尽量做到既适宜人居，又符合生活环境可持续发展的要求。

比如，鸿恩寺的公园设计，在对公园规划与设计时注重保护公园自然生态景观，在尽可能少伤害自然生态景观的基础上，构建出比原有景观更美的环境。鸿恩寺公园再利用建园产生的废石料，构筑形态各异的山石小品；利用地势优势，优化水系设计，形成生态水系系统。在景观设计中有意识地利用自然景观建立一个小型生态系统，为其更新再生过程创造条件，会比人工建造的景观更加具有活力和审美价值。公园中的自然景观不仅是人活动消费的场所，也是人在公园中的审美对象，能给游人带来精神上的享受，让人感觉到大自然的清新和愉悦。

3.2.4 人文生态景观

生态景观不仅包括自然生态景观，还包括人文生态景观。设计美学中所谓的"社会美"概念，指的是人文生态美，"社会美不单单指个人的行为、活动、事件等，

---

[1] 梁梅. 设计美学 [M]. 北京：北京大学出版社，2016：256.
[2] 徐恒醇. 设计美学概论 [M]. 北京：北京大学出版社，2016：119.

而是包括了整个人类生存前进的过程、动力和成果。"❶ 所以，本文也无法将其全部进行深入讨论，只探讨关于公园景观设计美学中存在的人文生态部分。

人们对于公园景观的感受，不仅在于对自然景观的欣赏，更是潜移默化对文化进行弘扬与传承的活动，转化成一次丰富的文化之旅。公园景观设计把某种人文资源作为公园文化的主题进行景观形态设计，这种人文资源包括了中国传统文化精髓、地域历史文化典故、当地民风民俗等。发掘保护人文资源，把人文之美植入公园景观之中，不仅给游人提供了除自然景观外的休闲娱乐活动，还丰富了游人的精神世界。对公园中的人文历史进行修饰保护或者再创新，让其变成公园文化内涵的标志和记忆，让人们看到人类创造的文化产物，蕴含着的人类文化精神，让人们意识到自身的价值，从而唤起人们的自豪感、认同感和归属感。

鸿恩寺公园的感恩文化和桂花文化氛围浸透于整个公园景观设计中，使人们时时能够感受到公园的人文气息。公园里的人文景观是公园的文化形象，也是公园自身的精神财产和文化遗产，是一个公园能够生存下去的精神支柱，丰富了公园景观形态，传达着公园的文化生活内涵。

3.3　鸿恩寺公园表达的设计美学面貌

3.3.1　自然古朴的视觉形式

地形、植被、水体等自然景观元素和建筑、山石小品、铺装等人工景观元素共同构成了山地公园景观。景观界面之美指的是景观设计的形态美，包含了视知觉要素与空间要素。视知觉的形式美以点、线、面、体的方式表达出来，空间要素的样态美则是指公园景观空间所表达的美感，通过各种手法如曲径通幽、豁然开朗来表现景观的藏与露的问题。

鸿恩寺公园位于龙脊山脉，公园道路规划随园内景观和地形走势而设计，深入浅出，呈现蜿蜒起伏和若隐若现的带状结构，道路随着园内景观而变化曲折，因此，呈现出一种幽深意境，体现出景观界面的线性美（图7）。

---

❶ 秦嘉远. 景观与生态美学——探索符合生态美之景观综合概念 [D]. 南京: 东南大学, 2006: 128.

图7　鸿恩寺公园界面形式表达——道路（图片来源：作者自摄）

　　园内植物景观对花期各异的花植种类进行分层配置，以群植为主，辅之以点植、带植、孤植、片植，形成层次丰富的植物景观，呈现出点、线、面结合的景观视觉美感；公园植物景观注重植物颜色搭配，巧妙运用花植色彩元素，与园内景观和整体环境色彩氛围协调，呈现出界面景观的整体美；此外，合理配置植物种类，根据地形配置不同的植物，以达到不同地方拥有不同的艺术效果（图8）。

图8　鸿恩寺公园界面形式表达——植物（图片来源：作者自摄）

园内水体则以点、线、面的多种表达方式烘托景观美感，点状水体如园内的小池，搭配以周围的山石建筑小品景观，丰富景观，烘托意境美；线状水体如园内的溪涧和跌水景观，起到串联整个公园景点的作用，使公园景观整体和谐，同时，水的流动使得水体景观兼具视听美感；面状则以园内湖泊湿地为主，起到补充公园景观的作用。较大面积的水体景观，周围景观倒影在湖面，虚实相生，丰富其空间景观，使得空间景观更具美感。

另外，园内布置的山石小品形态各异，根据公园景点主题的变化而设计不同的小品建筑形态，并且体现其相应的景观主题文化内涵，不仅烘托了周围景观的文化氛围，也丰富了景观呈现的艺术效果。

3.3.2　古雅节制的建筑造型

鸿恩寺公园内的建筑为仿古建筑，建筑风格主基调以明清为主，融入巴渝民居建筑文化内涵，借鉴和挖掘巴渝建筑的独到之处，呈现出巴渝山城独有的建筑风貌。

鸿恩坊的建筑造型便是采用明清时期传统巴渝民居特色的风格而建。在建筑材料的色彩与质感上，采用具有巴渝传统民居建筑特色的青砖、青瓦与朱楼雕栏构筑建筑主体，呈现出一派传统古巴风情；在建筑形式表达和质感表现上，鸿恩坊内建筑采用传统的斗拱、披檐、雀替、垂莲柱等建筑元素构筑房舍；在建筑纹饰的构成与变化上，采用独特的砖雕、灰塑等建筑艺术形式塑造坊内建筑景观；整体建筑群落具有传统乡土气息，将院馆和街道进行空间组合，不仅体现了传统巴渝风情，凝聚着重庆悠久厚重的历史，而且表达了现代重庆开放、创造、和谐的城市精神。

作为鸿恩寺标志性建筑的鸿恩阁，是一座仿明清楼阁式塔（图9）。塔高大约为42米，共七层，金色的塔顶、朱红的塔柱、墨绿的瓦片，极具色彩冲击美感，匾额高高挂在鸿恩阁中央，加上其具有中国传统建筑特色的飞檐，再以铜铃点缀，呈现出鸿恩阁建筑的飞舞灵动之美，整体风格宏伟壮丽，气势非凡。

除此之外，鸿恩阁的灯光景观也是一道亮点，在屋面、檐口、梁柱和墙身部分采用不同的灯光设计。屋面部分以琥珀色月牙灯沿瓦片布置，彰显古典建筑风貌；檐口部分以投光灯向上放射，凸显建筑轮廓之美；梁柱部分以投光灯向上打亮梁柱，体现建筑挺拔之感；墙身部分设计灯光照明整个墙面，以增加整体亮度。鸿恩

图9　鸿恩阁（图片来源：作者自摄）

阁的灯光设计饱满鲜明而有层次，完美地突出了建筑结构逻辑，远观及近看均有极佳的观赏美感。

3.3.3　和谐温馨的受众体验

鸿恩寺公园是兼具娱乐健身、生态环保、文体活动为一体的综合性公园，公园的景观环境设计有一种能够让游人在园内体会到接近自然的感觉。园内植物种类多，数量多，在公园分布面积广，使公园内的空气质量远高于城市空气质量；同时，公园里种类丰富的植物景观包含了季相不同的花植，使公园四季有花景，且四季花植各具特色，让游人体验大自然不同的四季变换；园内的草坪游人可踩、可坐、可躺，受到人们的欢迎和喜爱，体现了公园的亲和性；另外，公园的道路设计尺度适宜，在不同的地形区域使用材料形式不同的铺装方式，保证游人游玩的舒适度与安全性。

公园为游客设置了用于游玩观赏、驻足休息、儿童活动、园务管理、文化娱乐、基础服务等设施和场所。例如，设计了景点节点和景点指示牌，可清晰地指引游客到达想去的景点；在每个景观节点或是景观较好的区域设置了亭台、饮水装置、便利店等公共设施，便于游人休息、驻足、购物等需求；设计了各种观景平台，方便游客在不同的空间体验不同的景观；开设"鸿恩寺智慧公园"微信公众号平台，在服务游览参观这项内容里，开设了"公众互动"与"紧急求助系统"，便于游客获取园内活动和当季花卉等信息；出于公园老年人游客较多的考虑，还安装了紧急求助系统，体现了对老年人的关爱。

鸿恩寺公园为游人提供了舒缓城市生活压力的场所，并展现了公园所蕴含的文化底蕴，满足了人们多种休闲活动需求，使人们在游园过程中，不管在物质需求还是在精神需求上都能得到满足，从而拥有舒适愉悦的心情。不仅提高了人们的生活质量，还增加了人们的幸福指数。

3.3.4 底蕴深厚的人文内涵

鸿恩寺公园设计师基于鸿恩寺的文化底蕴，挖掘出公园的感恩文化内涵。以感恩文化为主题，建造了鸿恩阁、鸿恩思泉等景点，将设计的景点作为载体，传播感恩文化。鸿恩阁作为公园内感恩文化的展示名牌，展现了公园的文化特色和精神内涵，让人们能直接地、深刻地体会到鸿恩寺公园的感恩文化。

除此之外，设计师还发掘出公园的桂花文化，公园内种植60余种桂花品种，配以桂花坊、桂花小苑等景观打造桂花文化。在公园的主入口处，"桂花榜"记录了公园内数量繁多的桂花种类，游客可以初步了解桂花文化。"桂花榜"的另一面则是充满了诗情画意的"桂花记"，上面记载了历史悠久的桂花文化，收录古往今来赞誉桂花的名句佳作（图10、图11）。自古迄今，人们把桂花作为吉祥、美好、荣耀之象征，桂花文化积淀了丰厚的中华文化底蕴。

鸿恩寺公园挖掘出感恩文化与桂花文化作为文化基调，并将当地传说融入其中，以多种自然景观和人文景观作为载体展现文化内容，使公园的人文历史底蕴得到完美表达，也使得鸿恩寺公园具有一种无法替代的特色，更加深了人们对公园的认同感和归属感。

图 10　桂花榜（图片来源：作者自摄）

图 11　月老桂（图片来源：作者自摄）

4　重庆山地公园设计美学研究的经验与价值

通过对重庆鸿恩寺公园的设计美学进行分析与研究，可以概括提炼出一些基本经验及其所承载的价值。以下通过前面鸿恩寺的个案研究，总结重庆山地公园设计美学研究的经验和价值。

4.1　重庆山地公园设计美学经验

4.1.1　真山活水的公园景观

计成在《园冶》中提出造园应体现"虽由人作，宛若天开"的景观效果，也就是说园林景观应按照自然山水的存在方式和形态特征建造，达到园林自然景观与人工景观的协调融合。巴渝地理环境的独特优势，使得山地公园稍加修饰便可形成特点鲜明的山水公园，而无需像江南园林一样有太多人为的痕迹，用园内的假山，移栽的花木来比拟自然。

重庆地区多山多水，使得山地公园基本上靠山面水，公园既可借外景的江川的壮观，又可利用园内的自然山体与水体等要素巧妙地融合公园景观，继而形成了重庆山地公园真山活水、动静皆宜的自然灵动之感。如重庆的鹅岭公园，首先，位于挟两江的山顶之上，背倚山城，将两江风光尽收眼底，重庆山地公园建造大多涉及各种地形地貌，如峰、岭、岩、壁等；其次，拥有丰富的水体体系，使公园不缺乏各种瀑布、池塘、溪流等景观；再次，园内的山石资源也丰富了公园的环境景观，如多样的建筑小品等；最后，园内景观建设更是合理且充分地利用了所在区域生长的自然植物，使其呈现出纯天然的自然景观之貌，少了些人工斧凿的痕迹，更多的是吸收天然山水的灵气（图12）。

图 12　鸿恩寺公园（图片来源：作者自摄）

4.1.2　因地制宜的景观设计

山地公园景观设计的要旨在于根据山地地形地貌进行，因地制宜、尊重自然，是塑造特色景观的关键，因此，地理环境对山地公园的形态至关重要。如计成在《园冶》中说，凡建筑房屋，必先考察基地而有所规划，然后按基地的大小，以确定建筑的开间和进数；根据地形的条件，随曲合方布置建筑和庭院。假如，地形偏缺不齐，应充分就地形布置。即使有半间的披厦，只要合宜就自然相称而雅致。

重庆的地形地貌特殊，山地公园受其南北走向的山势影响，大多依山就势而建。从地形优势方面来讲，重庆山地公园显然要比平地公园更会合理利用地形资源，将平平无奇的自然风景转化成具有地域特色的公园景观。在空间安排、路线规划、植物造景、建筑造景等方面尽量依随山地地形地貌，体现了尊重大自然的生态观念。

在空间布置方面，利用山地地形高度差异形成不一样的入口与道路，从多种维度来设计景观空间围合，增加了游人与公园景观的不同接触面；在路线规划方面，随地势进行的道路规划，有效地引导了游人顺山地走向到达目的地，把山地公园的深山蜿蜒转变成极具乐趣的游乐场所，拉近了人与自然之间的距离；在植物景观方面，在高差较大的地形上设计虚实相间的植物景观，提升公园景观美感。

4.1.3　步移景异的空间设计

山地公园受地形地貌的影响，形成多样的空间类型、空间尺度以及空间视线，其特点各不相同，并且由于特殊的地形条件，平面空间远不如平地公园多，所以，在空间序列上并不一味模仿平地公园空间设计的几何对称的中轴线，而是采用以曲线为主、直线为辅的空间轴线表现方式。用道路联系作为主轴线，视线联系作为辅轴线，将其结合起来形成虚实结合的空间景观设计，并在空间组织也尽量呈现出移步换景的效果。

重庆山地公园景观布局随地势而走，巧妙地利用空间轴线，不拘泥于建筑规制，不仅在公园空间里呈现出百转千回的景观效果，而且提高了游人赏园游玩的乐趣。山地公园地形起伏大，高低落差大，并且道路与平地公园相比也较为不便，但这也是山地公园与平地公园最大的不同点之一，平地公园可将园内景色一览无余，道路平坦更便于行走，山地公园则因地形地势原因使园内景观画面感呈现强烈的立体感，走到不同的地方，游人的视觉点便会不一样，所看到的景观也不一样，在这个变化过程中，产生不同的视觉体验和精神感受（图13）。

图13 鸿恩寺公园景观空间（图片来源：作者自摄）

4.1.4 多种维度的视觉体验

山地公园依据山地地形的优势，能够凭借曲直变化的路线、高低不同的地形和虚实相间的景物，打造具有多种维度的山地公园景观。不管在广度上，还是在深度上，都与平原公园在景观观赏方面有着不同的高度与角度的视觉体验，更加利于打造意境深远的公园美景。

重庆山地园林对于山地的利用非常巧妙，近、中、远三景的关系处理搭配得当，丰富了景观层次关系，公园景观空间从多维度、多层次以及多方面进行观赏。如鸿恩寺公园在景观空间布局上充分利用园内地形，清幽古雅的山水景观与建筑景观交相呼应，浑然一体，站在公园主入口，可看到公园整体严谨的布局，以山林树木为背景勾勒出的第一层公园自然风光轮廓线，以此作远景；进入公园内部继续行进，向上便可到达鸿顶云霞景区，辅以感恩亭作为建筑景观点缀，还可隐约看到鸿恩阁的身影，形成第二层建筑景观轮廓线，此为中景；登顶园内最高处，鸿恩阁映入眼帘，报恩亭与宏宁亭相伴左右，形成第三层建筑景观轮廓线，此为近景。公园景观轮廓呈现出层次分明、参差错落的关系，将北方建筑的气势宏伟与巴渝建筑的古朴质秀同时展现了出来（图14）。

图 14　鸿恩寺公园界面形式（图片来源：作者自摄）

　　由于地形特性，游人观赏景观角度也是多方面的，除平视外，还包括俯瞰、仰视、远眺、近距等，且山地公园山地层次变化大，景观空间变化多，给游人变化多端的视觉冲击体验，感受山地公园独特的魅力。

4.2　山地公园设计美学研究的价值

4.2.1　基于审美的功用论

　　从设计美学角度来构造和创新公园景观已成为现代公园景观设计较为重要的途径，对于山地公园景观设计更是如此，所以，在设计中应注重将设计美学理念与山地公园景观设计相结合，使山地公园景观设计在各方面都有所突破。

　　山地公园景观设计作为一门综合艺术，现代科学技术的进步为山地公园景观设计的发展提供了重要的支持力量，但是，如果缺少了艺术审美、文化内涵和人文精神的融汇，山地公园景观设计便会成为毫无感情的自然科技景观，然而城市中并不缺乏绚烂的美景，没有文化内涵和审美价值很难在这个自由发展和提倡实现自身价值的社会上，满足人们的精神文化需求。

因此，设计师要设计出好的景观设计作品，既满足人们的物质需求，又满足人们的精神需求，首先，应当积极提高自身的文化艺术修养，从美学、设计、生态、文化等多种角度综合考虑并进行景观设计，只有理解山地公园的设计美学特点，才能更好地感受到其中的内涵与精神。因此，山地公园设计美学的研究在提高设计师对山地公园的审美感受方面是一个重要的环节。

4.2.2　真善美的人文关怀

山地公园设计美学的研究在设计的角度上提供了一种审美价值观，即真善美的统一。在当前物欲横流的社会，人们生活在高楼大厦中，城市的繁忙脚步让人们难以喘息，特别容易造成人与人、人与社会以及人与自然之间的疏离，人类的精神家园难以全面发展，这会严重阻碍人的身心健康发展及社会和谐稳定进步。而公园作为人们休闲时可以放松心情、强身健体的场所，虽置身在喧闹的城市中，但仿佛是一个隔离在城市之外的"世外桃源"，城市生活中烦恼复杂的事情在这里好像荡然无存。美学对于人类全面发展及社会和谐发展具有正面的积极引导作用，因此，对于山地公园设计美学的研究，体现了对整个社会乃至人类的人文关怀，体现了审美价值观的意义。

发挥真善美的引导价值，用景观艺术语言来诠释山地公园中深厚的人文底蕴和审美价值，使游人能够更加深刻地感受山地公园的文化魅力。对于山地公园景观设计来说，不仅要摆脱单一的纯观赏性或功能性目标，还要根植于当地文化土壤之中展现山地公园的魅力。

对山地公园进行设计美学的研究有利于真善美的价值观发挥引导作用，将具有人文特色的地域文化与山地公园景观完美结合，在艺术与人文历史之间搭起桥梁，改善目前公园存在的"文化缺失"现象，以此来满足人们的精神需求，也可以说是审美需求，凸显山地公园的文化价值与美学价值，延续和升华当地文化底蕴与历史文脉，展现山地公园的人文精神。

4.2.3 善用设计美学支撑山地公园景观实践

在设计一件作品时，如果没有理论的支撑，就会导致设计作品的内容空洞，徒有其表。对山地公园设计美学特点进行梳理总结，有利于为今后的设计实践提供方法和途径，为山地公园景观设计提供理论支撑，打开思想之窗。我国古代的园林美学思想虽然分散，但具有非常高的理论价值，借鉴传统园林美学，有助于现代公园设计美学的发展。设计美学作为设计学与美学相结合的新兴学科，既是设计理论学科的分支，也是美学学科的一部分。对重庆山地公园的设计美学特点加以总结，可以让设计师从美学的角度加深对重庆山地公园景观设计的理解，对山地公园景观设计实践有一定的指导和启示意义。

研究山地公园设计美学能够了解山地景观设计美学的范畴，有利于培养山地景观设计审美观，山地公园设计美达成形态与内容的统一，展现山地公园的意境美。

4.2.4 设计美学反哺现代公园设计实践

现代社会，人们生活水平提高，精神需求深化，审美范围不断扩大，城市环境问题越来越受到人们的重视。然而，现代城市仍然存在破坏自然生态的情况，不同的城市有着不一样的地形地貌、植被水体特点，现代公园设计的盲目以及不合理，让其各具特色的自然环境和生态环境没有发挥所长，并没有展现出其所在城市的魅力和个性。不仅如此，许多现代公园设计时会将原有的自然环境先破坏，再盲目地进行人工景观的设计，丝毫没有大自然的灵气。

除此之外，公园设计者在设计过程中容易忽略从多个角度进行综合设计谋划，使得公园环境与景观设计不协调，视觉效果突兀。再有，一味模仿设计风格，导致城市公园设计风格相似，抑或是只追求视觉美观，忽视文化精神内涵，优秀的公园景观设计都应避免这些问题。

重庆山地公园设计美学的研究为其他山地公园以及平地公园设计提供了一定的参考意义，其设计美学特点与智慧对现代公园设计具有重要的借鉴意义。

参考文献

[1] 郭风平. 中外园林史[M]. 北京：中国建材工业出版社，2005.

[2] 郑炘，华晓宁. 山水风景与建筑[M]. 南京：东南大学出版社，2007.

[3] 蓝勇. 西南历史文化地理[M]. 重庆：西南师范大学出版社，1997.

[4] 侯幼彬. 中国建筑美学[M]. 北京：中国建筑工业出版社，2009.

[5] 曹林娣. 中国园林艺术概论[M]. 北京：中国建筑工业出版社，2009.

[6] 李敏. 中国现代公园——发展与评价[M]. 北京：北京科学技术出版社，1987.

[7] 曾宇，王乃香. 巴蜀园林艺术[M]. 天津：天津大学出版社，2000.

[8] 蓝勇，曾小勇，杨光华，等. 巴渝历史沿革[M]. 重庆：重庆出版社，2004.

[9] 周勇. 重庆通史[M]. 重庆：重庆出版社，2002.

[10] 张睿斌. 因势利导 和谐共生[D]. 重庆：重庆大学，2007.

[11] 万婷婷. 重庆近代园林初探[D]. 天津：天津大学，2007.

[12] 徐巧. 重庆山地公园植物景观构建研究[D]. 重庆：西南大学，2006.

[13] 朴燕超. 鸿恩寺公园景观规划中的生态适宜性分析[D]. 重庆：西南大学，2008.

[14] 雷月婷. 西安和重庆两地城市公园造园艺术之比较[D]. 重庆：西南大学，2011.

[15] 邢佑浩. 山地公园景观空间设计探讨[D]. 重庆：西南农业大学，2003.

[16] 李渊. 重庆市山地公园园林建筑外环境设计研究[D]. 重庆：西南大学，2011.

[17] 董霞. 设计美学研究述评[D]. 景德镇：景德镇陶瓷学院，2013.

[18] 李丙发. 城市公园中地域文化的表达[D]. 北京：北京林业大学，2010.

[19] 李旭佳，崔英伟. 巴蜀传统山地园林入口空间浅析[J]. 四川建筑，2001，21

（3）：2.

[20] 赵有声，青虹宏. 重庆园林地域特色研究色议 [J]. 重庆建筑，2003（5）：9-12.

[21] 赵有声，况平，青虹宏，等. 重庆园林的历史文化成因初探[J]. 重庆建筑，2003（4）：52-56.

[22] 廖怡如. 重庆园林造园植物特色探讨[J]. 重庆建筑，2003（5）：13.

[23] 朱丽萍. 试论设计美学的产生与发展[J]. 科技经济市场，2007（1）：149-150.

02

武隆懒坝大地艺术节
"在地"设计研究

陈田甜

　　2017年，党的十九大提出"乡村振兴战略"，国内掀起一阵乡村建设发展的热潮，加快了我国新时代乡村建设的进程。不同学者也开始从自身的专业学科角度，提出关于乡村发展的理论观点，致力于解决乡村建设的诸多问题。如社会学、经济学、政治学、人类学、艺术学和教育学等学科都对乡村问题展开了大量的研究和探索。其中，有一支关键力量——艺术行业的从业者，包括专家学者、艺人等在内的艺术同行介入乡村建设，艺术的多元化发展以不同形式介入乡村现场。艺术作为一种文化力量，它可以激活乡土文化资源，重塑乡村文化认同，为乡村自治及物质精神文明建设提供一种可能途径。

1　大地艺术与"在地"

1.1　大地艺术

大地艺术又被称为"地景艺术",发源于20世纪60年代的美国。面对混乱的社会现实,美国艺术家反对复杂的工业文化,倡导以自然环境作为艺术创作的阵地,并逐渐演化为一种艺术与自然有机结合所创造出的一种富有艺术整体性情景的视觉化艺术形式。1968年,美国纽约的道恩画廊举办了首次名为"大地艺术"的展览,立即引起了轰动。4个月后,美国康奈尔大学的怀特博物馆也举办了另一个名为"大地艺术"的展览,而后,越来越多的艺术家开始熟悉并接触这种新的艺术形式,大地艺术在全球引起了重大反响,开始得到艺术界的公认。大地艺术通过画廊的展示,由此开始出现在大众眼中。大地艺术体现了对自然环境的尊重,强调了人与自然的和谐。大地艺术创作中所使用的材料和作品的创作选址来扩大艺术的定义和展示的界限,是一种兼具生态与人文使命的艺术行为。

中国的大地艺术最早出现的时间为20世纪90年代初,张健作为国内大地艺术的代表人物,所擅长的便是运用自然材料,包括泥土、沙子、植物等在大地上进行创作,思考人与自然的关系,尽管相较于西方,我们缺少环境运动的社会背景,但中国乡村文脉、传统文化、哲学思想,都为创作出有中国特色的大地艺术作品提供了坚实基础,而日本越后妻有地区的复兴更让中国艺术家看到了用艺术重振乡村的希望,各种形式的大地艺术、各种主题的大地艺术节开始频繁出现。

1.2 在地设计

1.2.1 关于"在地"

在地，也称在地性、场域性，出现于20世纪60年代末，伴随着行为艺术、观念艺术、大地艺术等后现代主义艺术形态的出现而兴起。此时的"在地"，以思维层面更加强调一种天然的关联性，而非一种特定的艺术手法或创作方式。从狭义的范围来讲，指在特定环境下创作的艺术作品；从广义的范围来讲，任何事物与特定的环境、空间都会发生或多或少的联系，都是在地的体现。因此，"在地"逐渐演变为公共艺术内在属性，强调艺术作品与环境的内在联系。1974年，美国国家艺术基金会（NEA）公共艺术将"在地性"作为公共艺术创作的一项指导方针，"在地性"突显其在公共艺术实践中的一项重要价值标准。

1.2.2 在地设计的界定

20世纪80年代，随着公共艺术的发展，"在地性"的内涵得到延展，成为一种本土化的呈现手段。"在地性"开始作为建筑设计师的指导理念，最早由中国台湾的建筑师们所提出，"在地性"被延伸为地域性或地方性概念。中国台湾本地的建筑师们开始意识到，当地的建筑没有本土特色，从而探寻建筑与人，建筑与地域之间的文化关联。后期在实践过程中，建筑师的设计理念往往根植于当地的历史文化与生活习惯，将设计的力量自然地融入本地的生活中，成为地区景观的一部分。

进入21世纪，"在地"在中国内陆地区也得到了进一步的发展。伴随着中国"振兴乡村"以及建设"美丽新农村"政策的推行，乡村问题开始得到极大的关注，并成为艺术家和设计师们的天然实验场。此时的在地又回归到公共艺术本身，意在寻找一种乡土与村民之间的关联。此时的"在地"正在逐渐蜕变为一种可以改变人地关系、社会关系的有效枢纽，成为一把解决乡村问题的钥匙，而这种问题的解决越来越需要务实的设计来作为载体进行呈现，即"在地设计"。近年来，艺术乡建视域下的艺术家、设计师该如何处理乡村"地"与"人"的关系矛盾，是目前面临的首要任务。此时的"在地"不单是一种狭义的状态和位置描述，同时渗透着设计思想与设计理念，一种场域精神下的理性回应。"在地设计"不仅与乡村地理环境发生联系，也要倾听乡村在地村民的诉求，尊重当地的历史脉络，让村民共同参与互动，从而产生真正的联系，才是在地性的体现。

本文将界定"在地设计"的层次关系：设计理念、实践过程、组织形式。三者依附于解决乡村问题的纯粹立场与思考路径。并在此基础上，总结了"在地设计"的核心要素：在地环境、在地文化、在地乡民，实现了空间、时间双重维度下围绕乡建主体的基本诉求，进而为中国乡村建设问题的解决提供启发与借鉴。

2 艺术乡建语境下"在地"设计的演变

"在地"设计是本文研究的关键概念。对于艺术乡建语境下"在地"设计内涵的理解及其演变，本文主要从两个方面进行阐述，一方面是"在地"设计的主体是谁，另一方面是"在地"设计的活动形态有哪些。本章结合现存的诸多实际个案进行分析和阐述这两个问题，从而为本研究提供借鉴。

2.1 主体关系转变

在艺术实践过程中，近年来多个案例发起的主导形式不同，大致可以划分为三种类型："政府+艺术家"的组织形式、"艺术家+村民"的组织形式、"村民自发"的组织形式。

2.1.1 "政府+艺术家"

"政府+艺术家"的组织形式：即由政府和艺术家发起艺术乡建活动。这种组织形式往往由政府发起，邀请相关艺术家合作，给以艺术方面的指导和策划，这种类型的乡建，政府在艺术实践过程中占主体地位，艺术家是从属地位，村民则容易被忽略。

例如，2013年由政府发起的"乌镇复兴计划"。在政府主导下，艺术家们策划开展了一系列文化艺术活动。如大热的乌镇戏剧节，还有乌镇国际当代邀请展等。艺术活动的展开激活了乌镇当地的活力，影响极为深远。

一方面，推动了乌镇的经济发展，同时宣传了乌镇的名气，形成了品牌，居民因此发展旅游业，得到了一定的经济收益；另一方面，在被带动起来的乡村经济中，其实是一种以商业运营的符号经济，消解乌镇的乡村文化。当地开发的一些古村落中的居民早已被外来者顶替，当地居民在外来者进入的冲击下，仅能从相关的农家乐、住宿等服务行业中赚取一些利润。在整个实践过程中，艺术家和政府忽视了当地村民的诉求，村民们的话语权鲜少得到体现，主体性完全没有得到体现。

2.1.2 "艺术家＋村民"

"艺术家＋村民"的组织形式：即由艺术家们发起，同时邀请当地居民参与艺术实践中，但艺术家仍在主体地位，村民仅是从属地位。

如贵州雨补鲁村的"艺术介入"计划，由中央美术学院的师生发起，在当地展开"艺术介入"计划系列课题。雨补鲁村是一个传统的古村落，村子的建筑保存得非常完好，生态环境没有遭到外来破坏。如此优越的自然环境，给师生们提供了一个良好的创作环境。同学们通过深入走访，了解整个村子的文化历史背景、民俗民风，然后共同商量决定采取"与雨补鲁村原住民共同协作"的计划，分别通过对"物件""事件"两个方面进行介入，让师生和村民联手合作互动，师生们邀请了当地村民，一起策划着做作品。

"事件"的介入包括三个计划："场域扰动计划""物尽其用—盆景计划""物尽其用—'衣'旧出彩"。其中，"场域扰动计划"指的是师生团队们用纪录片的方式，把村民们从早到晚的日常生活状态给拍摄下来，以固定的小主题制作成影片。邀请村民晚上一起观看；"物尽其用—盆景计划"和"物尽其用—'衣'旧出彩"是指师生们在当地收集村民们不需要的废弃锅碗瓢盆、烂衣服之类等废弃物品重新再利用。锅碗瓢盆等日常用品可以制作成盆景（图1），美化环境，废旧的布料可以重新拼贴缝补，做出好看的布艺。山西的"许村计划"，是艺术家渠岩受到范乃文的邀请，希望他能够来到许村进行乡村改造。艺术家渠岩针对重建当地的文化信仰，提出修复和改造村落旧址。但是，对于古村

图1　盆景计划系列
（图片来源：胡泉纯. 贵州雨补鲁寨"艺术介入乡村"创作实录［J］. 公共艺术，2016，5：36. ）

落修复，村民认为其没有太大意义，不能理解。在随后的10年里，渠岩开始深入许村进行充分的调查，在许村开展了更多项目，如利用当地的废旧空间成立许村国际公社（图2），乡村废弃住宅改造成美术馆、展览馆、民宿等场所。渠岩还开展了许村国际艺术节、许村论坛等多种文化创新活动，当地村民开始逐渐参与各项活动。

图2　许村国际公社
（图片来源：渠岩. 艺术乡建从许村到青田［J］. 时代建筑，2019，1：55. ）

　　艺术家所承担的是高级知识分子的角色定位，可以很好地沟通联系政府与村民。不同于上一个组织形式，艺术家们不再停留在由政府指导的模式下，开始更深入地开展艺术创作，对乡村进行深入走访和调研。艺术家往往对乡村充满了艺术情怀和创作激情。根据乡村的特性，尝试与当地村民交流，创作与当地有关联的艺术作品。此时村民主体性开始得到关注，渐渐参与艺术实践。

2.1.3 "村民自发"

　　"村民自发"的组织形式：即由当地村民发起。村民的自我意识觉醒，开始上升到主体地位，艺术家们充分尊重民众的实践力量，艺术家和相关管理部门开始退居幕后。例如，2001年中国台湾台南市的土沟村改造（图3），主要是由当地年轻人主导发起，其中还包括城市返乡的精英、大学生，还有部分思想觉悟高的原住村民，他们构成了乡村改造的主要力量。土沟村当时面临城市化进程，大多数人远离家乡奔赴外地谋生。村庄人口逐渐稀少，乡村环境无人整治，臭水沟导致整个土沟村流露出脏乱破落之相。返乡年轻人和村民成立了土沟村文化营造协会，号召发动村民一起齐心协力改造乡村生活环境，以此起点唤醒家园意识，重塑乡村美好。

当地村民自发性地参与改造环境。村民首先将村中被杂物占用的空地改造成中央公园。从中央公园开始，所有人都参与进来，每个村民都发挥所长。木匠们负责凉亭的搭建；其他技术需求不高的村民负责草坪的铺设、材料的运送等。通过中央公园的成功改造，在随后的几年内，村落大大小小的

图3　土沟村路边改造
（图片来源：陈可石，高佳. 台湾艺术介入社区营造的乡村复兴模式研究——以台南市土沟村为例［J］. 城市发展研究, 2016, 2: 62.）

杂乱空地都建立了公园，增加了村民的公共文化活动空间，由此村民们形成了一种独特的决策模式，即任何关于村落改造方案的决定，都要和大家一块讨论并商议，确定村民都达成共识才可以开始具体实施。

艺术家、所在地管理部门开始共同加入对土沟村环境的整治行动。村民的改造吸引了大量的目光，有台南艺术大学师生力量开始主动加入。台南艺术大学师生团队跟当地村民一起共同决策，将村落建造成"农村美术馆"，让艺术作品充满着村庄的各个角落。

村民自发组织的艺术乡建，是村民自我意识和内心诉求的外化体现，围绕乡村建设，希望改变乡村现在的格局，寻求新的发展。因此，乡村建设的主体问题，从村民出发，即"乡村建设应该是'内发性的'，即由居民内部产生出来构想和提案，因而，乡村景观重建并非是乡村建设的要点，当地居民才是乡村建设的真正对象，乡村建设的关键是人心建设"❶。

从本节分析的案例得出，村民的主体性在不断得到关注和体现，从所在地管理部门主导，到艺术家主导，再到村民主导，这种主体关系转换的过程，反映出了所

❶ 宫崎清，张福昌. 内发性的乡镇建设［J］. 无锡轻工大学学报, 1999（1）: 102.

在地管理部门和艺术家开始认识到村民是乡村建设的主体，村民是乡村的主人。这种艺术乡建的主体互向关系才是实现艺术乡建中在地性的体现。

2.2 活动形态转变

早期的知识分子多在城乡规划角度谈论乡村建设，再到近年来国内外艺术家通过艺术介入乡村建设，虽然介入的途径与媒介不同，但最终都让乡村建设得到了发展。艺术家在介入乡村建设的过程中，用艺术的柔性力量实现艺术乡建中从艺术活动到设计活动形态的转变。本节基于对近年来几个相关案例的实践结果的梳理和分析，将其转变过程分为以下三个阶段，从具体的艺术实践案例进行分类阐述。

2.2.1 乌托邦情怀的艺术理想

第一阶段：艺术家将乡村建设作为一件艺术创作，充满了艺术家艺术理想和情怀。一部分艺术家常常出现受制于自身美学趣味和艺术抱负的现象，艺术家将自己的主观表达替代了乡村建设的主体需求。

例如，2011年，由欧宁、左靖发起的"碧山计划"。欧宁、左靖在一次采风中来到安徽省黄山市，碧山是黟县的小乡村，他们被当地的自然风貌、古韵犹存的白墙黑瓦所吸引。随后，他们二人主张建立碧山共同体，向世界各地的艺术家、专家学者们、设计师、建筑师发出热情的邀请，使他们齐聚碧山，入驻当地和村民互动生活，并在此根据当地的历史文化、风俗习惯、民间工艺等开展各项艺术展览、文化活动，如主要开展的活动包括《黟县百工》及"碧山丰年祭""碧山书局"等（图4）。

从文化传播的角度来看，其工艺纪录片、民俗记载出版物等活动，对重塑当地传统文化，产生了一定的积极作用。从介入的角度来看，碧山计划的主导者更多的是将自己对于理想乡村的模式建构出来，对于乡村的建设饱含的是一种情怀理想，如刘园评论："为碧山计划来到碧山的志愿者和艺术家，都在通过各自的方式影响着村民。从整体来看，艺术家的实践主要集中在艺术领域，因此，村民的接受度十分有限，在手工艺方面的付出和努力，村民并不理解，这让碧山计划颇像一个知识分子的标准乌托邦。"❶

---

❶ 刘园. 停不下的碧山［J］. 中华手工，2013（1）：57.

图 4 "碧山丰年祭" "碧山书局"
（图片来源：欧宁. 碧山共同体：乌托邦实践的可能［J］. 新建筑，2015，2：19-21.）

2.2.2 社会实践的参与式艺术

第二阶段：艺术家摆脱艺术情怀的创作，开始尝试多方参与的艺术试践，注重艺术与村民的关系，突出艺术的公共性，邀请村民和大众参与，体现了社会关怀和人文情怀。

随着艺术乡建的深入，艺术家也在不断地反思和总结，探讨着艺术与乡村的关系。艺术不再是固化的为艺术家所创作，不再是表达艺术家主体思想的作品。艺术在复杂、公共的乡村场域中，更要注重艺术所要解决的根本问题。艺术家要重视艺术和乡村场域的联系，深入场地中，邀请当地村民共同参与和协作，通过与当地村民的互动和对话，为艺术实践提供更为有效的方法。

例如，"羊磴艺术合作社"是2012年由四川美术学院艺术家焦兴涛教授带领几位学生在贵州桐梓县羊磴镇发起的艺术实践。这个项目一直持续至今。艺术家焦兴涛在项目开始之初，表明了这次艺术活动不是采风，也不是去体验生活，不是文化扶贫，不是搞新农村建设，不是公益慈善，不定具体的目标，而是从中和村民一起自然而然地搞创作。

羊磴艺术合作社与冯师傅共同合作了"冯豆花美术馆"（图5）。冯师傅在羊磴镇新街开了"冯豆花"豆花馆，愿意拿出来和艺术合作社一起尝试。师生们将原来店里的桌子的桌板换下，在桌板上雕刻出与日常物品同样大小的物品，如香烟、打火机、筷子、油碟、钥匙等，然后把它们安装回原来的桌腿上。通过简单的创意设计，豆花桌子担当了实际餐饮用具的功能，艺术也巧妙地被植入日常生活中。豆花店成为"冯豆花美术馆"，不但是继续经营的"豆花馆"，还是展示艺术作品的"美术馆",引起了当地居民极大的好奇。冯豆花美术馆挂牌的当天人气兴旺,平日可能一天都卖不完的豆花在上午11点就全部卖光了。冯木匠很高兴能参与这样的艺术尝试,艺术带动了店里的生意,同时又体验了艺术的乐趣。

图5　冯豆花美术馆雕刻作品
（图片来源：牟芹芹. 2000 年以来四川美术学院雕塑创作研究［D］. 重庆：四川美术学院，2018.）

羊磴艺术合作社和前面小节提到的艺术家以精英情怀主导的艺术实践不同,从艺术家的出发点来看,这场艺术实践不是扶贫,不是文化下乡,不是建设新农村等。艺术家更侧重站在平等的角度,寻求艺术和当地居民之间的平等合作、互动参与的一个平台,让艺术在羊磴顺其自然地产生。这类参与式的艺术实践和村民是一种平等互换的关系,为艺术实践提供更具体的方式。

2.2.3　多元跨界的综合设计活动

第三个阶段：主要指艺术的内涵在乡建过程中已经超越了本身自我完结的境界,通过多元力量的整合,上升到乡建的长远发展和系统架构,艺术作为乡建的一种媒介方式,从而转变为设计活动。

艺术介入乡村建设,并不是狭义的艺术范畴,而是应当立足于跨领域、多视野、多元化的新路径。乡村建设,是为建设属于人民的乡村,是解决人的内外需求的问题,是解决村民的内在精神需求,也是解决乡村持续发展的外在需求,更是解锁当下城乡发展的新模式,从而最终实现乡村振兴的初衷。而艺术介入乡村建设的内核就是解决当下乡村的持久发展问题。

例如,上海的"设计丰收节"便是设计战略下,艺术改造乡村的一项典型案例。上海崇明岛仙桥村的"设计丰收节",是2008年由同济大学设计学院的娄永琪教授带领学生发起的项目,一直持续至今。当时娄教授的思路是希望探索一个从"设计思维"角度出发,通过整合社会资源,发掘乡村传统生产和生活方式的潜力,促进城乡交流和可持续发展的新模式。

师生团队们将当地的有机农产品，如有机大米、土蜂蜜等，进行了新的包装设计（图6）。包装改良后的特色产品，在团队带领下，由当地的居民通过有机集市和网络进行销售，这些举措大大增加了产品的销售量，扩宽了产品销售的渠道，给当地人带来了可观的收入和新的经营理念，当地发展起有机生态农业。团队还

图6 仙桥村的设计丰收农场
（图片来源：张敏．设计乡村带来丰收［N］．中国青年报，2017-12-29．）

根据农作物的生产周期，开展了插秧日、收获节等一系列的农业体验和农业教育活动，吸引了大量的城市居民回归田园生活。在发展生态农业的同时，师生团队，还将当地闲置下来的农村旧屋改造成既干净卫生又保留当地自然质朴的乡村气息的民宿，吸引城市客人参观，在此享受田园生活。其中一项出名的改造，就是团队将田野中一座320平方米的种菜大棚，改造成了一个可以同时容纳40多个客人的公共交流空间。在这个由大棚改造的公共创意空间，可以看电影、听创意讲座等。设计团队在这里开展各项手工艺交流座谈会，团队与当地老艺人合作，打造新奇有创意的竹制品，拯救了逐渐消失的当地传统的竹编技术。

"设计丰收节"这项乡村实践运营至今，在师生团队的带领下，运用设计介入的方式，从设计的思维角度出发，将仙桥村构成了集乡村民宿、田野创意体验活动、生态农业体验、创意文创产品等多个板块的新型发展结构。发掘了乡村传统生产和生活方式的巨大潜力，重新唤起了乡村活力。这种持续运营的设计思维，促进了城乡之间交流和可持续发展。设计丰收节团队思考如何完成无产业浪费的开放系统设计，发现农村服务潜力，调研消费者需求，重新定义农村公共空间，在崇明岛上开拓了新型农村生活方式，实现了城乡资源交换以及城乡交流互动。如娄教授所说："如果城市有一百个问题，乡村有一百个问题，加起来有两百个问题。如果把城市和乡村当成一个有机整体来考虑，很有可能很多城市的问题是乡村的资源和解决策略，这样一中和，很多问题就迎刃而解了。据我们的判断，这也是一个设计挑战，怎么能够通过设计来推进城市与乡村的交互。"❶

---

❶ 娄永琪．新三农、大设计［C］//许平，陈冬亮．设计的大地．北京：北京大学出版社，
2014：58-59．

仙桥村的艺术实践核心在于真正体现了城市与乡村的一种互动关系，具有整体的城乡互构意识，即联系地、整体地看待城市与乡村两者之间的角色和位置。是一种从设计创新引领的乡村经济复苏，发展新型乡村产业结构的艺术乡建模式。

通过上述案例分析和比较，我们可以看出，艺术乡建中的"在地"设计的主体和活动形态的变化，或者简单理解为"演变"。其主体关系的变化，大致呈现了"政府＋艺术家""艺术家＋村民""村民自发"的演变，这个过程中逐渐凸显"村民"——在地人的主体性地位和作用；活动形态大致呈现了"乌托邦情怀的艺术理想""社会实践的参与式艺术""多元跨界的综合设计"三种形态，这个过程中，可以看到其活动形式和内容都逐步重视"村民"，即在地人的价值。可见，"在地"设计要凸显当地人（村民）的主体性地位和活动参与的价值。

3 懒坝大地艺术节的"在地"设计层次关系

大地艺术节作为近几年兴起的艺术乡建新形式，以其独特的"在地性"帮助乡村构建丰富多元的文化场域。值得肯定的是，大地艺术节无论是在主体关系，还是活动形态方面都很大程度地实现了在地性，并通过多元的艺术与设计形式，自内向外地改善乡村整体风貌。懒坝大地艺术节作为中国迄今所构建的最大型的大地艺术节项目，很多"在地"理念在借鉴学习日本经验的同时，也进行了中国特色经验的尝试。本章基于"在地"设计的主体关系、活动形态的理论认知，结合懒坝大地艺术节的个案，从该案例活动的在地设计理念、在地设计组织机制、在地设计实践过程三个方面，分析和阐述懒坝大地艺术节"在地"设计在内容与层次上的逻辑关系。

3.1 在地设计理念：艺术追求到社会担当

艺术乡建不再是艺术家进行艺术创作的试验场与实现艺术追求的手段，而要强调立足于艺术本身的公共性视野。艺术乡建目的是通过艺术手段使艺术面对广大人民，改变现有的艺术格局、艺术思路和艺术创作模式，让人民群众成为艺术的主人，把艺术还给大众，让当代艺术在公众的共享、互动和参与之中，实现其使命和责任。懒坝大地艺术节正是在这样的理念下，把艺术还给人民，根植于艺术的责任担当，重振乡村魅力，激发乡村活力。

3.1.1 亲民性

亲民性可以有效沟通艺术与村民之间的距离，产生好感。公共艺术介入乡村建设过程中，有一部分的艺术家依然起着主导作用。他们在艺术创作的同时，更多的是注重自己的创作理念，采用极具风格的创作形式，一些项目在开展的同时，村民抱着看新奇的心态观望，经常从村民的口中听到一句话就是："看不懂这些艺术，我们就是来看个稀奇热闹"。这些浓厚的艺术表达形式，更加拉开了艺术和村民之间的距离，村民对此的认可和接纳程度并不是很高。

懒坝大地艺术节根植于艺术实践的在地性，拉近与当地村民的距离，充分体现它的艺术公共性，改变以往村民对艺术固有的认知格局，从思路到创作模式，都大大拉近了村民与艺术的距离，让村民成为艺术的主人，充分地体现艺术的亲民性，做老百姓看得懂的艺术。

懒坝大地艺术节更加强调艺术的大众化，不仅指的是作品创作内容的通俗易懂、艺术表达形式的亲民，最主要的是艺术与村民之间产生有趣的互动，让村民深入了解艺术之后，对艺术有了新的认知，并与其发生互动，这样从认知到互动的实践过程，让艺术不再是人民看不懂的艺术，从而真正体现艺术亲民性的内核。

3.1.2 参与性

参与性是强调艺术实践的大众参与和互动。艺术实践的过程中，艺术家作为"外来者"，时常忽视当地村民的主体性，艺术项目从开始到落地，村民大多处于旁观者的角色，忽略了在这个过程中村民的力量。笔者在前面章节提到的四川美术学院雕塑系发起的"羊蹬子合作社"中，艺术家开始注重村民的主体性，主动邀请当地手艺人参与木工计划项目，和他们一起创作。

懒坝大地艺术节提出的参与性，一方面，指的是艺术创作过程中村民、志愿者的参与，即艺术家们和他们互相协助，让当地的村民主动自发地参与项目。如此，村民在和艺术家的互动中，自信心得到了大大提升，尤其是创造力和想象力也被逐渐突显出来，艺术家尊重村民、志愿者们的创作力，并鼓励其创作，加深了彼此之间的联系；另一方面，指的是伴随着艺术创作的全民参与，在懒坝大地艺术节中的艺术作品征集环节，面向广大民众公共征集投票，通过全民参与投票产生入展的艺术家作品，大众对艺术作品的参与有着充分的话语权。懒坝大地艺术节从生产到创作的全程，都充分体现出艺术对人民的关怀，尝试和大众建立一种平等交流的模式，通过这种全方位的大众参与性，实现懒坝大地艺术节提倡的"艺术是全民参与"的盛会，让艺术成为共同构建人与人之间关系的纽带。

3.1.3 在地性

公共艺术本就具备在地性，其含义为艺术家在不同区域和场所，针对特定的展示要求进行创作。前文所提到的案例中，艺术家入驻当地，在特定的乡村场域中进行艺术实践，就是在地性的体现，但有些实践过程，无论是艺术创作或乡村改造，都不被当地人所认同和接受，在此基础上的文化重塑是扭曲的，不着边际的。其根本原因是艺术家孤立地停留在场域的在地性，单纯地将艺术作品从外地照搬过来，放在当地，没有与当地的环境、人文、历史加深联系。

懒坝大地艺术节的在地性特征十分强烈。从实施过程上看，参与的艺术家首先要长期驻扎在懒坝当地，深入当地人的生活中，从而更平等地与当地人交流接触。懒坝项目启动前，艺术家们早早地便来到了武隆懒坝进行长期的实地调研。最早来到懒坝的是日本的艺术家浅井裕介，他在2017年10月10日来到此地，为寻求创作材料和灵感，在当地考察了3个月。通过与当地居民的联系，体会当地的民俗风气，为作品的在地性提供真实有效的保证。熟悉当地的地理环境，研究相关的人文风俗和历史沿革，在这样一个过程中，以此来寻找创作灵感和契机；此外，艺术家的在地性作品是真正为民所认同，艺术作品给当地居民带来了自信心，增加了文化认同感，与村民、村落保持联系，是一种情感由外向内的输入。

3.2 在地设计组织机制：艺术家与民众的共同参与

首届武隆懒坝大地艺术节的主旨在于"把艺术还给人民"。这次大地艺术节区别于以往其他的展览，不设总策展人制度，以学术委员会机制确保展览的专业性。强调参展艺术家的艺术创作基于当地的文化，场域确保艺术作品的在地性，更强调艺术与大众的距离。因此，在艺术家作品的参与机制上和大众参与的互动环节上都着重于艺术家与民众的参与性。

3.2.1 "在地"作品征集的多元化机制

首届懒坝大地艺术节,展览分为"我从山中来""大地的声音""村落共生计划"三个版块,以"邀请+征集"两种不同的机制公开征集艺术家作品。

第一种形式以邀请为主:"我从山中来""大地的声音"两个版块主要以邀请国内外著名的艺术家参与,强调艺术家作品的在地创作,如日本著名艺术家松本秋则,他多次参与了日本的越后妻有大地艺术祭、濑户内国际艺术祭,有着丰富的在地创作理念和实践经验;还有法国的艺术家波尔坦斯基,他在懒坝建立的"心跳博物馆"是中国第一家,同时也是唯一的一家心跳博物馆,他倡导用感悟生命的方式,拉近人与艺术的距离。

第二种形式是公开征集:"村落共生计划"版块,面向全球的艺术家、建筑师、设计师等艺术工作者和爱好者进行公开征集,将征集而来的作品,让大众和学术委员会投票评审得出。通过多元化机制的参与形式,让更多的年轻艺术家能够参与大地艺术创作的现场。此次展览共有国内外39个(组)艺术家创作的共计41件作品在艺术季展出。

3.2.2 组织公众参与的平等化机制

懒坝大地艺术节除了艺术作品征集机制的多元化外,大众也是构成参与此次艺术节的一部分。大众的参与主要体现在两个方面。

一方面,在艺术展的"村落共生计划"版块,获得了广大艺术家的踊跃参与,征集来的艺术作品最终在来自全球的海量来稿中,由工作组初选出符合"村落共生计划"和具有在地性思考的74位(组)艺术家、99个方案。再由当地村民、广大群众在"上游新闻"开放的绿色通道进行投票,公众投票支持率最高的前三个作品方案,直接入围并在"重庆晨报"官方微博公布结果。经过"大众投票"和"学术委员会"以不记名投票的方式终审评选,最终评选出14位艺术家的15件具有在地意义的艺术作品在懒坝落地生长。

另一方面,懒坝面向全国大众招募志愿者。来自全国各地前后参与的有230余位志愿者。其中志愿者队伍主要以当地居民和各高校师生为主。在艺术在地创作的四个月里,志愿者全面参与艺术创作。

武隆懒坝大地艺术的组织机制,既保障了展览的国际性和品质,又兼顾了作品的地方性。让当地居民、大众和与艺术家一起作为此次展览的合作者和策划者，强调了艺术与村民的互动和共生。展览机制的创新，更传递出一种态度：传达出此次展览渴望以艺术的方式，追求平等、分享与互利。

3.3　在地设计实践过程：本土元素的运用和创作

艺术家要根植于当地的本土元素的运用，与村民形成一种语境的关联，从而产生心灵的碰撞，进而以自觉层面唤醒村民对乡村的情感。本节主要结合艺术家初期调研、创作实践过程、艺术创作中的材料及与居民的合作等具体创作过程，从地域气候、地表环境、本土材料、废旧资源、记忆空间五个方面进行阐述。

3.3.1　地域气候的适应

在地创作必须根植于懒坝当地的环境，其中气候是地区的风貌特征之一，包括风、温度、湿度、雨等要素。懒坝背靠延绵百里的和尚崖，前有茂密的森林，整个懒坝处在两者之间，时常伴有山谷风在懒坝场地周边回旋。因此，在地艺术创作，须考虑和兼顾当地的实际情况。

艺术家松本秋则在途经水塘边时，感受到了山风的律动，因此，他提出可以利用有规律的山风，在池塘边制作出由风吹动的竹风铃。为了更好地掌握风的方向和时间规律，松本秋则连续几天进行现场实地勘测。当地居民表示，老屋前面的池塘经常有风盘旋作鼓，夏季午后至傍晚，谷风更大。将这山谷风的风力直接作用于竹子发声的动力是一个可实施的艺术创作。

此次松本将借助风的动力创造发声装置，也是一个根植当地的实践创造。同时，松本主动寻求向当地竹编艺人学习和交流，了解当地的传统竹编工艺。竹编艺人王庆武更惊奇于松本制作的小玩意，对松本表示深深的佩服。

随后，松本和手艺人开始合力制作这件作品，采用武隆当地的竹子，共同制作出10个由风吹动，发出悦耳声音的装置乐器，并将其命名为"竹音阵"（图7），布置在竹音剧院前面水池边。"竹音阵"通过懒坝的山风吹动，发出动人的音响，随着竹音剧院发出的音乐，共同谱出一曲来自懒坝的自然之歌。

3.3.2　地表环境的呼应

在地创作，不仅仅是运用当地的元素和材料，更为主要的是自然地融入当地的环境结构中。自然环境是乡村文化的基础，艺术实践介入当地环境中，对于树木、山石、水系等自然存在物，不是粗暴整改迁移，而是融入其中。强调艺术与自然的互动，因此，在地设计理念遵循当地的自然环境，自然而然地和当地融为一体。

图7 竹音阵（图片来源：懒坝美术馆）

在懒坝艺术实践过程中，艺术家吉尔斯·斯图萨特将整个懒坝周边考察了一遍，他感叹懒坝的自然景色，他认为建筑不应该破坏这里的环境，而是应该和这里一样，成为一道漂亮的风景线。经过反复考察后，决定将餐厅建在一处陡坡之上。餐厅整个建筑，基于当地的地形地貌，依势而建，悬空架于倾斜的山坡之间。从远处看去，如同漂浮在武隆懒坝高空中的一座小岛。透明的玻璃墙设置，将懒坝正前方的自然景观展示得一览无余，尽收眼底。

餐厅因此命名为"漂浮的岛屿"（图8、图9），其依附于懒坝的自然空间特性，创作出一个最佳俯瞰懒坝的空中的岛屿。这样的在地设计，不仅是一种对当地记忆的延续，更能使建筑与环境融为一体，产生共鸣，彰显建筑的在地性。

3.3.3 本土材料的提取

懒坝在地艺术实践创作中，艺术家充分挖掘当地的自然文化，使自然要素与传统的文化充分融合，从而体现独特的地方个性，与当地产生联动。艺术家们在懒坝通过发掘朴实的在地元素，使当地居民、体验者都能产生精神上的共鸣，同时，加深对居民、对本地文化的认同感，塑造当地居民的归属感。懒坝的地方材料有土、

图8 漂浮的岛屿外景（图片来源：懒坝美术馆）

图9 漂浮的岛屿内景（图片来源：懒坝美术馆）

石、竹、木材等。

3.3.3.1 土的运用

日本艺术家浅井裕介,擅长用泥土作画,以泥土作为主要的创作材料和表达方式。在经过几个月的考察和调研后,在村民的帮助下,浅井深入懒坝的各个村落、山坡和农田收集泥土(图10)。他在寻找泥土的过程中,发现当地的土壤非常适合绘画,很有黏性,易上墙,泥土的色彩也非常丰富,甚至还有一些他没见过的稀有颜色的土壤。

艺术家浅井裕介创作的第一步即为收集各色泥土,将泥土晒干,然后用木头或其他硬物将其捶散成粉末,再筛滤到最为细腻的粉末状,最后加入水,按色彩的深浅度进行分类和编号(图11)。第二步便是创作的灵感来源。浅井在武隆懒坝,经常和当地人交流,吸收当地古老的神话故事、经典传说,以此作为他的灵感来源之一。他将收集到的武隆本地的神话故事,融合到此次创作之中。在创作过程中,他主动邀请了当地的居民前来一起创作,还有四川美术学院的学生志愿者也主动加入其中。在合作的过程中,浅井把当中个性十足的四个志愿者的性格与外表分别化为"水""火""风""土"四种不同的形象,融入创作。这四种形象分别代表着水神、火神、风神以及土神,被浅井和志愿者用泥土绘画在了展馆的穹顶上。由穹顶中间的孔洞,向四周展开的四个神像,面积最大的是木神,布满整个场馆,四个神代表着神话世界,由他们向人间播撒生命的希望种子。

浅井裕介的《大地从天而降》(图12),运用懒坝当地的"土"元素,和当地的神话故事,与自然生活相结合。增强了艺术创作的在地性,这一创作过程更是融合了对当地人的地方情感,最终得以打动人的地方也在于此。

图10 艺术家寻找当地泥土(图片来源:懒坝美术馆)

图11 泥土编号与分类(图片来源:懒坝美术馆)

3.3.3.2 竹的运用

武隆懒坝有着天然的地理优势，蕴含丰富的森林资源和竹资源。因此，当地的传统手艺以木工和竹编为主。当地有名的竹编艺人王庆武，便是从十岁开始就跟随父亲学习竹编技艺，并以此养家糊口，成为当地有名的手艺人。艺术家松本也是一名擅长竹制作的手艺人，但与中国传统的竹编艺人不同，对于竹子的制作技艺各有所长。松本先生从2018年9月开始前后四次来到懒坝木根村实地考察，他多次与竹编艺人王庆武共同交流，相互学习（图13）。

艺术家松本的在地创作《竹音剧院》，以当地一座老屋为基地，除了展示自己带来的一部作品，还利用当地的竹子和手艺人共同创作属于当地的艺术作品。有前面文中提到的利用风能制作的竹音阵，松本和老艺人还共同创作了《竹音剧院》中的波浪栅栏；在合作的同时，手艺人突发奇想，在剧院前的空地上用竹编制作歇脚的凉亭，凉亭下再制作一些竹编板凳，在相互协助的创作下，凉亭顺利制作成功，为《竹音剧院》增添了独有的色彩。

3.3.3.3 石的运用

艺术家托马斯主张利用当地的废旧材料创作艺术作品，希望利用垃圾的财富回收利用，唤起人民的环保意识。托马斯在2018年7月，前后两次来到懒坝进行实地考察，寻找可以利用的废旧材料。托马斯在设计思路中延续了他以往的可持续环保理念，以倡导节约资源、共同爱护环境为主。艺术家托马斯的作品《爱的小径》（图14），利用在当地寻找的建筑废旧资源，搭建三个巨人

图12 《大地从天而降》（图片来源：懒坝美术馆）

图13 松本考察丰富的竹资源（图片来源：懒坝美术馆）

图14 《爱的小径》石头之路（图片来源：懒坝美术馆）

雕塑。一男一女巨人雕塑，迫于怪兽雕塑的阻拦，分别藏身于森林和巨石中。两人之间相连的小路便是找到彼此的捷径。

在考察懒坝的时候，留意到了位于懒坝前方的小河的鹅卵石，当时正值夏季，小河为干涸状态，水里流较小，大大小小的鹅卵石堆积在河流的两岸。托马斯正愁于小路的搭建，捡来的旧料不够铺，看到堆积河床的石头，他灵机一动。随后和当地的居民、志愿者，一起前往并搬运这些鹅卵石。托马斯将这些搬回来的鹅卵石铺在了这条寻找巨人的爱的小径上，让石头和泥土相互结合，增添了自然和意趣，这样寻找巨人的路途不仅有趣，也不容易被山路的泥泞绊倒。

3.3.3.4 "食"的运用

当地的另一种材料——"食"，也被艺术家加以运用。"民以食为天"，食物的功能由最初的简单满足人类需求，逐渐延伸至人类生活的多个层面，逐步上升为精神层面的享受。各地的食物特点有所不同，代表了当地独特的饮食文化。最重要的是，饮食能让当地居民成为艺术节的主角，因为他们是重要的要素❶。因此，食物构成了反映在地性的重要参照物，同时，也作为沟通地域文化之间的重要媒介。

艺术家吉尔斯·斯图萨特于2017年10月到武隆，先后三次去往武隆县城的各大菜市场、超市以及武隆木根村的蔬菜基地，对当地食材进行实地考察和研究（图15）。艺术家吉尔斯在艺术实践项目《老虎机餐厅》中，主张利用本地食材，遵从当地的饮食文化，研发了独具一格的巴渝风情法式美食，以美食为媒介、艺术为内核表达出他对重庆当地文化的崭新理解。

艺术家吉尔斯希望通过食

图15　吉尔斯·斯图萨特在菜市场寻找食材（图片来源：懒坝美术馆）

---

❶ 北川富朗. 乡村再造之力：大地艺术节的十种创想［M］. 欧小林，译. 北京：清华大学出版社，2015：183.

物，传递情感，把当地人的食之根本作为与当地居民互动的媒介，让不同国家、不同地区的人，透过食物的共享建立亲近的关系。

3.3.4 废旧资源的利用

废旧资源的合理利用有着重要的价值，一方面，废旧资源传递了本地生活的痕迹，衍变为记忆的符号，通过废旧资源的再利用，作品很容易拉近与本地人之间的关系；另一方面，废旧资源的回收可以在资源节约、环境保护方面起到良好的示范作用。

艺术家、设计师托马斯·丹博，先后两次到重庆武隆懒坝进行考察。托马斯先生第一次到达重庆武隆懒坝，在考察之后感叹武隆当地优美的自然环境，更是赞叹不已地说："我希望看到中国美丽的景色、美丽的人，我也想通过展示我的艺术作品使中国人更加深入理解环境的重要性，我们需要用实际行动来保护地球环境。我需要去世界各地到处看看，看人们会把垃圾放在哪里，怎样做垃圾回收，我是很渴望看到这些，像普通旅行者那样。"

托马斯创作的作品以《爱的小径》延续了以往可持续的环保理念，以倡导节约资源、共同爱护环境为主。主张利用在当地寻找废旧的资源，搭建三个巨人雕塑（图16）。搭建三个体型庞大的巨人需要很多的材料，因此，艺术家和志愿者团队不断地打听当地的废旧材料，并前往回收站寻找可用的废旧材料（图17）。当地的居民得知艺术家们依然坚持不懈地在周边的工地搜寻废弃木材，所以，偶然坐车路过工地废料处理场时，也会下意识地记住位置。于是，他们也纷纷提供消息，或者将多余的废旧木板和柴料赠予出来。还不时地抽空过来看看自己的木板最后会被艺术家创作成了什么作品。

图 16 废旧木料创作的怪兽（图片来源：懒坝美术馆）

图 17 托马斯在回收站寻找废旧材料（图片来源：懒坝美术馆）

在艺术家、志愿者、木工的协同合作下，三个巨人通过收集废材创作出来。艺术家托马斯在创作时，不仅坚持自然资源的可持续发展，更是从人类自身的角度进行反思，试图唤醒人们感恩自然、敬畏自然。

3.3.5 记忆空间的重构

传统建筑在一部分艺术家的手中变成了文化消解的元素，运用西方审美观点和西方设计理念，重新设计，古建筑丢失了原本的文化内核，往往不被当地的居民所认同。这类把乡村元素符号化，利用精英主义的观点和现代设计审美，没有真正地从在地角度出发。传统村落有着属于自己的建筑语言，从在地设计的角度出发，应注重从当地的人文历史角度出发。

在武隆懒坝，村落里大部分仍为传统建筑。乡村的空心化，导致这些老屋荒废。艺术家松本在1993～1994年时曾经去过中国的云南和贵州，在那里探寻中国传统的乐器制，那次游学给他留下了深刻的记忆。这一次，当他来到武隆懒坝考察时，在木根村看到一座拥有50年历史的老夯土房子，由于房子年久失修，村民早就搬到新房子了。松本深知在幅员辽阔的中国乡村，有千千万万这样的房子已逐渐消失在城市化的进程中。作为一段历史的见证，艺术家松本决定将房屋完整地保留下来，重新修葺，作为他的在地实践作品《竹音剧院》（图18）的主要场所。

对于老屋的改造，他并没有用现代的建筑材料进行重新粉饰，而是表示将最大限度地还原这里的生活气息，并保留屋内陈设的磨盘和老物件（图19），用艺术作

图18 竹音剧院（图片来源：懒坝美术馆）　图19 竹乐装置（图片来源：懒坝美术馆）

品让这里焕发出新的生命。

松本认为,这些奖状就是这个房子曾经的记忆。老屋改造过程中,艺术家松本和当地竹编艺人、志愿者,共同创作了竹子乐器,把这个半世纪的老旧土屋变成了一个可以喝茶听风、聆听竹音的艺术剧场。

本章以懒坝大地艺术节为个案,从"在地"设计的理念、组织机制和实践过程三个方面剖析了"在地"设计在艺术乡建中的具体应用。可以看出,懒坝艺术节在其在地设计的主体性方面坚持了艺术家和民众的共同参与,这个特点正是基于其"艺术追求到社会担当"的在地设计理念,将"人"——当地民众作为大地艺术节的主要参与人。在具体设计实践过程中,特别重视对在地元素的应用以及结合在地元素的创作,他们将本地气候、环境、材料、废旧资源、记忆空间都作为在地元素和素材进行了应用,这是对当地人最好的重视。

4 把艺术还给人民:懒坝大地艺术节"在地"角色转换

在艺术乡建的过程中,需清晰地认识到乡村建设提倡"以人为本",即以村民为主。本章具体探讨懒坝大地艺术节通过强调在地设计,呈现出村民从被动变主动,艺术家从领导变引导的角色转变的过程,让村民的内在心声渐渐显现。同时,政府、开发商的角色关系也在渐渐发生转变。

4.1 艺术家角色的转换

在艺术介入乡村建设的过程中,艺术家往往作为艺术实践的主体,扮演着主要领导角色,起主导作用。此时的艺术家对于角色和身份的转换十分重要,倘若一味进行观念的堆叠,不与本地人产生联系,注定为无米之炊,难以产生情感共鸣。

4.1.1 主导艺术实践活动

艺术家作为领导者容易充斥个人主义色彩,倡导个人观念的表达,艺术作品往往和当下环境产生冲突,得不到当地村民的认同,容易与当地脱节,甚至不理解和反对;还有一些艺术家和创作团队主导整个实践过程,但是,作品和人民之间几乎是零交流，艺术家的离去即意味着实践活动的结束。

艺术家们作为领导者的身份，忽视了与当地村民的主体性，没有详尽倾听村民的内在诉求。

4.1.2　邀请村民通力合作

懒坝大地艺术节的艺术家们秉持着平等、尊重的态度，邀请村民一起合力创作，艺术家开始由主导者转变为合作者。在平等合作的创作氛围中，艺术家和村民没有了身份角色之间的对立，在自由、开放、平等的环境下各自发挥所长，更加易于增进彼此间的交流。

懒坝大地艺术节在地设计的理念强调参与性，即强调艺术作品的在地性，艺术家们更多地和当地产生联动，为当地人发声。因此，懒坝大地艺术节中，艺术家们从一开始的角色定位，便是和村民平等，没有领导者的主导色彩。只有这样，才能真正深入当地人的生活之中，创作属于当地的艺术作品。

在懒坝大地艺术节中，如在前面文中提到的艺术家浅井裕介的艺术作品《大地从天而降》，收集当地各种颜色的泥土，用绘画的方式，将整个画作在展览的苔藓馆中从15米高的穹顶布满到靠地的墙面。在项目开始的前期工作中，浅井便邀请了当地的居民前来和他一起创作（图20）。在长达一个月的时间里，在这个过程中，自愿参与的除了懒坝的村民，还有当地的建筑工人、四川美术院志愿者团队、全国各地前来的志愿者都纷纷踊跃参与其中，包括接送艺术家的司机，从开始不懂画画是什么，不想参

图20　艺术家邀请村民(图片来源: 懒坝美术馆)

与，到一周后开始和艺术家一起画画。在创作之余，艺术家浅井累了就和村民、志愿者一起躺在展馆前的空地上休息聊天，喝水小憩，和他们交流心得。参与此次创作的志愿者们，前前后后总共40余名，他们因为对艺术的热爱而来到这里，在这样平等融洽的创作氛围中，没有艺术家和民众的区分，只有平等互助的团体。

懒坝具体的实践活动中，艺术家们转换为与民平等的合作者，与村民彼此相互

沟通，打破了彼此之间身份地位的隔阂，真正地建立了人与人、人与环境的交流。

4.1.3 引领村民自主创作

懒坝大地艺术节的艺术家们还是引领和激发村民自我创作的引导者。村民的主体性被艺术家重视后，他们的想法或者创造理念都会对艺术家的创造产生影响，艺术家开始引领当地的村民表达声音，给以当地人更多的空间和平台。艺术家开始从合作者转换为他们的引导者，甚至可以完全不发表任何观点。

如懒坝大地艺术节中，艺术家刘洋，是武隆本地人，他怀念幼时在村里的记忆，以及母亲下地干活的场景。因此，他的作品《锄头》以农具锄头为原型，希望收集1000把武隆当地各家各户的旧锄头来完成作品。在收集的过程中，村民们也很主动地、热情地支持帮助艺术家收集锄头。锄头数量较多，艺术家提出把各家锄头的使用年限标记出来，给锄头一个身份的象征，还原当初他们对土地的记忆。整个过程中，村民们其实逐渐成了艺术实践的主体。

懒坝大地艺术节艺术家的角色，从开始便将自己和当地居民融为一体，注重深入地沟通，从当地居民的角度出发，从平等的合作者到退居幕后的协作者，艺术家的角色在这个过程中不断弱化，干预度和控制权渐渐减弱，让村民的主体性从多方面得到了从无到有的体现。

4.2 当地村民角色的转换

艺术乡建的主体应该是村民，村民的角色转换，使他们真正参与其中，发挥力量，这才体现乡民的主体性。片面和主观化的艺术家个人观念的表达很容易与乡村产生文化割裂的现象，因此，在中国艺术乡建过程中，需要村民更多地参与，这是艺术乡建的重要前提。

4.2.1 边缘化的被动参与

村民在以往的艺术乡建实践中，更多的是处于活动边缘的参与者。一方面，艺术家更注重艺术理念的创作。艺术家们重点关注自己的创作理念是否得以呈现，鲜少和当地村民交流，导致村民根本没有机会参与其中，忽视了村民的诉求和意见。

另一方面，村民教育水平普遍不高，难以理解接受艺术。我国大多数乡村村民的教育资源稀缺，文化水平落后，同时，接受艺术教育的机会更是缺乏。艺术家们介入乡村会遭到村民的不理解，并且在乡村生活的更多的是高龄老人，对于艺术文化的接纳更不容易。因此在实施建设时，难以在短时间内说服村民参与合作，村民大多抱着看热闹、新奇的态度去观看，成为边缘的看客。

4.2.2 主动性地积极协作

懒坝大地艺术节则是侧重村民互动和参与，村民们主动地参与到建设活动中，搭档艺术家成为积极的合作者。

村民的参与是平等自愿的，艺术家尊重村民，以平等的身份与村民对话时，就开始调动村民参与的热情，使村民自愿自主地参与到艺术创作中来。通过参与互动，双方的交流协作，村民对于本土文化认识上的革新。在懒坝大地实践项目中，当地村民不是与艺术无关的旁观群众，也不是简单意义上的村民，他们的主体地位得到尊重认可，开始主动参与其中。参与的过程重新认识了乡村文化，对艺术的解读有了新的理解，同时，增加了村民的自信心，让他们的创造力和积极性在合作中发挥了巨大的作用。

如前面提到的丹麦艺术家托马斯创作的作品《爱的小径》，托马斯利用在当地寻找到的废旧木料，用木料制作出三个体型庞大的巨人。在制作过程中，托马斯团队邀请了当地村民中的木工艺人，还有自愿加入的四川美术学院志愿者们，和他们一同制作巨人（图21）。其中创作的巨人身型姿势，低头盘腿而坐，便是当地木工匠人和志愿们一起合作构思得来的，得到了艺术家托马斯的认可和采用。在女巨人完成之后，关于巨人的头发，原本艺术家打算运用枯枝制作，后来当地木工匠人提出采用竹篾条，代替枯枝，编成麻花辫，更像村里的姑娘。这个编着麻花辫的女巨人（图22），得到了大家的一致认可。

懒坝的当地木匠们参与了艺术实践，被艺术家平等看待和尊重，并且深入地交流意见，他们提出的建议被采纳和认可，成为创作团队的一员。

4.2.3 自发性地表达创作

懒坝当地村民在主动参与艺术创作的同时被艺术家引导，创造力被激发和释放，开始从合作者变身为在地艺术家。村民也是具备创造力的❶。将自身的创意和想

---

❶ 方李莉. 艺术介入美丽乡村建设［M］. 北京: 文化艺术出版社, 2017: 31.

图 21 艺术家和木工艺人、志愿者（图片来源：懒坝美术馆）

图 22 《爱的小径》女巨人（图片来源：懒坝美术馆）

法表达出来，彻底释放天性，更是凭借多年的在地生活经验，创作出更具当地特色的艺术作品。懒坝当地传统竹编艺人王庆武，在和艺术家松本秋则合作制作竹音剧院项目的同时，自身的创作热情被激发，面对原本逐渐沉寂的手工艺情怀，在和艺术家的合作交流中，王庆武重新对自己的手艺有了新的认识，他提出了一个大胆的想法，希望通过竹编改良，在竹音剧院的庭院里边，制作出可以纳凉的凉亭（图23）。

艺术家松本秋则对此表示十分支持，还帮助他画了草稿图，并鼓励他的创作。竹编艺人王庆武便和松本、学生志愿们一同制作了这个凉亭。同时，还编织了竹椅子，搭配竹亭。因此，也成为《竹音剧院》展览的第二部分。

前文提到的艺术家浅井和村民、志愿者们共同创作的《大地从天而降》，居民和志愿者从最开始的与艺术家共同创作，扮演的是一个合作者，到后来灵感迸发，在合作的过程中，将自己的灵感创作画了上去，还有其他更多的参与者开始了创作（图24）。他们的作品被浅井收藏了起来，并在《大地从天而降》的苔藓馆二层，作

图 23 搭建凉亭（图片来源：懒坝美术馆）

图 24 志愿者创作作品（图片来源：作者自摄）

为作品一起展览。

懒坝村民在这次艺术实践的角色，从与艺术家共同进行创作的参与者、合作者，到艺术创作的主导者的转换。懒坝村民角色的转变，其实是当地村民的乡土意识、文化自信、个人意识的觉醒，更是代表了广大村民群体的集体发声。

4.3 地方政府、开发商角色的转换

地方政府和开发商的角色在艺术实践中也是十分重要的。从前文的案例可以发现，关于地方政府的态度，从开始的不参与甚至反对，到后面适当性干预，转变为主导性地服务和监管，同时，开发商也开始逐渐转换。这既和国家推出的一系列乡村振兴政策有关，也说明了当地持续艺术实践的影响力。

4.3.1 适当干预

对于懒坝大地艺术节的举办，当地政府并没有不闻不问、放任自流地看待，而是在相关政策和管理方面进行适当地支持和参与。地方政府的支持使武隆懒坝大地艺术节的持续性得以保障，这和单单凭借艺术家一己之力，独自撑起的艺术实践项目所不能比的。

武隆区本身拥有得天独厚的自然资源优势，同时，在国家的乡村振兴政策引导下，武隆根据自身的特点，将旅游产业作为支撑产业，带动了城市改革的发展。近年来取得了瞩目的成绩。武隆发展成了全市唯一同时拥有"世界自然遗产""国家5A级旅游景区""国家级旅游度假区"的地区。武隆懒坝的以艺术介入的乡村模式，开展懒坝大地国际艺术节，是希望当地村民通过艺术获得丰富的精神世界，同时，也希望中国的大众拥有了解艺术的窗口，并积极参与到艺术的世界中，用艺术的方式改变乡村，用艺术节搭建一个国际化的平台，让各国文化交融发展。

4.3.2 服务与监督

地方政府提供相关服务并监督，使武隆懒坝大地艺术节的持续性得以保障。

当地政府在懒坝大地艺术节的筹备和创办过程中，提供了很多服务。在早起的筹备阶段，来自四川美术学院的志愿者团队和全国各地前来帮助的志愿者参与到艺术家的在地创作中。当地村委组织人员和当地居民沟通协商解决志愿者的住宿问题，落实并深入筹备的各个环节中。

从武隆仙女山镇到懒坝，原本一天只有两辆班车相互运输，交通不便，为了方便筹备，增加了镇上到懒坝的来往班车数量，调整了来往的线路，解决了交通不便的问题；同时，在相关的客车站、火车站等客运站设置了相关的人员，为前来的游客进行指导和解说。

当地政府后续维护的模式。创作《竹音剧院》的艺术家松本，在寻找合作手艺人的时候，也得到了清水村村委人员的帮助，村委工作人员热情地联络村落的手艺人，还不断地在两者之间进行沟通和协调；在艺术实践告一段落后，当地村委也组织相关的人员进行后续工作的维护，同时，手艺人也积极自发地主动维护。

4.3.3 专业化决策

企业开发商在懒坝大地艺术节的艺术专业领域有着明显的优势，可以帮助艺术家和村民实现更加合理、高效、专业的决策。

懒坝大地艺术节是企业与高校的合作，是商业与艺术的结合。可以说，企业的加入也是维持艺术节延续的重要因素，如何平衡企业追求经济效益与艺术实践的双重并行的可持续发展模式，是懒坝大地艺术节面临的重要问题。因此，在专业性决策方面，企业运营者将其交给四川美术学院的师生团队。充分发挥高校的专业优势，为懒坝大地艺术节提供了专业的指导和依据。同期，在艺术节筹备期间，四川美术学院的学生作为招募的主要志愿者，由志愿者团队和艺术家团队一起合作完成艺术作品的搭建、施工，得到了艺术家们的认可。

从目前首届懒坝大地艺术节的举办来看，企业并没有盲目地追求经济效益，忽视艺术乡村实践的重要性。如对于当地村落参与艺术实践项目的村民及其家人实施免费参加展览，对于武隆本地人实施票价半价的优惠，并长期实施等。开发商对于懒坝如何形成长久持续的良性发展艺术机制，还在不断地总结和调整中。

地方政府的角色没有过度干预，而应是适度性地干预，同时，做好服务和监管，企业开发商也让专业团队做专业性的决策，此次懒坝大地艺术节的成功举办，与当地政府、企业的支持态度分不开，其创造了更多的价值和希望。让当地村民通过旅游产业的发展，获得更好的经济收益。

通过本章的分析，懒坝大地艺术节在地设计中所涉及的艺术家、当地民众、地方政府、开发商这几个角色的转换。当地民众从过去活动中的被动参与角色转变为主动、自发性参与，艺术家从自我理想到在实践理想的过程中充分重视民众的作用而使自身角色从领导转向引导，地方政府和开发商变为服务性的角色。懒坝大地艺术节在地设计中的这些角色转换正是体现了其重视"人"的作用。艺术介入乡村建设的宗旨不在于其审美建设，而在于其人心建设，在于"村民主体"之人心建设，在于"乡村建设多主体"之人心建设，在于对"主体性"及"主体间性"的综合性把握❶。

懒坝大地艺术节中艺术家创作的作品也是以人与自然、人与人的融洽关系为出发点的，作品的创作做到了艺术家和居民之间的沟通、互动，也利于当地的人与自然的和谐共生。

5 艺术乡建视角下懒坝在地设计的意义与启示

懒坝大地艺术节并不是一场孤立的艺术实践，而是致力于寻找一种可持续的、在地的中国化的艺术乡村建设道路，这是一个长期的实践摸索过程。因此，对懒坝大地艺术节的"在地"设计进行个案剖析，有利于总结艺术乡建活动的经验。每次实践活动都是对社会的再认识、再创作的过程，充分总结和汲取懒坝大地艺术节在地设计的经验，既是对在地民众的负责，也是作为学者对学术研究的负责。坚持理论研究与实践相结合，坚持"实践是检验真理的唯一标准"的基本理念，就是懒坝大地艺术节给予艺术乡建的宝贵经验，也是对"艺术乡建"理论的丰富和完善。

5.1 懒坝大地艺术节"在地"设计的意义
5.1.1 多元主体的实现

多元主体主要是指在懒坝大地艺术节中，包括村民、政府、开发商、游客之间实现更加和谐的共处关系，且需要发挥村民的主体作用（图25）。艺术家在融入乡村的同时，要放下居高临下的姿态，强势的主导意识，与村民平等地交流互动，

---

❶ 王孟图. 从"主体性"到"主体间性"：艺术介入乡村建设的再思考——基于福建屏南古村落发展实践的启示［J］. 民族艺术研究，2019（2）：152.

树立村民的主体意识，唤醒村民的自觉性。

村民是艺术乡建最重要的主力军，但并不将他视为唯一的主体。在渐进的乡村建设道路中，应注重艺术家、志愿者、政府等多方的主体力量，不忽略任何其他主体的能动作用，形成一种多元主体的相互转换、协同共存、

图 25　艺术家与合作的志愿者（图片来源：懒坝美术馆）

平等互惠、包容呼应的乡建氛围。多元主体的实现才是能达到艺术乡建使主体间相互传递的最有效对话的过程。

在懒坝大地艺术节的艺术实践中，从主旨的提出到在地实践，整个创作过程中，懒坝村民的主体性得到最大体现，实现了多元主体的创作实践。

在懒坝大地艺术节的在地创作中，突出了当地村民的主体地位，实现了艺术家和村民等多元主体的转换，通过"多主体"的在地实践，将更加全面、丰富地弥补单一主体的薄弱短缺，重新建构乡村共同体。

5.1.2　本土乡愁的重塑

"乡愁"就是对于乡村的热爱和独有的与生俱来的情结，更是一种人民对于家园的精神慰藉。费孝通先生曾提到，"从基层上看去，中国社会是乡土性的[1]。"无论是生长在乡村的居民，还是城市里的居民，对于乡村都有着独特的情怀。中国人的这种思乡和归乡的情绪是融入血液里的，不论地位高低，也不管男女老少，他们对家乡的情怀是不言而喻的[2]。而面临城乡建设进程的加快，村民不得不前往城市寻找发展，摆脱村民的身份，导致乡村的空心化，乡村的生活质量逐渐下降。村民对于"乡愁"越发模糊，乡土意识也越发淡薄。

艺术作为一种人与人、人与自然沟通的一种语言，用无形的力量促进彼此的交流。当艺术乡村建设，就是以艺术为媒介，设计为方法，立足乡村的根本问题，带

---

❶ 费孝通. 乡土中国［M］. 北京：人民出版社，2015：4.

❷ 渠岩. 艺术乡建：许村重塑启示录［M］. 南京：东南大学出版社，2015：29.

动乡村的经济发展，重新凝聚村民的主体力量，使乡村重新焕发活力。艺术使乡村以截然不同的、崭新的面貌，摆脱了同质化的乡村面貌，加深了村民的认同感，从而重塑村民的乡土意识。

懒坝大地艺术节正是通过艺术节的柔性力量，改善了懒坝周边的村落风貌，提升了村民的文化自信，增强了乡土认同感，重塑了村民的本土意识。懒坝大部分在地作品，被长久地保留下来，作品的日常维护也给当地村民提供了一份职业，带来了经济收入。对于这些他们亲自参与创作的艺术作品，日常的维护工作更像是照顾自己的孩子一样。懒坝大地艺术节的开展也为当地带来了更多旅游资源，在外青年开始回乡创业，开民宿，办当地特色餐饮，都让原本空心化的村落有了人气。

5.1.3　审美意识的萌发

审美意识是一种深藏于心的审美传递，可以更加长期、有效地帮助村民提高审美素养，启蒙审美思维，为乡村生活开辟一条新的感官世界，这可以有效地帮助他们实现集体意识的觉醒，对整体区域的人文素养提升有着极大的帮助。懒坝周边的村落，地理位置较为偏远，经济发展落后，艺术教育资源更是稀缺。当地的村民和小孩少有接触艺术教育的机会，对于艺术根本没有概念。随着懒坝大地艺术节的开展，艺术家深入村民，村民主动地参与艺术创作的过程中，从头到尾全流程地接触和感知艺术。

此外，懒坝附近的村民在和艺术家浅井的合作中，认识到原来泥土的颜色如此丰富多彩，还可以用来在墙上画画，便大胆地开始尝试自己创作图案，向艺术家讲述自己的创作理念。当地小朋友"坎妹"每天都到现场，观摩艺术家的创作，她天性里的创作欲望得到释放，开始创作（图26）。浅井在他们绘画的过程中，像一位老师一样引导他们大胆创作。

懒坝的大地艺术，尊重了村民的主体性，村民在这个阶段开始慢慢地走近艺术，在不断地沟通和交流中，在艺术家的艺术感染下，体会艺术的魅力，接受审美的熏陶，他们的创造潜能也不断

图26　当地儿童的创作（图片来源：懒坝美术馆）

地被激发出来。村民们开始抱着美的眼光去看待周围的环境和事物，敢于忠于自我内心的表达，主动地去发现身边的美好，从中感受美的力量。

同时，懒坝村民的审美意识被唤醒，对自己乡村有了新的认识和解读，加深了对乡村文化的认同，对自我身份的确定。这种归属感和凝聚力，使村民们越发自愿地投入其中，成为艺术乡建中的创造者。

5.2 "在地"设计对艺术乡建的启示

"在地"的表现和维度不仅是从单方面的角度切入，而是以更多元的角度与对象产生联系，增强人们对自我的认同感和归属感。尊重当地的生态环境、人文历史，更要尊重当地村民的意愿，唤醒村民主体性，凝聚多元主体的乡建力量，才是乡村长远持久良性发展的基石。本节围绕"在地"设计的指导理念，从在地乡民、在地文化、当地环境三个维度进行总结，为艺术、设计助力乡村振兴提供一条可实践探索的方法论。

5.2.1 注重在地乡民的平等与互动

艺术乡建的主体是"人"，是当地村民，他们是艺术乡建的主导力量。遵循在地设计的原则，即注重以"人"为本的设计初衷，因此，对于村民，要给予充分的尊重和肯定。在乡建的进程中，用艺术、设计作为媒介，一方面要尊重村民的主体地位，另一方面则要实现多元主体的转换。

5.2.1.1 平等

艺术乡建不是个人艺术家的实验场，也不是个人艺术情怀的创作，而是真真正正为村民、乡村带来改变的艺术实践。村民是乡村的主体，这是艺术实践首要明确的目标。因此，艺术家、设计师要放下身份的异同，在理解和信任的基础上以平等的身份和村民输出艺术文化的价值，同时向村民学习，形成一个艺术与乡村交流共建的平台。让村民完成从被动的主体，到自我认知的主体转换。

5.2.1.2 互动

艺术乡建中，这里的互动指的就是互相。艺术乡建的在地性，就是主体互相的体现，发挥以艺术家、村民、志愿者、政府等多元主体的主动性。

艺术乡建的最终目的是激活乡村，优化乡村产业结构，实施良性的生态机制，从而真正地带来经济上的富裕，提高村民的生活水平质量。艺术作为情感交流的媒介，有利于将多方的村民、志愿者、艺术家、设计师形成一个情感共同体。真诚地相互理解，有效地避免了不同角色的立场和出发点，用艺术搭建的交流平台，寻求彼此之间共同的诉求。通过互相真诚的表达，实现主体的相互转换。在艺术乡建中，对多主体的平等互动中，实现了"多主体"艺术实践，是在地设计的内核体现。

5.2.2　注重在地文化的激活与传承

中国的传统村落底蕴深厚，文化脉络以乡村作为精神载体，从乡村的经济、环境、地理等条件下发展起来。乡村文化是一种精神的存在，有着自身独特的文化属性。面对乡村文化受到城镇发展的冲击，导致文化断层，文化遗产受到了破坏，村民文化保护意识薄弱等各种问题，艺术介入乡村更要怀着责任感和使命感去建设乡村。艺术家、设计师遵循在地设计的理念，保护和尊重当地的历史文脉，深入挖掘当地的文化特征，给予当地人"根"的归属感。

5.2.2.1　激活

在艺术乡建的过程中，艺术家要尊重和倾听当地人的诉求，重塑乡村文化，不能仅是停留在外在层面的修复。村民的文化断层，保护意识薄弱，面对外来的势力，更是缺乏自信。尊重和保护当地文化的前提下，更要认清村民才是乡村的主体。艺术家通过调研和分析，将当地的文化元素，用艺术的方式重塑当地的古建筑、古街道，突出当地特有的文化内核。文化的激活，不仅是将它用艺术的符号显现出来，更重要的是在这个过程中，和村民一起重塑当地文化体系，重拾村民的文化自信，增强他们的文化认同，由外到内地激活文化，让村民凝聚力不是外来力量的改变，而是真正从内心认同，文化自行的建立是在地实践的根本目标。

5.2.2.2　传承

艺术家、设计师应当根植于当地深厚的历史底蕴，竭力保护当地原有场所的精神。尊重文脉的设计原则，前提就是基于对当地文化的保护。当地文化的保护和传承，不仅包含了古建筑、古街道、古树木等物质形态的保护，还包括风俗人情、生活习惯、传统工艺等非物质形态。艺术建设乡村的同时，一方面，要尊重当地的文化特性；另一方面，也要避免艺术家个人情怀主义的保护和开发，单单主张修复传统古建筑，梳理文化脉络，而没有真正地深入村民，脱离了当地人的真正诉求。

5.2.3 注重当地环境的融合与共生

艺术作为乡村建设的一种模式，环境作为乡村的自然载体，自然而然地受到艺术介入的改变。面对当地的独特地理环境、自然生态环境、村民居住环境、文化活动空间等，艺术的介入遵循在地设计的理念，首先要立足于"地"，与当地的场域发生联系。注重乡村环境融合共生的设计原则，一方面，要遵循自然规律，以当地的地理为场域，最大化还原当地的自然风貌；另一方面，通过艺术的介入，重新唤醒人与自然和谐共生的理念。

5.2.3.1 融合

融合主要是指一种天人合一美学状态下的多元共生关系，主要在环境融合方面，艺术家对于乡村的改造与创作很容易陷入割裂地区文化的陷阱，地理环境与建筑环境的融入十分重要。

乡村的环境主要以当地的地理环境和建筑环境为主要构成。地理环境中的地形、地貌、草木植被、河流水势等都共同构建了这片区域独特的自然风貌。当地人在这片土地生长，对于家乡的一草一木都有着浓厚的感情。艺术家、设计师应抱着对当地环境的敬畏之心走近这片土地。对于当地的生态环境，主张柔和进入。在艺术实践的过程中，倡导保护和维持当地的森林、植被、山川、河流等生态资源。主动了解掌握当地环境的生长规律和特点，做到不干扰，艺术的介入要自然而然地融入其中。

在乡村建筑方面，中国大多数的传统村落，都保留着老建筑。当地的老建筑是当地人世世代代在地生活的一种记忆延续。各地环境的不同，老建筑的特性也不相同，如北方特色的窑洞，南方特色的夯土房屋，有的保存得较为完整，有的就只剩下断壁残垣。艺术介入乡村的建设，不是千篇一律地重新改建，也不是简单粗暴、单刀直入地将破败的老建筑一笔抹去，重新利用西方的审美、现代艺术的建筑思维，将彰显个人设计特征、艺术风格的建筑安插在当地的环境。这些都村民与这片土地割裂开来。艺术家和设计师，通过艺术的连接，保留这些遗存的建筑，将记忆继续延续下去。

5.2.3.2 共生

艺术家、设计师遵循在地设计的理念，对当地的环境保持敬畏，充分尊重当地环境和建筑。在尊重和保留的基础上，如何让它们重获新生，将艺术的实践创作和当地的环境建筑融为一体后，相得益彰，再焕发新生。这也是在地设计主张的融合共生的设计理念。以艺术的方式与当地产生联动。对于当地的气候条件，如风向、阳光、温度等，利用其持久和规律性的特点与艺术相结合；对于当地的地形、地貌，采取相互呼应、结合地形的方式，不用外界的力量将其磨平，尽量还原当地的地势面貌，让艺术实践与之相融合。

对于当地的老旧建筑，在尊重保留的基础之上，艺术家和设计师更要运用艺术的力量，让承载记忆的老旧建筑重获新生，达到新旧共生。设计师在改造的过程中，必须精准把握设计的尺度，保留传统建筑中的重要部分，对当地的地域文化特色元素，进行精简提炼。运用设计的方法，重构传统建筑的特色，一方面，唤醒当地居民的记忆、引起当地居民的情感共鸣；另一方面，也突显当地的特色文化。

本章立足于懒坝大地艺术节个案剖析的基础上，总结出具体可行的艺术乡建经验，主要呈现在意义和启示两方面。在对艺术乡建的意义方面，懒坝大地艺术节在地设计做到了多元主体的实现、本土乡愁的重塑、审美意识的萌发，这对于激发在地民众的参与和创作热情起到了积极作用，也带动了艺术乡建的积极实践。在对艺术乡建的启示方面，该个案提醒我们，在艺术乡建活动中要充分注重在地民众的平等与互动、在地文化的激活与传承、在地环境的融合与共生，凸显"在地"的核心理念和价值。懒坝大地艺术节的在地设计活动为我国的艺术乡建实践提供了丰富的案例，为学界的"艺术乡建理论"提供了积极的理论支撑。懒坝大地艺术节的在地设计，可以成为我国新时代艺术乡建可参考借鉴的一条重要路径。

结语

"乡村振兴"在党的十九大报告中提出，被定位到国家战略层面，乡村建设成为艺术家和设计师关注的焦点。艺术介入乡村建设成为当前最为引人注目的学术和实践话题。本文在充分总结、梳理国内外现有的"艺术乡建"案例和学理分析的基础上，对"在地"设计的主体关系转变和活动形态演变作了明确表达，即主体关系、活动形态的双重转变，此时的"在地"已蜕变为有效改变人地关系，社会关系的设计行为方式。对懒坝大地艺术节在地设计个案，以社会参与视角进行了分析，并总结了其意义和启示。

武隆懒坝大地艺术节的主题是"把艺术还给人民"，通过详细的案例分析，对该模式的层次关系进行解构，包括在地设计理念、在地设计组织机制、在地设计实践过程三个方面，讨论"在地"的具体参考标准与设计方法，并引出武隆懒坝大地艺术节"在地"设计背后的角色转换关系，以村民、政府、开发商、专家学者不同社会身份确定一种平稳的关系，且这种关系的转变必须置入过程化的语境中看待。武隆懒坝大地艺术节是艺术乡建的一次积极尝试，其"在地设计"的指导原则，渗透到懒坝的方方面面，笔者总结为在地环境共生、在地文化激活、在地乡民互动三个方面，且最终目的一定是启迪村民产生自我认同，重塑乡愁，唤醒审美意识。村民是环境与文化的共同拥有者，是缓解城乡矛盾，发展乡村特色文化的核心。大地艺术节这种方式，渗透着"在地"设计思维，以乡村场域为现场，以互助协商为根本的艺术实践，既为中国当地艺术的发展拓宽空间，也为乡村建设和乡村文明的发展起了推动作用，构建了乡村与艺术相互成就的有机关系，为国内艺术乡建提供了重要的价值范本。

此外，鉴于第一届懒坝大地艺术节刚刚举办结束，其完整度和持久度影响还远远不够。同时，首届参与的实践主体较多，包括项目的发起人、国内外艺术家、当地众多参与的村委干部、村民、留守儿童，全国前来的志愿者、高校志愿者等，在研究的过程中，难免会有疏漏的地方。因此，懒坝的持续发展，笔者将会不断跟进和关注。同时，笔者的研究水平有限，在文中有些许欠缺，会在今后不断学习，多多参与到乡建的实践活动中，为本研究继续添砖加瓦。

参考文献

[1] 王景新，鲁可荣，刘重来．民国乡村建设思想研究[M]．北京：中国社会科学出版社，2013．

[2] 王中．公共艺术概论[M]．北京：北京大学出版社，2014．

[3] 马钦忠．公共艺术基本理论[M]．天津：天津大学出版社，2008．

[4] 孙君，廖星臣．农理：乡村建设实践与理论研究[M]．北京：中国轻工业出版社，2014．

[5] 秦红增．乡土变迁与重塑：文化农民与民族地区和谐乡村建设研究[M]．北京：商务印书馆，2012．

[6] 孙振华．公共艺术时代[M]．南京：江苏美术出版社，2003．

[7] 季翔．建筑·公共艺术[M]．北京：中国建筑工业出版社，2015．

[8] 渠岩．艺术乡建：许村重塑启示录[M]．南京：东南大学出版社，2015．

[9] 王洪义．公共艺术概论[M]．杭州：中国美术学院出版社，2007．

[10] 高颖，等．欧洲公共艺术[M]．北京：中国建筑工业出版社，2015．

[11] 张健．大地艺术研究[M]．北京：人民出版社，2012．

[12] 刘天剑．新返乡实验的困境与反思——"艺术介入"的多个案比较研究[D]．杭州：浙江大学，2014．

[13] 李爽．公共艺术介入新农村社区建设可行性研究[D]．北京：中国艺术研究院，2014．

[14] 王东辉．中国当代公共艺术的现状、问题与对策[D]．北京：中国艺术研究院，

2012.

[15] 刘雅平. 当代公共艺术在乡村公共空间中的应用[D]. 长沙：湖南大学，2013.

[16] 叶相君. 日本越后妻有公共艺术对当代乡村公共艺术的启示[D]. 杭州：中国美术学院，2016.

[17] 崔慧姝. 梁漱溟乡村建设运动及其争议研究[D]. 天津：南开大学，2012.

[18] 史振厚. 晏阳初乡村改造思想初探[D]. 长沙：湖南师范大学，2002.

[19] 马津. 新聚落设计实践与反思[D]. 北京：中国建筑设计研究院，2012.

[20] 吕屏. 传统民艺的文化再生产[D]. 北京：中央民族大学，2009.

[21] 尹爱慕. 艺术介入乡村建设多个案比较研究与实践[D]. 长沙：湖南大学，2017.

[22] 曹田. "城乡互构"关系中的设计价值选择与中国乡村实践[D]. 北京：中央美术学院，2016.

重庆彩云湖湿地公园
设计的共生理论研究

03

裴冬冬

　　湿地有"地球之肾"之称，它发挥着天然的生态效益。在生态文明建设的背景下，湿地保护也日益紧密地被提上日程。湿地公园建设作为湿地生态保护的重要手段之一，它是致力于湿地自然保护为核心的生态空间营造。湿地公园蕴含着丰富的自然资源和文化资源，可以通过人工的生态环境改造，以实现自然与人文的巧妙融合，营造出自然造化般的湿地公园。它既可以是生态环境的改造，也可以是为人们提供休闲、游憩、科教等活动的生态空间。

　　重庆彩云湖湿地公园是从工业化背景下蜕变而来，从一片废墟之地到生态园林的建设，以因地制宜的手法对原有的环境合理改造，营造了极具特色的湿地公园景观。它既是基于生态环境治理背景下而建立的共生空间，也是人与自然和谐共生的生态场所，体现了异质文化共生、人与自然生态共生、整体与局部共生的内容，实现了在文化、生态、系统方面的协调共生。本文旨在以重庆彩云湖湿地公园为研究对象，探析了彩云湖湿地公园设计的共生理论内容，致力于为湿地公园的相关研究做进一步补充，以期为其他湿地公园提供一些借鉴意义。

1 概况

重庆位于西南山地环境下，体现了多高山、河流的自然地理特征，其独特的山水环境造就了独具一格的湿地地理环境。彩云湖湿地公园属于典型的山地湿地公园代表，交织于九龙坡区与高新区之间，地理位置约为北纬29.8°，东经106.6°[1]。彩云湖湿地公园是重庆市区最早、规模最大的国家级湿地公园，建设面积覆盖较广，"总规划面积约为110.26平方公顷，其中湿地面积约26.94平方公顷。用地南北宽度约620米，东西长度约1285米，"区域覆盖了居民住宅区和城市商业区等范围，其面积跨越了数条主要交通干道，对城市的人居环境改善发挥了重要作用。

彩云湖湿地公园是后期人工修建的人工湖库型湿地公园，它是致力于改善周边生态环境而建立。"地形主要以山地与沟谷地形的结合，相对高差约53.72米，最高海拔位于西侧高程约309米，最低海拔位于东侧高程约251米。"湿地公园的地形也具有独特的特点，内部地形低洼，而四周地形高，以因地制宜的造园理念营造了"浑然天成"的山地型生态湿地公园。得益于天然的生态环境营造，在2017年被誉为"十大旅游名片"，因而形成了得天独厚的自然生态环境。在自然科普方面，也形成了当地的"科普示范基地，"发挥了城市生态环境保护与开发的共生协调发展。

---

[1] 孟颖斌. 重庆市主城区水库型湿地景观营造研究 [D]. 重庆: 西南大学, 2010: 17-25.

1.1 历史沿革

1.1.1 湿地公园的前世：城市破碎之地（20世纪80年代~1998年）

在重庆彩云湖湿地公园建设之前，该地属于二郎高科技园东区与原桃花溪公园所覆盖的区域，也曾是城市的边缘地带——兴隆垃圾填埋场，是各种生活垃圾以及工业污水排放之地，生态环境极其恶劣。对于湿地公园周边的河流——桃花溪难以幸免，桃花溪河流位于其下游处，遭受着工业污水、垃圾的肆意污染，它是长江第二大次级支流之一，河流的污染严重影响了周围居民的生存环境，甚至威胁着整个九龙坡区域的生态环境，对于桃花溪流域的环境整治变得极为迫切。

1.1.2 湿地公园的兴建：城市绿色空间（1999~2011年）

这一阶段，主要是彩云湖湿地公园从无到有的修建历程。从1999年起，便是彩云湖湿地公园环境生态修复的开端，市政府提出了河流治理"民心工程"方案，并成立了专门公司来负责桃花溪河流的治理工程。2001年，对桃花溪流域综合整治工作正式开工，为彩云湖湿地公园的修建奠定了一定的建设基础。2003年开始对环境的污染源进行整治，修建生活污水截流设施等设备，保证了从源头上截断污水对于河流的影响。2005年，拟定了相关整体环境治理规划。2007年，才正式开始规划彩云湖湿地公园建设，通过修建污水处理厂、彩云湖水库、立体湿地等生态方式，以实现桃花溪河流的综合治理。通过河道清淤、垃圾无害化处理、绿化种植、污水治理等生态修复治理过程，实现了对当地生态环境的修复与营建，为湿地公园生态建设提供了重要保障。2008年出台了《关于市区共建彩云湖湿地公园》方案，进一步规划了湿地公园建设方向。2009年，彩云湖湿地公园得以正式建成，已被批准为国家级湿地公园（试点），这也是重庆市区城市湿地公园建设的重要里程碑。2011年，彩云湖湿地公园景观系统已经初步建成，正式向市民免费开放，即重庆市区首个国家级湿地公园正式予以开放。

1.1.3 湿地公园的完善：城市共生空间（2013~2020年）

彩云湖湿地公园在数十年间不断地前行，这一阶段体现了彩云湖湿地公园在时代的发展过程中不断地完善自身。在"十一五""碧水行动"计划的推动下，对主城区湖库水环境水质进一步提出了要求，推动了彩云湖水库水质的提升行动。由于彩云湖湿地公园在发展过程中，相关净水处理设施出现了老化、失修等问题，对水质产生了严重的影响。基于现存的问题，通过河岸雨污水截流、污水处理厂的设施升级换新，推进了彩云湖水库水质的进一步提升。2014~2016年，九龙坡区政府进行了二期景观改造工程建设，在文化景观和水质方面得以进一步完善。发展至今，彩云湖湿地公园已成为人们日常休闲游憩之地，发挥着人工湿地公园的污水净化功能，对城市居民环境的改善有着重要意义。2016年，以桃源意象为主题的文化景观营造，打造了环湖十景，丰富了公园的文化意境，推进了湿地公园的共生发展。2017年，进一步丰富了湿地公园的文化内容，融入了爱国主题的社会主义文化，并且在楹联、石刻、宣传牌的文化景观中得以体现。在产业发展方面，2017年6月，计划打造国际社区方案以推进国际化发展，使彩云湖湿地公园向国际化拓展，以实现"宜居、宜游、宜业"发展目标，体现了自然、文化、产业方面的融合发展，推进了彩云湖湿地公园的全面可持续发展。到2020年，彩云湖湿地公园仍在不断地完善自身，基于河流水质现状，对污水净化设施的进一步升级改造，对彩云湖水库和桃花溪河流的水质进一步提升。

2　设计特征

2.1　因地制宜的造园理念

造园理念作为湿地公园建设的指导思想，也是一个湿地公园营造的核心所在。"因地制宜"是依据其当地地理环境等因素而制订适宜的营造方案，它体现了对本土地域自然因素的尊重和合理利用。重庆彩云湖湿地公园便是基于地形、自然环境的保护而展开的园林建设，根据山地与沟谷结合的地形形态特征，将其与现代设计进行巧妙结合。"因地制宜"理念首先体现在立体湿地景观的营建上，在顺应山地地形的基础上合理建设立体湿地，并顺势设计成梯田的形式来强化污水净化作用，体现对自然环境尊重下的合理设计，不仅发挥了良好的生态效益，也营造了富有特色"立体化"垂直湿地景观。因地制宜理念在湿地公园中还体现在建筑设计上，在建筑材料的本土自然性以及与本土植物的适宜搭配上，体现了建筑与湿地公园环境的融合性。如选用瓦、红砖、木材等自然材料对公园建筑的应用，营造了富有地域特色的建筑风格。另外，如利用一些天然碎石等作为铺地材料，尽量保留其原貌，既能考虑其功能性，能够使雨水自然下渗实现其生态性，也能体现独特的自然美。彩云湖湿地公园将因地制宜的造园理念体现得淋漓尽致，在植物群落搭配上，采用了本土植物进行搭配，植物能够与周围环境相适应以确保其生长，体现了对于气候、环境的因地制宜性。因此，彩云湖湿地公园以因地制宜的造园理念为核心，是山地湿地公园特色营建的关键，也是彩云湖湿地公园可持续发展的重要保证。

2.2　复合多样的景观层次

彩云湖湿地公园是由山地和沟谷地形所构成，由于山地地形高差大，以及垂直地形使各个景观呈现为纵深感形式，体现了由高到低的多层次性景观形式。如在湿地公园的湖边景观处（图1），体现了由远、中、近景结合的复合多样的景观轮廓层次。以天空、山体为背景，可作为远景；以居民建筑轮廓和亭廊建筑为主体，可为中景；近处的植物群落以及景观小品组成了近景。因此，通过远景、中景、近景的结合，将山体、建筑、植物之间巧妙组合形成了复合多样的景观层次，体现了彩云湖湿地公园景观的特色性。由于山地区域的高低起伏特征，在视觉上呈现为多样层次性的景观，从近景处的花草、中景处的建筑与树木以及远处的山地、高楼建筑轮廓，使景观层次呈现为高、中、低的复合多样性特征。这种立体化的层次性还体现在植物群落中（图2），在山坡处通过乔木、灌木、花、草的高低错落组合，利用山体、高大的乔木作为远景轮廓，以灌木丛、花卉为中景，以草本植物作为近景，如麦冬、玉簪等低矮的草本植物为点缀，在整体上呈现为了高低错落的立体植物群落空间。通过对植物的林缘线、林冠线的合理搭配，疏密安排得当，形成了富有层次美的植物群落，体现了多层次、多维度的复合景观空间。复合的景观层次也体现了在立体道路景观系统中，在山顶处设计了便于观景的空中步道，可以俯瞰湿地公园以及城市全景。在山腰处设计了台阶步道景观，行至此处可体验到山回路转之感。在平地处设计了环湖的步道景观，由此形成了相互之间紧密联系而又具有多样层次的道路景观，体现了彩云湖湿地公园多样复合的景观层次。彩云湖湿地公园依据地形高差造就了复合多样的山地景观，是其重要的山地湿地公园特色所在。

图1　复合层次的景观图　　　　　　　图2　复合层次的景观（图片来源：作者自摄）

2.3　步移景异的视点设计

　　"步移景异"一定限度上反映了造园技法水平的高低，在彩云湖湿地公园中是重要的景观营造方式之一。"步移景异"是指游人在步行过程中通过位置变化而呈现不同的视觉景象，以"步移"的"动态方式"实现"景异"的效果。学者俞文婧在园林研究中指明了"步移景异"是由于人的行为变化而形成不同的景致和感受空间，体现了动、静两种状态。在彩云湖湿地公园中由于地形高差，建筑景观具有多视角的特性，体现了俯视、平视、仰视不同角度对于景观的营造，即可以从多方位看景的多视角方式。在山顶处有俯视的视觉体验，在山顶处由于视域范围变得开阔，在观景时可以欣赏到"一览众山小"的开阔景象。在山腰处，可以观看平视、俯视、仰视视点的不同景观，在山麓平地处，可观看仰视、平视的景观视点，体现了多视点设计。随着游人位置的移动，可以带给观者"景异"的不同视觉变化，实现了从单向景观向多向动态景观的转变，此时的空间具有了开放性和变化性的特征，给人带来了多重的空间体验。在彩云湖湿地公园设计营造中，依据山地地形所呈现的多视角特征，通过考虑不同视线角度变化所呈现不同景观效果而进行巧妙设计，体现了一种动态式设计，形成了彩云湖湿地公园的多视点设计特色。

2.4　巧于因借的表现手法

"巧于因借"是一种自然式造园手法，体现了对于自然的顺应和利用。对于其含义，它是基于现有地形环境的考虑下，进行合理的利用设计，以营造自然式的湿地公园。"因"意为所借之缘由，"借"是利用、依据的意思。"借"主要体现在对湿地公园中自然景观和人文景观的合理利用。依据不同角度、距离、时间的维度，"借"又体现了"俯借、远借、邻借、应时而借"等不同手法。❶彩云湖湿地公园对于山地地势的顺势利用体现了应势而借，在山地道路、建筑的修筑中，通过对山地险峻环境的合理因借，以呈现丰富多变的山地景观。"因借"还体现了应时而借，在彩云湖湿地公园的植物营建上，考虑了其生长习性以及季节性特征，对于不同季节的植物景观特征，将四季的景象考虑在公园设计中。在春天以桃花、梅花盛开为主，夏季呈现柳树成荫景象，秋季有杉叶层林尽染，冬季呈现了雾色缭绕景象。对于不同时节的合理因借，以营造不同湿地公园景色。因此，利用"因借"的手法，以实现湿地公园对自然的适应性设计，体现了人与自然和谐发展，以营造"浑然天成"的生态湿地公园设计。

2.5　整体统一的景观风貌

鲁道夫·阿恩海姆曾经谈道："事物的整体是欣赏和创作艺术品的关键。"整体的景观形态是景观风貌和谐的保证。彩云湖湿地公园的景观风貌体现了整体有序性，从入口沿至道路到各个景观节点处，其整体的景观风貌皆体现了湿地公园的桃源文化的延续。通过地域文化的融会，使湿地公园的各个景观节点统一，因而体现了湿地公园景观风貌的整体统一性。彩云湖湿地公园中的单个景观既能体现其自身独特性，也能够与周围景观实现整体的协调统一。彩云湖湿地公园的桃源景观有着自身独特文化的同时，也体现了与整体景观风貌的呼应性，实现了景观之间的协调性。如在风雨廊桥建筑中，由多个屋檐高低错落地组成，长廊幽远，有着独具特色的建筑细节，但在整体上能够与公园中其他景观相呼应，体现了古色古香的桃源文化建筑景观，湿地公园的亭台楼榭之间也体现了一种整体性。通过在材料、图案、

---

❶ 计成，陈植. 园冶注释［M］. 北京：中国建筑工业出版社，1988：10.

颜色上与整体风格相呼应，保持整体与局部之间景观风貌的整体性，因而形成了整体统一的景观风貌。

3 共生理论与湿地公园的关系

共生是事物之间协调发展的关键，共生也是事物可持续发展的必要途径。在李思强教授的共生哲学研究中明确指出"共生是事物及要素之间形成的互利共荣的关系。"彩云湖湿地公园便是致力于人与自然和谐发展的共生场所，它作为湿地与人共生关系的重要纽带，以因地制宜的造园理念，实现了自然景观与人文景观的融合，因而彩云湖湿地公园体现了一种共生发展模式。它曾是被人们所诟病的垃圾填埋厂、污水排放区域，经历了从废弃之地到生态空间的转变，如今已摇身变为人与自然共处的生态空间，它体现了湿地公园内部要素之间的协调发展，致力于自然、文化、经济的共生性发展，推进了湿地公园与城市的可持续发展。

本章主要梳理共生理论的发展，并探讨湿地公园与共生理论的可行性，分别从湿地公园的共生诉求、湿地公园的共生目标方面，探讨湿地公园中共生理论引入的可行性，为湿地公园的共生性分析提供依据。最后，总结湿地公园的共生原则性，致力于为湿地公园的共生发展提供理论基础。

3.1 共生的来源
3.1.1 中国传统哲学思想中的共生性
共生不是当代才出现的新型词汇，早在中国古代传统哲学思想中就蕴含了共生性。在以老庄为代表道家学派中，庄子曰："天地与我并生，万物与我为一"，其中"我"与"天地""万物"的关系，即人与自然的关系，体现了"并生""为一"的共生性，反映了人与自然之间的和谐统一关系。在老子思想中，提出了"中""和"的关系才能"达道"，以实现万物的发展。又如"道生一……万物负阴而抱阳，中气以为和。"其中"负阴"和"抱阳"是处于动态平衡的共生关系，通过两者之间的平衡而实现两者共生关系。在北宋，有"二程学说"程颢提出"仁者浑然与天地万物一体"体现了"与万物一体"是"仁者"表现。明代王阳明心学中"全其万物一体之仁"，体现了"万物一体"的共生性。儒家学派提倡"和为贵"❶，"和"便是一种共生性。在墨家思想中的"兼相爱，交相利"等，体现了"爱"与"利"之间的共生性。因此，无论儒家、道家思想，还是北宋时期的程学，古代传统思想都体现了对于共生性的重视，是万物共生共存发展的关键。如学者李思强在他的研究中指出了"生生之谓易"，体现了宇宙万物的共生共存方式。中国古代传统思想中蕴含了丰富的共生哲学，它体现在世间万物之中，体现了人与万物之间的共生共存关系。湿地公园是人与自然生活的重要单元之一，也存在着共生的生存关系，因此，中国古代的共生哲学思想可为湿地公园的共生研究提供一些理论基础。

3.1.2　生物学的共生理论

共生理论的形成最早源于19世纪80年代，首次在生物学家德贝里的研究中体现，明确指出"共生是生物之间的共同生活"。❷这是共生理论形成的开端。生物学家在此基础上进行了进一步的研究，柯勒瑞在此基础上进一步拓展了共生的关系，它包括"共生、互惠、寄生、同住"的生物生存的关系❸，进一步丰富了共生理论的研究，为各学科的共生发展提供重要基石。在20世纪50年代，共生理论被应用于其他学科领域，一定限度上推动了各学科的发展前行。

3.1.3　社会学领域的共生理论

共生理论被应用于社会学领域，主要体现在企业管理、社会关系方面，最早由社会学家袁纯清将其进行拓展，形成了较为系统的社会学共生理论，并将其应用于中小企业管理中。在他的社会学共生理论中，明确指出共生是一种社会现象和科学方法，将其划分为"共生单元、共生模式、共生环境"，进一步拓展了共生在企业管理方面的发展。在社会学领域，胡守钧学者强调了人与人之间的共生关系，强调了"人与人之间应该以实现共生为发展前提。"共生理论，在社会学领域，主要在企业管理、人与人之间的共生模式，已形成了成熟的理论框架、研究方法、评价体系以及策略，对于本课题湿地公园的共生研究具有重要的启发和借鉴作用。

---

❶ 参见孔子《论语》十二章，"礼之用，和为贵。先王之道斯为美，小大由之。有所不行，知和而和，不以礼节之，亦不可行也。" 即礼的应用，以和谐的方式为贵。

❷ 刘志迎，郎春雷. 基于共生的产业经济分析范式探讨［J］. 经济学动态，2004（2）：3.

❸ 李硕. 柏林城市新建筑与历史环境共生探研［D］. 郑州：郑州大学，2017：8-9.

3.1.4 城市规划领域的共生理论

早在20世纪50年代，黑川纪章在《城市设计》中提出了"共存的哲学"，将其运用于建筑学领域。1979年，在横滨国际设计大会上，黑川纪章首次提出了"共生设计"❶，体现了共生理论首次与设计学科的结合。黑川纪章的共生思想来源于共生哲学思想，主要从生物学"共栖"思想以及佛教、印度教唯意识哲学和西方当代哲学中，获得建筑共生思想的理论依据，同时，也立足于日本本土文化和自然哲学的基础上，最终形成了建筑与城市规划领域的共生思想理论。

共生理论的形成大致可分为三个重要的阶段，第一阶段为20世纪60年代，"新陈代谢"运动的开展，它是机械时代的一次革新运用，提出了面向未来技术的建筑，以及开放结构的设计，强调建筑具有生命、动态变化性。第二阶段是20世纪70年代，属于"变生"阶段，"中间领域"在它的建筑作品中有所体现，提出"过渡空间"可以实现建筑内外的共生。第三阶段提出了共生城市理论，将他的共生思想体现在城市规划领域中，即子系统思想的提出，进一步完善了共生理论的形成。经过三个阶段的演变实现了从机械时代向生命原理的转向，也标志着共生思想理论的不断成熟。

黑川纪章的共生思想是一种开放多元化的思想，致力于建筑和城市的可持续发展。将共生的具体含义定义为："共生是在矛盾对立关系中，建立一种新的秩序关系。"❷它是矛盾双方在平等尊重的条件下而实现两者之间的共存，体现了互利双赢性，即"对立的因素和不同的要素之间的在相互尊重下而建立共生关系"❸。在《新共生思想》一文中，总结了建筑与城市规划领域的共生理论内容，形成了较为完整的共生理论，推动了共生理论在设计学科的发展。他的共生理论涉及各个方面，包括物质要素以及非物质要素，它包括"异质文化、历史与未来、人与自然、部分与整体、内部与外部、理性与感性等共生内容"。共生理论在建筑和城市规划领域的发展，可为湿地公园的共生性研究提供重要借鉴价值。

---

❶ 任艳，江滨. 黑川纪章：基于共生理想的建筑大师［J］. 中国勘察设计，2018（9）：8.

❷ 黑川纪章. 新共生思想［M］. 覃力，译. 北京：中国建筑工业出版社，2009：1-20.

❸ 郑时龄，薛密. 黑川纪章［M］. 北京：中国建筑工业出版社，1997：23.

3.2 共生理论引入湿地公园的可行性

3.2.1 湿地公园的共生诉求

随着湿地公园的快速扩建，由于我国湿地公园发展时间较晚，缺乏科学合理的湿地保护规划理论，存在着保护不力、过度开发等问题，面临着湿地公园的生态性、文化性失衡，湿地公园与人之间的关系失衡等问题，日益威胁湿地公园内部发展的平衡性，也在一定限度上影响着城市的可持续发展。面对湿地公园各要素之间的矛盾问题，共生作为一种协调合作的生存模式，它可以推进其内部要素之间的协调以及与城市的协同发展，实现其共生是当下矛盾问题的重要解决途径。

国际建筑师协会大会上提出了当下"共生时代"的畅想，明确指出了"当下时代是一个兼收并蓄的共生时代，主要呈现为变化、转折、多元、共生……的时代特点。"❶共生的时代要求各事物之间以互利共赢的方式共存、共生，是事物之间协调发展的重要前提，体现了当下共生时代的重要性。在当今社会中，有利益的地方就会产生矛盾冲突，事物之间的矛盾冲突不断，而以共生的关系来实现共存是较为合理的方式，湿地公园的共生性也是当下的趋势所在。从共生行为方式来看，湿地公园是由各要素组成的复杂系统，共生理论以一种协同合作的方式实现了湿地公园各要素之间的协同发展，如湿地公园中人与自然之间的关系，基于共生理论的指导通过协同的方式实现两者的协调共生，促进湿地公园的可持续发展。从共生兼容性来看，湿地公园涉及园林美学、设计学、工学、建筑学、景观生态学等多学科的综合研究❷，湿地公园是由复杂的系统所构成，体现了多学科综合性研究。共生理论的开放包容性对湿地公园的复杂性具有良好兼容性，共生理论涵盖了湿地公园中各组成要素的内容，两者具有一定的契合性。因此，以共生的视角来建设湿地公园是当下时代发展的必然，也是未来可持续发展趋势所在。致力于为人们提供一个亲近自然、观光游憩、科普教育的共生场所，以实现城市湿地与人的和谐共生。

黑川纪章的建筑规划领域共生理论作为当下城市规划设计的重要指导思想之

---

❶ 吴良镛. 21世纪建筑学的展望"北京宪章"基础材料［J］. 华中建筑，1998（4）：1-18.

❷ 王火. 城市湿地公园规划与建设中的理论问题探究［D］. 南京：南京林业大学，2013：7-10.

一，对城市湿地公园的共生研究具有重要的指导作用，其共生理论可为本文的湿地公园共生理论研究提供一些借鉴。因而基于湿地公园的共生诉求下，从共生的协同性和共生的兼容性来看，共生理论与湿地公园结合具有一定的契合度，因此，以共生视角来研究城市湿地公园具有一定的可行性和适用性。

3.2.2 湿地公园的共生目标

城市湿地公园是在湿地保护基础上进行生态、游憩、科普教育等功能划分的特定区域。2017年，《城市湿地公园设计导则》对湿地公园建设提出了要求："湿地公园系统应实现协调可持续发展的目标。"❶湿地公园的生态、文化、社会功能之间的协调共生是发展的重要基础，致力于形成湿地公园的共生发展模式，因此，湿地公园中的各个要素之间应是和谐共生的，这体现了湿地公园的发展目标所在。

彩云湖湿地公园是为净化污水而生的生态湿地公园，实现了在生态、文化、整体方面的共生发展模式，在多元文化融合的异质文化共生、人与自然的生态共生、整体与局部的系统共生等方面得以展现，致力于湿地公园的文化、生态、社会的共生协调发展。彩云湖湿地公园的共生发展，既是自身可持续发展的目标所在，也是构建生态城市共生发展的基本要求。湿地公园与共生理论的目标具有一致性，因此，共生理论的引入具有一定的可行性。

4 共生理论下的湿地公园分析

湿地公园是致力于实现湿地自然与人和谐共生而建设的，共生式的湿地公园是可持续发展的保证。随着国家政策的响应，全国湿地公园如雨后春笋般崛起，彩云湖湿地公园便是在此背景下所建立的生态空间，发挥着重要的生态、文化、社会效益，致力于人与自然的和谐共生。

共生理论以一种统筹全局的视角，实现了湿地公园各要素之间的协调发展。彩云湖湿地公园中的共生性，主要体现为异质文化共生的桃源景观、人与自然生态共

❶ 杜建东. 新的《城市湿地公园设计导则》公布实施［J］. 建筑砌块与砌块建筑，2017（5）：53.

生的湿地生态空间、整体与局部共生的城—园发展模式，这既是彩云湖湿地公园中各共生要素之间协调的基础，也是彩云湖湿地公园当下及未来可持续发展的关键所在。本章主要研究的是基于共生理论对彩云湖湿地公园设计的分析，分别从湿地公园异质文化共生、人与自然生态共生、整体与局部系统共生三个方面进行阐述，以建构湿地公园的共生体系，推动湿地公园中文化、生态、经济协调发展。

4.1 异质文化共生

异质文化是指不同种类的文化，具有多元化和非同类的性质。黑川纪章认为共生条件是在承认矛盾双方"圣域"的基础上而产生，圣域是一个独有的神圣不可侵犯的领域，圣域文化是一个地区独有的地域文化，体现了其自身独特的魅力。异质文化共生是在尊重本土"圣域"文化的前提下，实现对外来文化的借鉴融合以实现文化的共生。因而异质文化共生是基于圣域文化下，各类不同文化的融合共生。"即在异质文化之间，进行有选择地吸收借鉴而得以发展。"❶彩云湖湿地公园蕴含着丰富的巴渝文化传统，但随着时代的进步变化，城市文明、工业文明的发展，传统文化、外来文化、现代文化的交融，在湿地公园中体现了各类异质文化之间的相互融合。彩云湖湿地公园的异质文化共生，主要体现为对传统地域文化的尊重、现代文化的融合两方面，体现了文化之间的相互包容，各类多元文化在平等的前提下得以协调发展，共同推进湿地公园文化的进步发展。

4.1.1 对地域文化的尊重

4.1.1.1 桃源文化的挖掘

共生理论中的异质文化共生，是立足于圣域文化之下的多元文化的共生。彩云湖湿地公园的圣域文化主要是指地域文化，打造了以桃源文化为主的桃源景观。"地域文化是人、环境在历史发展过程中所积淀下来的。"它是一个地方的精神内核所在，对地域文化的尊重是文化共生的前提。彩云湖湿地公园建设之前，这里曾是二郎区体育场和桃花溪公园区域，地处于桃花溪范围内，对桃源文化的发掘是彩云湖地域文化的特色所在，致力于营造中国古典文人园林式的桃源意境。据记载，桃

---

❶ 张红霞. 论文化多元化的特点、实质和意义［J］. 国外社会科学，2010（4）：83-87.

花溪河流早先发源于中梁山，桃花溪作为长江第二大支流之一，其岸边遍及桃花之林，呈现了桃源之地景象，故为桃花溪。通过在历史及民间传说记载中提取其文化信息，营造了以桃源文化为主题的湿地公园。桃源文化主要体现在自然景观和人文景观中，其中人文景观主要以桃源景象为主（图3），从杉林烟雨步道漫步游览、承接桃林渡、平湖春色，可观山坡处的梅园景色，再至车水欢歌转折处，承接桃花半岛，并以桃花诗廊过渡。到达云湖双桥处，可以远望湖光春色，

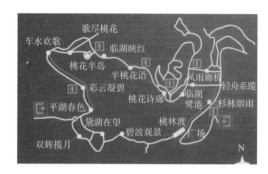

图3　文化景观分布（图片来源：作者自摄）

以及鸟类栖息地的观景点。紧接着是具有诗意的轻舟系揽处，最后至风雨廊桥处，与杉林烟雨步道形成了相互串联的环形步道景观，体现了桃源意境的营造。湿地公园在自然景观中主要表现为桃源意境的营造，引进了数十种桃花品种，以营造满园桃源春色的诗意景象，体现了湿地公园的地域文化性。彩云湖湿地公园对于地域文化的延续，是彩云湖湿地公园区别其他湿地公园的关键所在。

4.1.1.2　九龙楹联文化的延续

彩云湖湿地公园地处重庆市九龙坡区域，拥有丰富的历史文化资源，其中九龙楹联文化在湿地公园中便有所体现，在湿地公园的亭台、轩榭、廊道的牌匾上，以"丹心·爱国"为主题的书法对联，表达了人们对美好生活的向往。九龙楹联文化是九龙镇数百年来得以流传的文化，已被列入"巴渝十大民间艺术"。据记载，它最早源于以龙为霖为首的九龙学院的兴起，在讲学过程中，时常发起书写楹联的文化活动，在岁月的历史长河中得以保留下来，也是当地重要的非物质文化遗产。人们通过书写楹联以互相赠予，表达了人们对美好生活的寄托。在彩云湖湿地公园中将九龙楹联文化融入，将书法与文学结合，以爱国题材为主，在亭台、廊道、宣传栏中得以体现。在风雨廊桥以及各个亭榭中，以楹联书写了湿地公园的文化气息，既增添了文化氛围，也实现了湿地公园与城市文化的融入。历经岁月的九龙楹联文化体现了九龙镇人们的文化记忆，在彩云湖湿地公园中对于楹联文化的融入，可以

使人们置身于历史地域场所中，在感受楹联文化熏陶的同时，也获得了一种文化的认同感，进一步加深了人们的文化归属感。彩云湖湿地公园的地域文化性，是其湿地公园文化共生的关键所在，致力于推进湿地公园未来的可持续发展。

4.1.1.3 党建文化的融入

在彩云湖湿地公园中，党建文化是彰显民族文化精神的本质，以"丹心·爱国"为主题，体现了社会主义核心价值观的融入。在设计上，党建文化主要通过碑刻、牌匾、宣传栏、宣传板等载体展现（图4）。在东区多以廊道、亭台、牌匾形式呈现，在西区多以宣传栏、宣传板的形式呈现，体现了党建文化的融入。在题材方面，涉及范围较广，以爱国主题为主，涉及爱国典故、孝道等中华传统美德故事内容。如在彩云湖湿地公园西区中，以社会主义核心价值观为主题，在宣传栏出现了中国传统精神文化的内容，包括"屈原爱国典故、岳母刺字、苏武沐羊等爱国题材内容"（图5），以故事与图片相结合的方式呈现，表达彩云湖湿地公园中的社会主义核心文化，在宣传栏中也有所体现，体现了社会主义文化的精神风貌。通过党建文化的融入，可以为湿地公园增添文化本土性。党建文化彰显着中华民族文化精神，可以增强人们的民族自豪感，一定限度上可以潜移默化地对人产生影响。党建文化的融入也是其本土文化所在，以增强湿地公园的民族特色性，满足了人们日益

图4　宣传栏（图片来源：作者自摄）

图5　屈原爱国宣传牌（图片来源：作者自摄）

增长的文化需求。

4.1.2　现代文化的融合

随着城市化的发展以及人们生活方式的转变，随时代发展的地域文化也在积极地向现代化迈进，面对新的生活方式与外来文化的冲击，传统地域文化也在积极地与当代生活融合。彩云湖湿地公园一直处于动态平衡发展的过程中，在不断吸收新文化的基础上向前发展。通过现代文化元素的融入，可为本土传统文化注入新的活力，使之成为传统文化的一部分，体现了传统文化与现代文化的共生。因此，在地域文化的基础上，与现代文化的融合是实现其异质文化共生的关键。彩云湖湿地公园体现了传统文化与现代文化的共生，主要体现为传统文化的现代形式呈现、现代材料对传统文化的延续呈现两种方式。

4.1.2.1　传统文化的现代形式呈现

将传统建筑材料运用于现代建筑形式中，也是实现传统与现代文化共生的一种方式。在彩云湖湿地公园的水上花园（图6）建筑中，便是利用本土材料进行新的景观呈现，利用本土碎石、茅草等传统自然材料，修建了现代化形式的建筑。既可以保留传统的文化性，也能彰显时代性景观，以适应时代的发展。如在著名杭州西溪湖湿地公园中，利用历史遗留下来的传统建筑材料，将传统建筑文化与现代设计相融合，合理地运用传统本土材料，如碎石、树木、瓦片等材料，进行现代形式的设计，使传统的建筑文化，能够与现代文化相融合，体现了传统与现代的共生。

图6　水上花园（图片来源：作者自摄）

而因循守旧的仿古建筑，将难以与现代生活文化融合，其结果将背道而驰。

彩云湖湿地公园在传承地域文化的基础上能得以创新，赋予传统历史文化以新的面貌。对于传统文化以现代形式的呈现，体现在彩云湖湿地公园的文化符号提取上，在对传统桃源文化的提取基础上，并利用设计手法转换为现代形式的桃花符号元素，将其运用在建筑、铺装景观中，体现了传统桃源文化与现代文化的融合，在展示牌中多处体现了传统桃花符号的现代设计融合（图7），使桃源文化得以整体性呈现。对于传统文化的延续，在湿地公园的历史环境、历史传统中找寻"文化因子"，运用现代设计的手段进行改造，使传统符号与现代文化相融合。如在日本园林发展中，便是立足于传统和地域文化的基础上，利用现代设计技术使传统文化不断革新，使传统的文化能适应时代的发展，使其在世界之林占有一席之地。因此，在遵从传统文化的基础上，也要与时代生活文化相结合，将两者创造性综合，以实现湿地公园的文化共生。

图7 桃花图案（图片来源：作者自摄）

4.1.2.2 现代材料对传统文化的延续呈现

传统与现代的共生，体现在现代材料对传统文化的延续上。如在景观小品等硬质景观中，利用现代材料代替原有材料，使用混凝土材料对建筑进行砌筑。在色彩上，通过对传统文化中颜色的提取，以黄色、褐色的中式复古色调为主，使传统色彩在现代材料中的融合，是现代材料与传统文化的共生表现，体现了两者之间的和谐性。在一些景观小品设计上，合理地利用了新型材料进行景观融合，利用混凝土、新型木材等材料表现传统文化，现代材料通过现代技术可以实现经久耐用、生态环境等特性，现代材料能发挥更多的性能，也能与原有的自然环境相融合，可以降低建设成本。因此，通过传统文化与现代文化共生，实现了文化的兼收并蓄，使不同文化之间融合创新，既可以满足不同的文化需求，也能推进湿地公园文化的不断更新壮大，使异质文化在彼此尊重的前提下，实现现代文化与本土文化的融合，有助于本土文化自身的不断革新，同时也体现了文化的多样性。

4.2 人与自然生态共生

人与自然之间的关系是相互的，实现人与自然的和谐关系是人类亘古不变的时代命题，正如麦克哈格所言："自然条件是处于相互作用的动态发展过程，它可以带给人一定的机遇与限制。"❶体现了人与自然和谐共处的重要性。人与自然共生主要是人与自然和谐共存的关键所在。湿地公园是致力于人与自然和谐共生的重要场所，既能保护湿地的自然生态性，也能满足人的需求。彩云湖湿地公园是为改善和保护自然环境而建立的生态场所，体现了人与自然的共生。重庆彩云湖湿地公园中的人与自然共生，是以地形、自然环境、物种资源、水体为依托，主要体现为对于地形的顺应、自然环境的融合、生态岛屿的营建、水环境的再生四个方面，实现了彩云湖湿地公园人与自然共生发展。

4.2.1 地形的顺应

"地"是源于自然的原生环境，以地为势，体现了人对自然的顺应。地形属于自然景观元素，在湿地公园设计中对于地形的顺应，体现了人对自然尊重，以实现人与自然的和谐共生。在彩云湖湿地公园中对于地形的顺应，主要体现在立体梯田式的湿地景观、迂回曲折的道路空间方面，营造了基于地形顺应下的湿地公园设计，体现了湿地公园中人与自然的共生。

4.2.1.1 立体梯田式的湿地景观

彩云湖湿地公园由于特殊的沟谷地形，湿地公园内部高差大，形成了山地与平原结合的湿地公园。其中立体湿地体现了对地形的顺应，是在设计者巧妙利用自然的基础上得以建设，体现了人与自然的共生性。在对地形考虑的基础上，合理利用山地高差修建了因地制宜的立体湿地净化池。由于居民生活污水位于地形较高之处，而污水处理厂处于半山腰，水库处于平原处，桃花溪河流位于其下游。在上游

---

❶ 麦克哈格. 设计结合自然［M］. 芮经纬，译. 北京：中国建筑工业出版社，1992：4-5.

区将生活污水收集，经过特定的管道流入污水处理厂，达到一定标准后流入梯田湿地中，再流入彩云湖水库中作为水源，再流经自然湿地中经过净化清淤，最后流至桃花溪河流，打造了"立体湿地—池塘—溪流"❶的立体湿地净化系统。"因者，随基势之高下，体形之端正。"❷这是古代造园专著《园冶》中提到的造园手法，强调了顺应自然山势与地形而建的营造方式，以实现造园的"精而合宜"，也是立体湿地景观营造的精妙之处。营造梯田式湿地景观体现了对地形的顺应，由于地势高而造成水流速度过快，而使水质净化的沉淀性不够，但设计者能因地制宜，利用山地立体优势通过梯田净化池，通过对湿地流域面积的拓宽，形成了立体梯田式景观。在造园上讲求对自然地形的顺应并因势而顺导，形成了因地制宜的立体梯田式湿地景观，因而体现了对山地地形的顺应。

由于立体的湿地景观也实现了立体湿地的净化形式，体现了对山地地势的遵从与顺应。在湿地景观形成的同时，也形成了立体化污水处理方式。污水处理厂—梯田净化池—水库—湿地—河流的立体净化形式，主要通过污水处理厂的专业处理，以及湿地植物、微生物一系列的净化过程。因而也体现了物理、化学、生物三个层面的净化方式，实现对污水的多重深层性净化，实现了水循环过滤的环环相扣，以保证水源环境的治理标准。最终，过滤净化的再生水作为彩云湖水库水源、桃花溪河流的重要水源之一，汇入长江，形成了城市与公园结合的水体循环系统。因此，以对地形的顺应形成了立体式净化方式，也呈现了立体垂直景观系统，体现对自然地形的尊重，致力于人与自然的生态共生。

4.2.1.2 迂回曲折的道路空间

"不妨偏径，顿置婉转"是传统园路的营造手法，体现道路的曲折、偏径与虚实婉转特征，它是一种尊重自然地形的造园理念，也是被沿用至今的一种自然设计理念。在彩云湖湿地公园中多迂回曲折的道路空间，这体现了对自然地形的遵从。彩云湖湿地公园的道路主线主要是环湖步道，并以此展开游行步道的分支。在道路

---

❶ 张建林，邢佑浩. 基于景观和生态思想的重庆彩云湖湿地公园规划设计 [J]. 西南大学学报: 自然科学版，2013，35（4）：138-144.

❷ 计成，陈植. 园冶注释 [M]. 北京: 中国建筑工业出版社，1988: 20.

形态上，以水体姿态顺延，依据地形的高低起伏、湖水的流动状态，营造蜿蜒曲折的路线设计。彩云湖湿地公园的环湖道路是依湖水形态、山体走向而设计，呈现为时而弯曲时而流动的不规则曲线，人可以在流动的道路中拥有丰富的体验（图8、图9）。这是在对自然地形环境的顺应下进行的合理设计，这种蜿蜒曲折的路线随着水面的线条流动，呈现为一种流动的线条美。

图8　杉林烟雨（图片来源：作者自摄）　　　　　图9　道路小径（图片来源：作者自摄）

路径是园林道路的方向所在，一定限度上影响人的园路游览体验。园路形态一定限度上体现了公园的特色所在。彩云湖湿地公园的园路体现了对山地环境的顺应性，湿地公园的山地小径体现了迂回曲折的特征，设计者依据地形环境而巧妙设计道路形态。在公园西侧的山地道路上，根据山地地形的高差，围绕着山体而修建顺应地形的台阶道路，道路两侧以木桩砌筑，并辅以植物点缀，体现了顺应山地地形的设计。在杉林烟雨的廊桥设计（图10）中，围绕山行、水体变化而设计，实现了与周围的山体、水、植物的融合性，体现了蜿蜒富于变化的桥路形态。通过曲折蜿蜒的园路营造，可获得多视角的观景体验，使道路景观体验丰富且生趣。虽然笔直标准的道路可以给设计和施工过程带来方便和效率，但形式过于单一，因而也会造成一定的审美疲劳。而曲折多变的空间道路之间相互交错，在满足人们通行的同时，也为人们营造了丰富的空间感受，通过"一转一深"的路线组织，体现了"百步九折萦岩峦"体验。若不考虑自然地形，盲目地采用开挖山石、填路等破坏自然地形的方式，不仅对原生地形环境造成了一定的破坏，也在一定限度上影响了湿地公园的生态可持续发展。顺应地形的公园道路是对地理环境尊重下的合理设计，是山地城市湿地公园的特色性所在。

图 10　廊桥设计（图片来源：作者自摄）

4.2.2　自然环境的融合

丘吉尔曾言："人与环境之间是相互塑造的关系。"体现了人与环境之间的相互作用性。环境源于人所处的外部空间的集合，环境可分为自然环境和社会环境，以自然因素为主的是自然环境。在彩云湖湿地公园中，与自然环境的融合，主要体现为建筑与自然环境的融合。彩云湖湿地公园的建筑不是孤立存在的，建筑离不开周边环境的联系。因而建筑要考虑所处的周围环境，对于自然环境的合理利用，一定限度上降低对环境生态的破坏，使建筑与环境相融合。彩云湖湿地公园中主要体现在亭台、轩榭、廊桥等建筑，在建筑与自然的融合性方面主要体现在材料的自然性、建筑边界的融合两方面，致力于与环境的和谐共生。

4.2.2.1　材料的自然性

吴良镛在《广义建筑学》谈道：建筑应"融会贯通"[1]，强调了建筑自身的整体性以及与周围环境的整体协调性，建筑与自然环境的融合则是建筑设计的生态性所在。材料是建筑营造的基础，材料一定限度上决定整体建筑风格趋势。自然性材料是自然式建筑建造的重要基础，促进了建筑与周围环境的融合。在彩云湖湿地公园设计中利用了自然材料的原生性，能够实现与周围环境的完美融合。在"趣味浮桥"中，以及其他铁锈材质的景观，都运用了生锈的铁质材料，与湖水、植物等自

---

❶ 朱文一. 中国营建理念 VS "零识别城市 / 建筑"［J］. 建筑学报，2003（1）：3.

然环境的结合营造了古朴自然的景象，体现了与周围的自然环境的适应性。自然材料可呈现自然原生的色彩、肌理，能够与自然环境相融合统一。在彩云湖湿地公园中，其亭台、轩榭等景观小品往往以木质材料为主，呈现了古朴自然的色彩，并结合了覆土与覆草等形式，能够与周围自然环境融为一体。在彩云湖湿地公园的观景处，利用茅草作为亭台的屋顶，木材作为亭台建筑的结构，能够与周围的稻田、植物景观很好地融合。道路采用了碎石、鹅卵石铺装，能够实现雨水的渗透性，通过建筑、道路、水体、植物景观的融合，营造了"古色古香"的桃源景象。

4.2.2.2　边界的柔和

边界是内外空间联系的媒介，建筑内外空间是由边界所联系的。建筑师扬·盖尔提出了建筑的"柔性边界"[1]，它是介于开放与私密之间，体现了两种不同空间之间的渗透交融。在黑川纪章的共生思想中，其中"中间领域"就体现了"柔性边界"特性，它体现了模糊性和两义性的特征。柔性边界可以促进室内外空间的自然过渡，使两种空间相互渗透而实现一种共生。在彩云湖湿地公园中，主要通过半开放式空间，使室内外融合渗透，以及利用植物对建筑的柔化，作为建筑与环境之间的中间领域，实现建筑与自然环境的融合。

镂窗是以半开放式镂空形式所制的窗阁，在彩云湖湿地公园廊桥设计中，多是以半开放式的空间形式为主，屋檐采用了半镂空的窗阁形式，使室外环境景观通过漏窗形式在室内得以体现，拉近了室内与室外自然环境的联系，实现了建筑室内与室外周围环境的共生。墙体的镂空也实现了边界的柔和，在彩云湖湿地公园的白色围墙处，以镂空的圆形、扇形墙体，将园内景色与园外景色相融合，体现了这种半开放式空间的重要性。在桃花诗廊（图12）处，采用半开放式的建筑形式，运用柱子之间的隔空排列，其建筑的几何形间隙，使室内外环境之间实现很好地过渡融合。在系统论中，将系统分为开放系统和封闭系统[2]，其中开放系统可以实现自身与外界的相互渗透，促进彼此之间不断交流、成长。它并非将建筑完全封闭起来，而是留有空间使室外的植物、阳光能够进入舍内环境中，使室内与室外环境不再是

---

❶ 扬·盖尔. 交往与空间 [M]. 何人可，译. 北京：中国建筑工业出版社，2002: 155.
❷ 赵振利. 高师实施开放式教学的意义与构想 [J]. 辽宁教育研究，2000（S1）：2.

直接生硬地连接，通过两者的相互渗透而有一定的过渡性。此时，建筑不再作为独立的个体，建筑的整体形态与周边的自然环境融为一体，建筑作为自然环境的一部分而共存。

　　植物具有天然的生态性和美观性，植物作为重要的自然景观，对于建筑边界的柔和具有重要作用。在彩云湖湿地公园桃花诗廊（图11）中，多利用植物来柔化边界，使室内室外之间柔化过渡，体现了建筑与室外环境的融合。在彩云湖湿地公园的亭台建筑中，以影波亭为例，顺应地形依山邻水而建，利用植物柔化建筑的边界，植物的"圆润"和建筑的"方正"之间相互补充，以植物为依托，软性植被与建筑硬质景观之间互相结合，形成了建筑与周围环境的融合。而在西方园林设计中，建筑和自然处于对立状态，往往设计厚重的墙体将建筑与自然生硬地隔开，使建筑与自然疏远，一定限度上分化了自然与建筑之间的关系。当建筑与周围环境不协调时，整个景观环境将呈现为破碎化的景象，一定限度上影响了公园整体环境的营造。"虽由人作，宛自天开"是中国古典园林中所追求的造园意境，讲求人工景观与自然环境的融合性。在彩云湖湿地公园中，依据环境本身的属性，讲求建筑与环境的融合，建筑可以巧妙地融于自然山水之中，使自然景观与建筑景观相融合，实现空间之间的互相渗透融合，促进了人与自然环境的和谐共生。

图 11　桃花诗廊（图片来源：作者自摄）

4.2.3　生态岛屿的营建

　　由于鸟类对于游人的干扰敏感性较高，因而生态岛屿的建设可有效减少人的干扰，在为鸟类提供栖息家园的同时，也能为其营造良好的生态景观。彩云湖湿地公园主要以湖心岛的营造为主，建立了自然式的生态岛屿（图12），吸引了多种鸟类的栖息繁衍。彩云湖湿地公园自然式的生态岛屿主要利用了自然植物、地形因素的营造，在自然植物的选择上，往往选择叶片较大、隐秘性较好的灌木、乔木丛，以此模拟鸟类栖息生境。由于覆盖面积大的乔木可为鸟类等生物提供庇护场所，也可作为主要的食物来源。

图12　生态岛屿（图片来源：作者自摄）

在彩云湖湿地公园中主要以一些本土植物如桃树、水沙树等为主，既能与生态岛屿的气候环境相适应，以维持其自然生态平衡，也能适应鸟类的生长环境，营造了丰富多元的鸟类生境。植物也可作为分隔带来平衡人与自然的关系，主要利用河岸和密林作为湖心岛与观鸟台的分隔带，人们可以在不打扰鸟类生存环境的情况下，在湖岸边开展观赏、观测等活动，降低了人对鸟类生物的干扰，是实现人与鸟类和谐共生的重要手段。植物作为鸟类生物的重要食源之一，如在湖心岛四周的水岸上种植了浮叶植物，既能净化环境也能为鸟类提供栖息生存的环境。因此，利用自然环境营造的生态岛屿，既能为鸟类提供栖息庇护作用，也能形成独具特色的景观风貌。当人行走在彩云湖湿地公园中时，便可听到来自各种昆虫、鸟类生物的"欢歌笑语"，这些组成了湿地公园最动听的声音。因此，生态岛屿的营建，在为鸟类提供栖息环境的同时，也能满足人们观赏游憩与科普教育的需求，实现了人与鸟的和谐共生关系。

地形对生态岛屿的自然性具有重要影响，独特的地形造就了湖中岛屿的形成，体现了对于地形的顺应性。彩云湖湿地公园的湖心岛地形呈现为四周低中间高的特点，因而造就了不同的水位高低。根据水位高低的变化，将生态岛屿内部划分为浅滩、浅水区及深水区域，可以满足鸟类等生物的栖居环境。由于季节造成不同水位的高低，对生态岛屿的浅水、深水区域的位置产生一些变化。在冬季枯水季，湖岸边会形成多处浅水滩，可以为鸟类提供更多觅食机会。生态岛屿的营建也吸引了"自然界公益发展中心"志愿者协会来定期举行观鸟活动，为其提供了科普教育活动的场所。同时，通过定期观测鸟类等生物，并将其记录为国家鸟类保护名录中，为自然科学研究奠定了一定的基础，促进了湿地公园人与自然的共生性发展。因此，通过自然式生态岛屿的营建，通过对植物和地形环境的生态性营造，合理利用自然环境以营造自然生态的鸟类栖息地，实现了人与自然的和谐共生。

4.2.4 水环境的再生

水作为地球的生命之源，水也是湿地得以存在的重要因素，而水体的优劣一定限度上影响着湿地资源的生存发展，以及湿地生态系统的可持续发展。彩云湖湿地公园对于水体的改造却十分成功，它是基于水环境治理下而建立的生态空间，通过污水处理厂的专业处理、湿地植物中的清淤净化以及雨污水的截流净化过程，实现了生活污水、雨水的再生，为湿地公园营造良好的生态景观空间的同时，也为桃花溪河流提供了优质水源，促进了生态环境系统的可持续发展，促进了湿地公园与城市河流的协同共生，因而水体再生实现了人与自然的和谐共生性。彩云湖湿地公园主要通过人工净化方式和自然净化方式来治理，沿着污水处理厂、湿地、彩云湖湖体、桃花溪的自上而下的净化过程，体现了彩云湖湿地公园中水体环境的改善，实现了人与水环境的共生，致力于人与自然和谐共生的发展。

4.2.4.1 人工净化工程

人工净化工程主要是指以机器技术等人工手段为主的净化过程。主要包括污水处理厂、雨污截流等以人工净化为主的方式。彩云湖湿地公园主要通过生活污水、雨污水的再处理来净化水源，形成良好的生态水循环系统。在生活污水的再利用方面，主要利用网管统一接收城市居民的生活污水，通过特定管道流进污水处理厂进行人工化处理，通过一系列物理过滤、化学分解等专业的污水处理技术，达到国家水质标准才能排放。再以立体湿地的净化清淤，然后流经一次立体湿地中，最后才排放至桃花溪流域作为其水源，作为长江河流支流的一部分。

重庆地区由于独特的气候环境，造就了多阴雨天气的气候特征，因而常年降水量充足，而雨水便是作为彩云湖水库和桃花溪河流的重要水源。但雨水来源不受控制，常含有淤泥、农药残留等有害物质，大量未经处理的雨水流入湖中，将对水质环境造成极大的影响。彩云湖湿地公园采用了雨污水处理技术进行水质改善，利用雨污水生物截流技术，通过对环湖雨水径流及排水箱涵的雨水的收集、过滤，并结合污水处理厂的过滤净化，通过专业污水处理以实现水质达标，再流入湿地作为重要的河流水源。其水流方向主要表现为由高至低、从山顶至山坡，再流入湖岸，最后汇入桃花溪河流中，体现了立体式的水体净化过程。通过人工式的生活污水和雨污水的净化，最终形成了湿地公园水库与桃花溪河流的水源，体现了对于水的再生利用，也形成了完整的水体生态系统，并定期开展人工净化清淤工程，防止湖底泥沙淤积，以维持水质环境的平稳运行，保证水源系统的再生循环。

4.2.4.2 自然净化工程

自然净化工程是一种借用自然力量的净化方式，主要体现在立体湿地植物净化、湖水自净处理方面。在立体湿地中利用水生植物的清淤净化，通过再力生、水芹等根茎结实植物的净化清淤，起到净化水质的作用。并利用地形高低形成了立体梯田的净化池，以实现自然式的净化方式。彩云湖湿地公园水体自然净化方式主要以水生植物、清水养鱼的净化方式，实现对湖水的生态净化过程。在植物的利用上，设置了浮叶植物和挺水植物，主要利用睡莲等浮叶植物，漂浮在水上，既能够对水质环境净化清淤，也能营造良好的植物景观，保证了湖水的水质健康。通过在湖底设置单株植物基质实现水体净化，以供微生物的栖居。微生物可以减少水中富营养化现象，进一步加强了湖中水的自净能力。在水体的活性方面，在湖中设计多个水体复氧装置，即活水曝气装置，主要利用水泵将湖水进行抽吸，并以发散方式回落水中，通过空中曝氧使湖底的水能够循环，以提供充足的溶解氧浓度。❶也呈现了喷泉景观形式，实现生态与美观性统一，是湖体与装置协同的自净模式。在湖库岸边安置了雨水截流生物净化沟，对环湖中雨水的截流，结合地被植物设计将悬浮物吸收净化后，排入彩云湖水库中，以实现一种自然式的设计，实现了水资源的生态净化过程。

水生生物是水中生物链维持的重要一环，彩云湖水库通过养殖水生物提高水质，

---

❶ 张建林，刑佑浩．基于景观和生态思想的重庆彩云湖湿地公园规划设计［J］．西南大学学报，2013：4．

按各比例定期投放鲢鱼、鲫鱼和鲤鱼等鱼苗，可以实现对水底微生物的消解与平衡，一定限度上维持了湖水水体环境的生态平衡性。促进城市生态水系统的改善，并使整个公园的水体生态系统稳定，实现了人与自然的共生发展。在水环境治理的管理方面，建立了河流的河长制度，防止河流水源受到再次污染。建立公众监督机制，响应公众共同参与城市河流保护建设中，建立可持续生态补水系统。通过桃花溪整治工程开展的水环境治理，从生活污水、雨水处理到公园水库、城市河流水源再生，实现了人与自然之间的和谐共生建设，营造了自然生态的水体系统。

4.3　整体与局部共生

彩云湖湿地公园作为城市绿地系统的一部分，实现了湿地公园与城市发展的互利共生性，体现了湿地公园局部与城市整体的共生关系。"整体"是指彩云湖湿地公园所在的城市以及周边地区，整体是由各局部之间相互联系而形成的有序组合，各组成部分相互协调共同构成了城市整体。将城市视作由各个部分组成的整体，湿地公园作为城市的一部分，两者之间是整体与局部之间的共生关系。在彩云湖湿地公园中主要体现为城市道路系统的整合、城市空间结构的延续、城市功能需求的弥合三个方面，是湿地公园与城市的共生发展的重要表现。彩云湖湿地公园与城市的和谐发展，推动了湿地公园与城市之间的互利共荣发展。

4.3.1　城市道路系统的整合

道路是方向的指引所在，湿地公园道路交通的系统化，实现了湿地公园与城市的整体发展。彩云湖湿地公园实现了与城市道路的连接与整合，通过东、南、西、北四个出口设计，实现湿地公园与城市主道的通行，公园的支路与城市主路的延续性，实现了湿地公园与城市之间的整合性，体现了湿地公园与城市道路的延续性。彩云湖湿地公园是由立体化道路所组成的整体道路系统，彩云湖湿地公园道路系统是由三个不同层次的立体网络道路系统构成，由高至低分别为山顶高架道路、山腰阶梯道路、环湖道路。第一梯度的道路，主要是位于西侧污水处理厂上端的山顶高架道路，在地势较高处连接了湿地公园与城市道路。第二梯度的道路，主要是以山腰的阶梯道路为主，是连接山顶与山麓的道路，实现了道路之间的连接。第三梯度的道路是平地道路，主要以彩云湖环湖道路为主，连接了公园的出口和居民住宅区，实现了湿地公园内与城市道路的联通。以三个不同层次的道路相互联结形成了一体化的道路系统，同时，与城市道路的连接，形成了与城市道路一体的网络化系统。

彩云湖湿地公园是在一片曾经为破碎之地上建立起来的公园系统，建设之前，其道路、山体的破碎化严重，在考虑地形环境的基础上，巧妙地利用园路将陆地、溪流、湿地、湖岸、山体之间进行有机连接，使湿地公园中的山体、湖岸、河流与植被之间形成了完整的生态系统。在城市绿道规划上，彩云湖湿地公园的道路系统实现了与城市道路的连接，将彩云湖湿地公园的道路并入九龙坡核心绿道规划中，沿着桃花溪流域规划了城市主题绿道，打造了从彩云湖湿地公园起至动物园的生态主题路线，连接了彩云湖湿地公园、保利爱尚利、十八冶家属区、图书馆、动物园的"城市—公园"道路体系，将彩云湖湿地公园道路列入绿道规划中，实现道路之间的有机融合，形成系统的道路网络系统，使湿地公园道路与城市道路融合，有序地连成了城市网络道路网络系统，实现了整体与局部的共生。

4.3.2　城市空间结构的延续

空间结构是组织空间各要素的重要脉络，它关系湿地公园中各景观要素的合理安排。彩云湖湿地公园的空间结构作为城市整体结构的一部分，体现了与城市空间结构的延续性。彩云湖湿地公园通过景观轴线延伸实现与城市结构的衔接，营造了一轴、两心、四片、五区的整体空间格局，其中一轴以彩云湖水库为依托，贯穿整个湿地公园系统的始终，从西侧污水处理厂至桃花溪河流下游，直至延伸至外围城市空间布局中，实现了城市与湿地公园空间的联系，使彩云湖湿地公园融入城市空间格局中。两心是湿地公园的制高点，分别为彩云湖湿地公园西侧观景台、湖心岛观景塔处。其中四片是以桃花为主题的桃花谷、桃花源、桃花涧、桃花溪四个分区，通过桃花溪河流将彩云湖湿地公园空间与城市空间的融合，利用河流、高架桥等生态廊道的连接，实现了湿地公园空间与城市空间的衔接。在空间布局上实现了与城市空间格局的融入，体现了湿地公园布局与二郎片区规划格局的共生发展，推进了湿地公园与城市的整体协调发展，实现了彩云湖湿地公园整体与部分的共生。

4.3.3　城市功能需求的弥合

彩云湖湿地公园建成之后发挥了"城市之肾"的作用，自彩云湖湿地公园建设起，为城市及周边区域带来了诸多的综合效益。在提升环境质量的同时，还为人们提供了游憩、健身、科普活动场所。它实现了对城市功能需求的满足，致力于与城市功能需求的共生。彩云湖湿地公园可分为一脉五区，五区主要包括休闲活动区、运动休闲区、科普游览区、服务管理区、休闲观光区。各功能分区以园路为组织，实现了各功能区的相互融合，形成了网络化的功能分区系统。在生态功能性方面，从废墟之地向生态空间的蜕变，通过对垃圾填埋场的改建、桃花溪河流整治、污水处理厂建设、对生活污水的再利用等一系列生态修复手段，实现了城市生态环境的可持续发展，促进了城市河流水源再生，为人们营造了城市的绿色空间，同时，也满足了人们的观光游憩需求。设立休闲活动区、观光区域，可供人进行观光、休闲等活动，如在湿地公园西侧的草坪处，人们可以参与户外野营、写生、亲子活动、团建等活动，为生活在都市的人们提供亲近自然的场所，满足了城市人的日常休闲需求（图13、图14）。在健身运动方面，运动休闲区的修建，专门设立了篮球场、网球场、乒乓球场地、游泳池等活动场所，可供人们开展健身活动，为人们提供多样化的休闲娱乐方式。在科普教育功能方面，划分了科普游览区，为人们提供了可供观鸟、赏植、亲近自然的活动场地，满足了城市科普教育功能需求。彩云湖湿地公园以因地制宜的手法营造了自然生态的城市空间，发挥着生态、游憩、科普等功

图 13　休闲活动（图片来源：作者自摄）

图 14　教育活动（图片来源：作者自摄）

能效益，体现了对城市发展需求的弥合，是符合当地城市发展需求而建设的湿地公园，体现了与城市功能需求的共生。

结语

城市湿地公园的建设一定限度上影响着一个城市的发展，城市湿地公园为城市整体形象的提升起到良好推动作用。城市湿地公园是在湿地保护基础上开展游憩、观光、科普等活动的特殊区域，城市湿地公园立足于湿地自然之上，是致力于为人们提供亲近自然、休闲游憩、科普教育等活动的场所，对城市未来的可持续发展具有重要的推动作用。重庆彩云湖湿地公园是实现人与自然和谐共生的生态空间，致力于实现湿地公园内部各要素之间的共生发展，体现了异质文化共生、人与自然生态共生、整体与局部共生的内容，实现了在文化、生态、系统方面的协调共生性。本文旨在以重庆彩云湖湿地公园为研究对象，探析了彩云湖湿地公园设计的共生理论内容，致力于为湿地公园的相关研究做进一步补充，以期为其他湿地公园提供一些借鉴意义。

首先，重庆彩云湖湿地公园是在一片废墟上建立起来的生态湿地公园。彩云湖湿地公园的建设经历了兴建、建成、完善三个主要阶段，体现了从废墟之地到生态空间的蜕变。彩云湖湿地公园在营建上有其自身独特性，体现了因地制宜的造园理念、复合多样的景观层次、步移景异的视点设计、巧于因借的表现手法、整体统一的景观风貌等设计特征。

其次，对共生理论的梳理，分别从中国传统哲学思想、生物学领域、社会学、城市规划领域的共生理论分析，从湿地公园的共生诉求和湿地公园共生目标方面，探讨湿地公园与共生理论的可行性。

最后，对彩云湖湿地公园的共生理论的表现分析，从异质文化的共生、人与自然生态的共生、整体与部分的共生性内容三个方面，体现了在文化、生态、系统方面的互利共生。其中异质文化以地域文化为前提，实现了传统本土文化与现代文化的融合。在人与自然生态共生方面，主要是地形、环境的生态适应性方面，以及生态岛屿的营建和水资源的生态修复方面有所体现。在整体与部分共生方面，体现了湿地公园与城市道路系统、空间结构、功能需求方面的共生。

　　由于本文资料和专业知识有限，鉴于共生理论知识的庞大复杂性，本论文研究只是选取了有限的角度展开。希望在以后的研究中，能够对于彩云湖湿地公园中共生相关理论有更深入的补充与完善。包括在实践层面的共生应用等方面，有待进一步深入研究。笔者希望能够起到抛砖引玉的作用，为共生理论在湿地公园中的研究提供一些启示，以期在下一阶段的研究中，对共生理论进行深入剖析，将彩云湖湿地公园与其他同类湿地公园进行纵向对比，对湿地公园的共生发展进行深入研究。

乡村美育价值及其实现路径研究

04

——以酉阳"叠石花谷"为例

孙全意

　　18世纪末，德国思想家席勒在《美育书简》第一次提出"美育"的概念，将其建立为独立的研究理论，为美育发展奠定了基础。王国维最先把美育的概念引进中国，并对其思想的性质和地位做进一步解说，构建了近代中国学界初步的美学、美育概念体系。我国近代美育思想的集大成者蔡元培倡导"以美育代宗教"是中国现代美育理论，代表了一种启蒙主义近代美育观。而今，乡村美育在乡村建设、乡村振兴的进程中是一项十分重要的工作，作为培养人才的一种手段，在乡村建设中其可以植根本土文化，将艺术乡村化，让人们受到审美教育熏陶，以此增强审美能力，建立健全人格、促进身心全面发展，进而促进乡村思想文化建设，提升文化自信，为乡村振兴做出贡献。

　　本节以酉阳"叠石花谷"为具体研究对象，以乡村美育为研究视角，通过实地调研走访等展开分析并梳理"叠石花谷"乡村美育开展的价值及实施路径。以期"由小窥大"，总结出一条适合的路径，为乡村美育针对贫困地区、相对薄弱地区可以做到开展结对帮扶，精准扶贫，用美育的力量逐步缩小城乡差距，促进乡村建设的平衡发展，激发乡村振兴的内生活力，成为新时代乡村建设的重要环节力量提供有效的理论借鉴。

1 乡村美育发展现状

1.1 新时期美育的发展历程

中国自古就有美育思想，从先秦时期便有"诗教""乐教"的美育传统，但现代意义的"美育"是在20世纪才由王国维、蔡元培等人从西方引入中国。新的理论形态也得到了部分中国文化界与教育界的关注和重视。美育在中国的真正发展还是在近几十年，尤其是1978～2011年这三十多年的发展是我国美育开展的重要时期。

1.1.1 重塑期

1978～1986年这一阶段美育事业得以重新认可，开启了重塑发展时期。"左"的思潮对美育的否定，引起学术界与文化界对美育讨论的热潮，并且深刻阐述美育的重要性，以此强烈建议尽快恢复和展开美育事业。为重塑美育地位，当时有一群有影响力的有识之士撰写倡导发展美育的文章，众多学者在当时1980年的全国美学会议上提出恢复美育的建议，随后原国家教委艺术委员会成立，中华美学会单独成立美育研究会，这标志着美育的地位得以重新恢复，对中国之后美育研究的发展起到很大的推动作用，同时，也标志着我国美育事业的地位在国家的教育方针中得以重新明确。至此，我国美育发展开启重塑之路。

1.1.2 恢复发展期

1986～1999年这一阶段是美育事业恢复后的初创起步期。1989年，国家出台相关文件《全国学校艺术教育总体规划》，是第一次理论与实际相结合的艺术教育发展规划，让我国新时期的美育发展得以步入健康发展的正轨，逐步蔓延到高教领域。此阶段"美育是社会主义精神文明建设的重要组成部分"是美育初步建设的核心要义。当时比较突出的美育问题是各个学校之间的艺术教育不衔接，缺乏艺术教育资源包括艺术教育器材和师资，重智育轻德育是普遍现象，甚至在落后的偏远地区，艺术教育还处于空白阶段，仅能维持基础教育。这一时期美育发展的路是艰难的，面临着诸多问题，"打好基础"是当时的主要任务。只有做好基础铺垫，未来的发展之路才会好走。整个教育环节中最为薄弱的一环就是学校的艺术教育。

1.1.3　稳定发展期

1986~1999年这一阶段是美育发展的稳定期。在第三次全国教育工作会议召开，素质教育的重要性得以再次强调。这标志着此时中国的审美教育已经进入健康、稳定、持续的发展阶段。对美育的任务和目标已经做出明确规定，也为地方的政府部门对美育工作的支持提出明确的要求。明确其"不可替代"的教育地位，指出美育对学生全面发展具有重要作用，在素质教育的高度上重新审视审美教育并对学校教育做出指示，要求将美育融入学校教育的全课程，高校也将人文学科列为选修课。2002年，国家制定的《全国学校艺术教育发展规划》要求建立符合素质教育的具有中国特色的学校艺术教育体系，对各级各类学校都提出了相关要求，特别是在教师队伍、课程建设、科研要求、国际交流等方面的明确要求。给美育事业的发展以保障，体现出我国美育事业在此时期的健康、持续、稳定发展的趋势。

1.1.4　美育热潮期

2011年至今是美育的深入发展期，以2011年为时间节点，美育开始步入深入发展的热潮期。2011年，胡锦涛在清华大学百年校庆时对美育事业的开展提出一系列要求。至此，美育开始逐步进入大众视野，开启了蓬勃发展的趋势，倡导"全面发展与个性发展的全面结合""培养创新思维"等教育理念都需要以美育手段加以助推。学术界、教育相关部门及文化界都对美育事业更加重视。相比其他"四育"的发展，美育事业被重视的力度仍旧不够，美育的稳步发展还需要得到更多的重视。从2018年习近平总书记给中央美术学院教授的回信，提出对美育工作的要求，到2020年"美育进中考"引发的讨论，社会和国民对"美育"的关注度已经越来越高。时代飞速发展的今天，审美教育已经成为社会文明建设道路的必需品，生态美育、乡村美育、学校美育、社会美育，各行各业都已经提及美育。

正是因为经过这三十多年的重要发展的铺垫，美育才能在今天的发展道路上走得更远、更高。面向新的时代，审美教育任重道远，要达到美育面向人人的目标，道阻且长，需要更多人的共同努力。

1.2 乡村美育新发展

美育发展逐步走向社会前沿，近年，审美教育已经成为国家和社会的关注热点。国家相关部门相继下发《关于切实加强新时代高等学校美育工作的意见》和《关于全面加强和改进新时代学校美育工作的意见》的文件，充分地展示国家从政策方面开始优先重点发展美育，力争发挥美育在乡村文化建设、乡村治理、全面发展和素质教育中的重要价值，范迪安、曾繁仁、杜卫、马菁汝等国内学者从美育的"基础理论""生态转型""学科建设"等相关层面展开了研究。乡村美育在当代社会建设中具有重要意义，孔子是中国教育史上最早的美育实践者，是最早提倡美育的先行者，其"兴于诗、立于理、成于乐"，强调了美育可以塑造健全人格的重要作用。美育是最基础的也是最重要的人生观教育，人们的审美素养是当前社会文明可持续发展的动力。

1.2.1 新的审美教育观念

在新时代的发展历程中，审美教育不再只是知识获取能力的培养，还有审美能力和思维能力等方面的培养。美育可以提升人的思维能力，扩展思维启迪，补充逻辑思维，激发人的深层创造力，激发人的丰富想象力。美育可以激发其创新能力，用美育培养人的动手能力和操作能力等。乡村是乡村经济发展的主体，乡村美育发展是建设乡村的重要力量。通过美育教育，激发广大村民的爱心、责任心、上进心以提高自身的素养，以美为创造对象。新的审美观念乡村美育，可以把独一无二中国文化特有的智慧、理念、风度、气韵传递给广大农村受众群体，使其对国家、民族、文化的认同感得以增加，从而焕发其内心深处的文化自信和民族自信。通过美育，塑造人的道德情操和美好心灵，达到以美立德、以美树人、以美养性的目的，使广大农村受众群体更科学地了解历史、自然、社会，获得各种自然科学、社会科学的知识；同时，还能培养广大农村受众群体的审美能力，提升审美体验，促进其对于美的创新的自学意识，不断地提升自己的素养，提高对健康素质的认知，由此促进健康身心的全面发展。

1.2.2　新的美育发展模式

学术界、社会组织、文化界等越来越多的人关注美育发展路径，成立地方美育研究会也是新的美育发展模式之一。2021年，重庆市美育研究会正式成立，共计有包括四川美术学院、重庆大学、重庆师范大学、少年先锋报社等130家涉及美育教育院校的150名领导、艺术家出席，共同探索美育教育发展的新路径。美育发展的新模式离不开这些人做出的努力。

乡村美育的新发展中，村民是乡村经济的发展主体，是建设新农村的重要力量。艺术介入乡村振兴是乡村建设的新手段，艺术家+村民合作是乡村美育实践采用的新兴实施方式。农旅结合、文旅结合等形式是我国乡村美育发展的新的探索道路。故此，乡村美育的发展需要紧密联系村民的生活背景和生活环境结合实际展开。但不乏乡村重建后出现同质化、乡村本土特色打造缺乏文化内涵、美育发展与乡村历史文脉不吻合的现象发生。在重庆的一些地方，美育与德智体三育相比，仍旧是陪衬的角色，是无伤大雅的"软任务"，美育的实施手段与乡村实际生活的贴近度仍然不够，这种情况需要尽快改善。故此，乡村建设需要一个较为柔和的修复变革期来推动乡村美育的发展，使乡村地域标识明显、民俗风情和文化特质富有内涵地输出，维系乡村和城市的纽带，逐步把握乡村美育的后续生长命脉，进而在当代美育的视域中赋予乡村以新的承载。

1.3　乡村美育的价值所在

1.3.1　促进教育观念更新

美育的概念是历史范畴的概念，其价值和意义随着历史的变化而变化。美育的教育价值观倾向于思考教育的根本问题以及提高人的综合素质与全面发展的问题。对整个教育行业具有一定的导向作用。乡村美育是整个国民美育的基础，乡村学校的美术教育关系广大乡村小学生是否得到健康成长和村民审美能力是否得到提高是乡村整体素养提高的关键。乡村美育之于村民应该是"活教育"，无论是形式上、内容上还是时间上都可以活起来。美育的三层含义表现为三种形态：一是广义的观念形态，集中体现为教育过程中的美育思想与美育精神；二是立美育人和素质的形态，即审美心理素质的建构；三是为大家熟知的艺术教育即狭义的技艺形态美育；美育注重学生全面发展的培养，同时，在学生情感、精神世界及人格的完善上都有所涉及，因此，美育的发展可以促进教育目标的更新。近来"美育进中考"的火热探讨就可以很好地给予说明。人们不断地加深和突破对智育发展的理解，对直觉、想象、灵感等想象力丰富的精神世界开始重视，注重审美能力、创新能力、创美能力的思维形式的发展，素质教育也越来越受到重视。乡村教学方式也不可避免地开始产生变化，如教化、陶冶、激情、体验等新的教育方式。社会发展和时代进步需要美育，人的情感与高科技的协调发展需要素质教育，高科技层出不穷地应用到生活场景，对人才的素质提出了新的要求。乡村美育的发展可以促进教育任务、教育方式方法的加速迭代更新，注重引导人们发展审美情感，学会适应现代社会发展的要求是美育的主要价值之一。

1.3.2　利于乡村文化积淀

毋庸赘言，中国是著名的"礼仪之邦"，有着悠久的优良传统文化，美育思想自古有之，比如"长幼之序""君臣之义""不学诗、无以言""彬彬君子"等耳熟能详的"礼"之教，以及《论语·礼记》中"乐由中出，礼自外作"等都是中国古代美育思想的内涵。20世纪初，王国维、蔡元培等人将西方的美育理论引入中国。王国维将传统理论与中国传统理论相结合指出智育、美育、德育同时进行，才可以培养出完全之人❶。蔡元培提出"美育代宗教"明确美育有改良社会的功能，将美育的范围定义到全国和全体公民。"吾国古代礼、乐并重，当知乐与道德大有关系，盖乐者，所谓美的教育也"❷。美育是现代思想启蒙的手段，既可以连接和恢复中国传统"诗教"的功能，又能在融通西学路径上对美育加以了解现代化理论重建❸，还把失落的"诗教"传统重新拾回土壤，转向"情感启蒙"与"艺术化人生"进程上。乡村建设中，人们抉择传统与现在、落后与文明、土气与时尚时，对乡村本身的伤害是最大的。在城镇化的大浪和乡村建设的热潮之中，一些地方的乡村地

---

❶ 李峰. 试谈王国维《论教育之宗旨》[J]. 辽宁教育学院学报: 社会科学版, 1990 (3): 24-28.

❷ 孙荣春. 论蔡元培的美育思想及其当代意义 [J]. 黑龙江高教研究, 2010 (10): 110-112.

❸ 李峰. 试谈王国维《论教育之宗旨》[J]. 辽宁教育学院学报: 社会科学版, 1990 (3): 24-28.

域文化标识在改造之后失去原有的面貌，还有些乡村的标识随着搬迁而消失。乡村发展有自己的秩序和集体记忆，不少的传统乡村仍旧面临着乡土文化和历史记忆被边缘化的严峻情况，古村落则更甚，因无人居住或自然气候的原因开始遭到损坏、退化，基础设施条件差。社会要发展，乡村要进步，富有特色的传统村落景观和历史文化遗产不可复制，于是，传统的乡村建设方法与新兴的发展需求需要一个"中和"，发展需求不适应的撞击容易使得乡村文明成为时代进步的牺牲品，导致乡村的文化传承断层和乡村文化记忆面临缺失的风险。在这个时代背景下，需要使用美育的手段柔和地解决问题。乡村是传统文化栖居的地方，乡村美育是延续传承、复兴乡村文明的手段，乡村振兴建设实质上是为了平衡城乡关系。要以新兴的方式架起传统文化同现代文明接轨的桥梁，还需要更好地思考在这个历史阶段如何利用美育这一手段更好地传承乡村文明，如何把审美认知输送到乡村各个角落，利用审美教育打开乡村文化的保守大门，打破滞后僵化的文化面貌，促进乡村文化持续、融合发展，积淀传统文化和乡村文化，扣紧乡村与城市、传统与现代之间的纽带。

1.3.3 激活乡村审美情趣

"从乡村教育入手，要以乡学为教育机关，兼指导地方自治，以极柔性的方法，启导乡村人自觉地有组织地来自救"[1]。乡建实践中强调乡村建设的关键点是"农民自觉，乡村自救，乡村的事情才有办法"[2]。美育是既得民心又具柔性的手段，又是构建和谐社会最适用，也最普遍的途径之一。近年来，美育助力乡村文化振兴也取得了一些效果，比如，尊重乡村自身实际现状和实地情况，提倡生态美育，打造生态产业，提升了乡民的审美体验；重视民间工艺、活化非遗文化，将传统的农产品与文化创意相结合，使得传统文化通过产品传播融入大众生活之中；关注本土文化适应，重视延续地方编史修志的美好传统，延续千年文化；通过改造、重塑、修复等各种方法拯救具有内涵的濒危老房子，让其重新焕发活力；联合高校和社会文艺组织打造地方文化院、农家图书馆、民俗馆，建立艺术工坊、写生基地等；依托美育事业推进文化数字资源共享，借助互联网线上平台等新媒体手段进行传播，加强

❶ 刘琪. 从梁漱溟乡建思想看美育在乡村文化振兴中的意义［J］. 美术，2021（6）：26-28.

❷ 梁漱溟. 梁漱溟全集：第 1 卷［M］. 济南：山东人民出版社，1989：618.

宣传；打通文化服务的"最后一里路"，丰富乡民的审美体验，提升生活幸福感。得民心方可启民智，在这些具体的实践过程中，以美育的方式展开更容易找到合适的角度来贴近百姓生活，可以激活大众的审美情趣。

1.4 酉阳叠石花谷概况

酉阳土家族自治县位于川东南边陲，东西宽98.3千米，南北长119.7千米，至重庆全长537千米，县境属武陵中山区，地势中部高、东西两侧低。酉阳建县有2000多年的历史，建酉洲已经有800多年的历史。酉阳更是农业县，中华人民共和国成立后着力恢复生产，这样的背景为现在酉阳的发展奠定了一定基础。

1.4.1 发展背景

民国二十四年，置板溪乡。2010年改为板溪镇，到2018年板溪镇的人口达到1.48万，截至2020年6月，板溪镇管辖6个行政村❶。

（1）地理位置背景。板溪镇是重庆酉阳土家族苗族自治县管辖的一个镇，在酉阳南部，与桃花源街道、板桥乡临近。总体面积约106万平方千米。板溪镇有包茂高速过境，境内设1个出口；有319国道过境，与高速路出口相连。板溪镇境内属小清河水系，属于山地浅丘地貌，地势略为西高东低、南高北低，且板溪镇境内矿产藏资源较多，多为页岩气，可采储量为0.4亿立方米。

（2）教育及文体发展背景。教育事业方面，2011年时，板溪镇的九年义务教学率已达100%，小学已有三所，教师合计有78人，教育经费已达453万元，教务普及率是非常不错的，国家财政性教育经费404万元。文体事业方面板溪镇设有1个文化站6个文化中心，村里装了2处体育场，有420户电视用户数，农村最低低保保障数有465户，基础良好，近年来发展进程较为平和。由以上的发展脉络可知，酉阳板溪镇农业及工业的发展基础较好，教育事业和文体方面仍有较大发展空间，地理位置及地势资源可挖掘，且酉阳的文化历史积淀足够长久，适合打造独一无二的大型旅游示范基地，也适合赋予其潜移默化的美景育人的功能。

---

❶ 刘涛. 中华人民共和国政区大典·重庆市卷 [M]. 北京: 中国社会出版社, 2015: 1837-1839.

1.4.2　发展现状

叠石花谷距离酉阳县城有12千米的路程，叠石花谷主要由巫傩文化区和乡村艺术部落区两个区域组成，分别对应北部与南部。整个叠石花谷占地3000多亩，两个区南北并列，呈"一"字形排开。叠石花谷是全球首个同时拥有古老叠石层和巫傩文化展示区的综合景区，它将叠石层、叠石艺术和巫傩文化结合到一起，同时又是集旅游、艺术、观光休闲于一体的生态园扶贫示范区。

南部的叠石区，主要以传统傩文化的展示为主，入口处有二十四戏神（图1），每个独立的戏神下方刻有专属的名字，并附有讲解，好运门（图2）、三皇台、石来运转、魔石天坑、傩戏戏台等30多处叠石景点，总共占地面积有900亩❶。乡村艺术部落区主要有大地艺术作品、叠水景观、草坪景观、林宿体验、花卉观赏等，总共占地面积较叠石区大。为了便于观赏，设置水体景观，单独建立人行道、车行道。家喻户晓酉阳最出名的是桃花源，叠石花谷就是在酉阳县委县政府打造"全域桃花源"旅游大背景下产生的乡村旅游升级版的示范区，为乡村振兴、农旅结合的发展，展现另一种具有可行性的路径。叠石花谷所在板溪镇因为地势起伏大、岩石多、土壤贫瘠、生产能力弱，贫困问题长期存在。在古生物专家发现寒武叠层石化石之后，当地县委县政府高度重视，决定将脱贫攻坚与发展特色旅游业相结合，打造一个集自然与文化于一体的文旅融合发展景区。叠石花谷带动当地旅游业和相关产业的发展，催生大量的特色民宿、农家乐等，推动当地经济的发展。

图1　叠石花谷入口

1.4.3　主要特点

1.4.3.1　叠石艺术主题园区

（1）地貌特色。专家在叠石花谷发现的叠石

图2　巫傩文化区——好运门

---

❶ 亩，地积单位。1市亩合666.7平方米。——出版者注

层是经历沧海桑田而形成的，距离今天有5亿多年，是海水中物质黏结所形成的化石，园区内受人欢迎的"石上生花"现象则是因这种单细胞生物蓝藻的活动轨迹经过历史变迁所形成。根据中国地质专家的考察发现，酉阳是重庆"有氧"的起始地点，空气中的含氧量较其他地方高，可以吸引很多生物过来居住，海洋就会日益增多，开始繁衍，吸引越来越多的生物，许多海里生物便选择在这里继续繁衍演变。在5亿年前，酉阳属于亚热带气候，是气候宜人的浅海区，后又随着海洋动物的增多，叠石层开始慢慢退出历史舞台，它们的生活轨迹随着海洋和海洋的演变而一直留存，最后得以形成石中花。

（2）荒石变"宝"。"地球日记，石上生花"，久远而年轻的叠石花谷是古老化石叠成的人文花园，是酉阳践行"全域桃花源，康养度假地"的重要一环，也是酉阳践行"乡村振兴战略"，促进城乡高质量发展，开创高品质生活的不二选择，更是酉阳文旅融合2.0时代。天旱地干，全是石头，常年不产粮食。这是扎营村曾经的真实情况。多年来，当地村民靠种土豆、苞谷、红苕等传统农作物为生，日子过得相当清贫。以前也曾想方设法地发展养殖业和种植业，但是，只有很少面积的土地，根本无法种植。回忆以前发展产业的窘况，扎营村村民心酸地说道。土地贫瘠，到处都是石头，恶劣的地理条件让当地村民几乎丧失了发展新产业的信心，便有"要想生活过得好，除非石上生花马长角"的说法。2017年初，县委县政府决定在板溪镇杉树湾村和扎营村两个村发展乡村旅游，并把这个扶贫旅游项目交到了酉阳桃花源旅游集团负责，希望通过乡村旅游助推当地脱贫攻坚进程。"扶贫伊始，我们也尝试过'一村一品'走农业产业化路子，帮助村民种植农作物。但实践证明，大规模发展种植业和养殖业在这里根本行不通。"酉阳桃花源旅投集团叠石花谷营运中心负责人周永乐说道，"那时候我们到村里考察，发现杉树湾村和扎营村这些地方，用一个字来形容就是'穷'，当地极度缺水"。村民只能种植少量耐旱作物玉米。这里的植被覆盖率和土壤覆盖率不足30%，岩石裸露率超过70%，属重度石漠化区域。怎样才能"点石成金"？一次旅游资源普查中，周永乐等人发现当地有一种石头，自带花纹，十分奇特，被村民称为"金线石"，且石头分布广、面积大，极具观赏价值。他们立即联系重庆二零八地质遗址保护研究院。经过专家现场勘察，这种石头名叫叠层石，而且极具观赏价值，最关键的是这种寒武纪时期的叠石层（图3）是地球上最古老的生命化石（图4），有着巨大的科学研究意义，同时在中国南方绝无仅有，是目前发现的叠石层当中，规模最大的。

图3　叠石层

图4　化石石花

　　这一发现，让参与旅游扶贫项目的工作人员看到发展旅游业的前景，也让村民看到脱贫致富的希望。2017年，叠石花谷扶贫示范项目正式启动，通过一系列的考察，市场前景预测，现场专家指导后，在整个乡村已有资源的情况下，梳理分析了旅游产品的现状。2018年，初步制定以根治石漠化为抓手，以叠石景观大地艺术节、开发乡村旅游为蓝本，以巫傩非遗文化为看点，制定了以打造花海为亮点的规划。在高校专家和教授的参与下，就地取材，巧妙地将叠石花谷的巫傩非遗文化放置到景点中，景区内的石来运转、好运门、峡谷索道、巫傩神探遗址，图腾柱等都是以巫傩元素为载体的景点。造型和布局都饱含精神文化内涵。这些景点流转在这片3000亩土地上，因为土壤稀少，覆土面积少，旅投还从其他区域转运土壤进行部分填充，增加区域内的覆土面积。为了提高附加的观赏性，特意播种了能够忍受贫瘠土壤和极旱炎热的草本植物粉黛乱子草，由于其根系发达，可以进行水土涵养。成片的粉黛乱子草如今已经成为一道美丽的风景，也成为许多鸟儿栖息的乐园。经过一年多的打造，叠石花谷在2019年10月正式开园。叠石花谷开园不到两年，游客接待量超过200万人次，不仅聚集人气，也带来了商机。

　　（3）巫傩文化展示园区。叠石花谷区里的巫傩文化展示园区一共有33处叠石文化景观，每一处都让人忍不住赞叹大自然的鬼斧神工。十二月神柱石阵、喀斯特

113

岩熔地貌天然洞坑上铺就叠石而成的"叠石魔坑"（图5）、巫傩神坛遗址（图6）、二十四戏神、傩戏戏台（图7）图腾柱等。景区的入口，是偌大的石门（图8），石门的形状呈拱形，两侧为人像雕塑，十二月神柱石阵，每根都独有特色，有代表自己月份的特殊符号，重10吨左右，按照"天圆地方"和月份排成一个圈，质地异常坚硬。传达着威武和神圣的信号，同时，也是吸引人们更多去关注酉阳巫傩文化的一个好的形式。

图5　叠石魔坑

图6　巫傩神坛遗址

图7　傩戏戏台

图8　入口石门

　　（4）缓解人地矛盾，提高审美素养。毗邻G65高速路，交通的便利让许多游客选择自驾到酉阳的叠石花谷游玩。2021年的"五一"假期，叠石花谷的游客突破15万人次，扎营村和杉树湾村的村民们紧随商机，打造自己的住房，改建为农家乐、民宿等作为叠石花谷的配套设施，据不完全统计，已有30余家农家乐开业。村容村貌也发生了巨大的变化，酉阳投入1500多万元改善扎营村和杉树湾村的居住环境，完善基础设施的修建。对100多栋居民房进行了统一风貌的改造（图9）。"叠石花谷景区就在我家门口，客源不愁，开业当天就收入了2万多元。"说起乡村建设文旅发展影响的收益，村民冉学儒很是兴奋。冉慧是扎营村2组村民，原本在板溪轻工业园区一家制衣厂上班，

图9　改造后的房子

2020年到景区当保安。发展乡村旅游，冉慧一家人的日子变得越来越好。"自家的20多亩土地流转出去变成了景区，一个月除去社保还能拿到3000多元的工资。"冉慧说。缓解人地矛盾最根本的问题在于让闲置的土地得到有效利用，让紧张的土地产生利益。根据马斯洛的需求七个层次理论，只有当村民们满足生理需要、归属于爱的需要、安全需要等之后，才会考虑审美需要，才能更好地培养审美素养，比如村容村貌的提升，以此才能更好地开展乡村美育工作，为美育发展铺路。

1.4.3.2　乡村艺术部落区

乡村艺术部落区（图10）以乡村艺术作品与花卉欣赏为主，展示着16位艺术家以乡村生活为题材创作的17件大地艺术作品，它们被巧妙地放置在景区乡村艺术部落的各个空间里，与周边环境完全融为一体。

（1）保护性开发。艺术家们与民间手艺人、当地的村民以及非物质文化遗产传承人等以乡村生活环境为背景和载体打造了中国乡村艺术园，《农卷风》（图11）、

图10　乡村艺术部落区

图11　艺术作品《农卷风》

《斗笠》《宝物》（图12）、《悄悄话》《叠石露天剧场》（图13），包括装置、绘画、雕塑等类别在内的17件艺术作品让人目不暇接。这些作品的制作历时7个月完成。

图12　艺术作品《宝物》

图13　艺术作品《叠石露天剧场》

　　一共17件作品，都格外有趣，有在叠石上固定住的圆滚滚的成堆积雪，有在半空之中悬挂的大树，有的作品可以直接打通艺术热线，连线大地艺术家，更有用上千把扫把做成丰收的火车，还有可以蹦起来的叠石露天剧场舞台……它们与周围的环境毫无违和感，在乡村艺术部门的各个地方与大地融为一体，极具艺术张力和感染力。来到这里，游客可以提升审美享受，乡村艺术部落巧妙地把艺术装入大地的怀抱，将人、景、村、艺术完美地融合到一起，圈地为景，合理利用生态人文资源，不拆迁一处村民住房，发展具有地域特色和本土文化的农旅产业，创新性转化和创新性发展的同时，很好地保护和传承了乡村文化。成功地展现了一次艺术家与村民携手打造乡村建设的中国农村发展经验，是一次艺术与乡村共生的生动实践。

　　（2）粉黛花海。叠石花谷的花海种植面积近3000平方米，花海中有数十条小道，便于游客打卡拍照，粉色的草本植物叫"粉黛乱子草"（图14），单看一根平淡无奇，但是大面积地培育、大面积生长起来便能呈现出浩瀚如烟的粉红海洋，十分唯美。每年9~11月是粉黛乱子草生长得最茂盛的时候，加上酉阳的气候因素，秋季的叠石花谷，微风正好，荡漾开来仿佛似一片粉色绒毯（图15）。瞬间跻身"网红"，在2021年的时候，酉阳叠石花谷在重庆抖音旅游人气景点排行榜排到全市第二，传播速度之快，受众人群之广。

图 14　粉黛乱子草　　　　　　　图 15　粉黛花海

1.5　困境："形式大于功能"

乡村美育实施体系的建构，必须要重新审视美育存在的问题，并且明确未来乡村美育的价值趋向，美育的发展应该跟上时代的进程，积极利用美育中的审美教育和信仰教育，筑牢培根铸魂的中华美育精神，目前，乡村美育活动的主要方式实际上还是以政府的工作方案为指导，在空间建设、乡村治理、便民服务方面，不乏"形式大于功能"的现象存在，在乡村美育实施方面还需要进一步加强，以叠石花谷为具体成功案例，作为对比，向成功看齐，则可以折射出更多问题。可以引出乡村美育困境的形成原因，主要是有哪些方面的工作没有得到相应的正确处理。根据上述叠石花谷的概况阐述，"形式大于功能"的困境的出现主要有以下几方面工作没有落地到位。

1.5.1　运营体系不完善

运营体系的不完善易导致乡村美育的"育人"体系无法持续发展。安康市平利县龙头村就是一个好例子，乡村环境山清水秀，青砖绿瓦，基础设施和生活条件都得到相应的提升。2012年，门庭若市，但不到一年时间，龙头村便逐渐冷清，究其根本原因是运营体系的不完善，环境打造优美，但是没有真正将赖以发展的旅游业做强，其他规模产业也未见模型，当地村民在土地流转后很难再找到带动经济增长的发展道路，聚拢的人很快消散离去。乡村建设需要提前做好科学论证和实际规划，民俗文化、产业结构、管理团队都不可忽视。打造乡村产业作为乡建支撑仍需考虑乡村的客观实际，加以条件成熟的运营团队管理等一整套完备的运营体系，才可使得投资的项目变成财富，把人留住，才可"育人"。

1.5.2　理念打造不适合

乡村建设需要理念支撑，叠石花谷农旅结合的走向可以明确是"自然+艺术+非遗文化"的探索道路，所以，可以根据当地的地貌特色或者传统历史文化来研究出一条适合当地村落发展的道路，是乡村建设的基础，也是乡村美育实践开展的基础。现在一些乡村走形式的美育方式并不适合具有独特文化特色乡村的发展，容易产生同质化，无法带动经济的发展，也无法与村民产生"共鸣"，针对乡村特色理念打造的乡村美育实践活动才可以真正让村民参与进来，美育活动才不至于沦为论文发起者自娱自乐的游戏。

1.5.3　设计方式不贴合

设计手段落伍，活动设计的设施配套不够完善，居民的参与度不够高涨，无法为实现乡村美育系统发展提供相应的配套服务；缺乏与参与者关系的建设和交流，针对环境或是乡村特色的设计没有显现出当地乡村的传统文化，使用的设计方式与当地居民的生活习惯不符合，难以被乡民接受，无法带动文化产业的开发，导致乡村美育活动没有达到真正的培养目标。

1.5.4　教育资源不健全

虽然乡村学校的教育资源与以前相比有所改善，但总体的投入依旧不足。面临教育资源不健全的情况，比如，增设美育课程，但没有对应的专业老师，或是专门的教学场地。乡村学校的美育资源投入少，社会资源的利用率也低。经济发展不平衡，很多地区的美育资源得不到有效分配，资金投入无法满足乡村学校美育的教育需求。做不到对口支援，只是形式上的帮助，更多实质性的，比如美术馆、活动中心、展览馆、剧院等社会美育资源主要集中在城市，乡村学校的学生到美育场所学习，时间花费、金钱花费成本太高，很难借力。很多提倡研学，实际上在乡村展开的研学活动，更多是针对城镇的孩子，研学老师讲解过后留给乡村孩子的也只是空荡的研学基地，并没有实质上的改变。在乡村办一场活动，举行一次讲座的美育形式，并不能真正地培养一个村村民的素养。还有一些偏远乡村缺乏教师的保障机制和政府的保障机制，乡村美育多以自发性为主，政府干预不高，企业、公益组织支持力度也相对薄弱，教育理念也较为滞后。

2 对策：叠石花谷美育发展机制

艺术活动能作为一种乡建手段，是因为艺术活动是一种精神生产。人们为满足自己的审美需要创作艺术品，创作艺术的过程及创作成果进一步培养了人的审美能力，推进乡村美育可以帮助乡民建立正确的审美标准，但目前乡村美育实践的教育模式尚不成熟，需要一套完备的美育发展机制予以示例。由于地区和文化的不同，每个乡村美育的发展机制必然是不固定的，但核心内容大同小异。美育的发展机制离不开以下几个方面的思考：美育的本质需求，审美教育的倾向，实现美育的方式，美育走向与教育实施的逻辑等问题。乡村建设中酉阳叠石花谷的美育发展，从叠石花谷的文化背景、基础美术教育、村容村貌的改造，到村民生活细节的改善，乡村经济创收的模式等，都有很好的体现。

酉阳"叠石花谷"项目是借以文旅＋扶贫的形式开展美育建设。叠石花谷以巫傩文化为主题，以艺术介入乡村为建设方式，以探索远古时期的地质遗迹为切入点，让远古时期的神秘故事与当地艺术产生碰撞；把远古时期的记忆、地质科普的知识和富有艺术气息的民族特点置于奇特的喀斯特地貌之中，让传统人文与现代文明接轨，已然成为酉阳全域打造的重要板块的手法之一，其采用方式较为经典，但手法新颖，具有一定的研究价值和意义。故此，将从审美超功利性、审美与教育实施的内在逻辑、美育的本质需求方面等分析并拟出叠石花谷乡村美育的发展机制。

2.1 审美教育倾向"超功利性"

审美教育无处不在，从现代的文化馆场馆到家乡的人文知识和山山水水，都会成为一个人最朴素的审美情感和爱的基础。审美的欲望是天生的，但是审美的能力却是需要后天训练的。审美教育"超功利性"在我国古代的《庄子》已有体现，"无用之用"对审美心理描述一种特征的同时涵盖审美超功利性的基本思想，《庄子》这种美学观与中国美学史上的重要影响也是公认的，在西方美学史上的重要意义亦是空前的。"无用之用"作为对美的超功利性的一种表述，它可以使人在审美过程中更加纯粹。"美的作用在于让人忘却其中利害关系"❶可知"无欲之我"只可从审美活动中获得。审美活动是超越一切利害关系至上的纯粹的精神活动。这个观点来源于康德的"审美无利害"观点，王国维在康德这种思想的基础上提出审美教育是架接智慧和意志的桥梁，即"盖人心之动，无不束缚于一己之利害；独美之为物，使人忘一己之利害而入高尚洁之域，此最纯粹之快乐也"❷。美育是一种超越实际目的和实际内容的独立领域，当人们进行审美鉴赏过程时便开始踏入美育领域，能够暂时摒弃在现实生活中受到的困扰，让自己放松，得到自由和愉快。这样作为情感教育的美育就能与其他教育区别开来，这种美育思想是超功利性的，纯粹的审美，虽然不能脱离实际，但其出发点是追求纯粹审美价值，可以培养人的健全人格。美学发展史上"超功利性"这一范畴的发现有着重大的理论意义，在当下人类普遍异化的时代更是有着迫切的现实意义。审美倾向在不同的时代有不同的偏重，这是人们根据自己对某种事物的要求而对其做出喜爱的倾向，实质是一种主观的心理活动。西阳的"叠石花谷"更是如此，不再是以造景为主，而是更注重乡村建设中人的体验感和自然生态的和谐统一。把美育工作当作是一项长期工作，将立德树人、以文化人、以美育人三者相结合，建构叠石花谷的乡村美育体系，在地质科普中传播美育，在艺术创作中提升美育，在文明进步中发扬美育，在服务村民时凸显美育作风，将"育人"工作持续发展。不随意移除园区里的东西，而是挖掘其独一无二的价值，让"超功利性"审美观潜移默化地展现出来。

2.1.1 "参与性"审美

"参与性"也是叠石花谷美育发展机制中的一种，可以将"参与性"美学教育主要分为三种：第一种是艺术"参与"乡建，第二种是村民"参与"艺术创作，第三种是游客"参与"传播。艺术介入乡村，不仅只是提升乡村的农业发展基础，更多的是为了将整个乡村尽快向现代社会转型，是对乡村的提升，中国的民族文化根基和文化自信来源于乡村，故此，乡村也需要及时更新，进行"知识更新"，在保持自己本身传统的同时，所更新的知识需要富有变化性、创新性，更具包容性，这

---

❶ 曾繁仁. 美育十五讲 [M]. 北京：北京大学出版社，2012：312.

❷ 杜卫. 美育论 [M]. 北京：教育科学出版社，2014：55.

也很重要。城市化冲击导致的乡村空心化与衰败，需要在酉阳开创一个空间，要让大众知道美育是从"参与性"开始的，进行一次艺术乡建的大胆尝试，积累一次艺术家与村民携手改变乡村的中国经验，是参与美学，也是这次活动本身的重要意义。

2019年，第一届乡村艺术节在酉阳叠石花谷开展，主要分布在乡村艺术部落区。采取的是策展人机制，成立了艺术节组委会、展览学术委员会、展览策展人等。作品的采用是策展团队邀请和公开征集的方式，提倡田野调查、有地域针对性的现场创作，艺术家不是艺术作品的单一拥有者及创作人，需要以"三农"服务为基本立场，成为乡村的建设者、村民的合作者，和村民一起做艺术，做村民需要的艺术，从而使作品从乡村生长出来。2019年的艺术节总共有17件艺术作品，分布在叠石花谷乡村艺术部落区，策展团队让艺术作品分布在叠石花谷的不同地方（图16），并且雕塑、景观、建筑等形式不限，艺术作品与乡村部落的空间密切融合（图17）。游客在观赏一件又一件艺术作品的同时，在不知不觉之中也观赏了叠石花谷的生态、人文、地貌等状况，艺术创作或许只是艺术乡建的一种手段，却把都市与乡村关联到一起，透过艺术，可以激发人们更多的审美想象力，也可以对人们与土地的关系进行再次思考，审美领悟的同时唤醒自身的乡愁情怀。

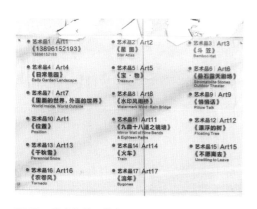

图 16　艺术作品一览表

图 17　艺术作品《悄悄话》

2.1.2 "有意识"审美

审美教育的根本是人。在当代社会，审美教育的根本问题仍然是"人是什么"，它的理论基础是审美人类学。席勒把人的理想状态表述为感性冲动和形式冲动的统一。在现代社会中，人的理想状态也许可以表述为人类的文化解放和人民大众创造性普遍实现的愿望，这是一种与个体的审美需要相结合的具体审美经验。让艺术从乡村生长出来，让人在不知不觉中提高自己的素养，教育方式不再是看着课本上不会动的图片，不再是灌输硬性的美的知识。叠石花谷做得很好的一点是影响审美教育观念，艺术乡建不仅是停留在美观层面，而是具有功能性，只有经历审美体验才能得到审美感悟，才能培养其欣赏美的能力，树立健康的审美观。

从审美观开始培养，有意识地在促进乡村现代化的过程中，改善当地居民生活环境，通过艺术介入激发村民对自我的认同感和满足感，并且串联人与人之间的联系，扎营村有着丰厚的人文历史。当地村民以种水稻、饲养牲畜为生，村落里四处散落着具有当地农耕特色的建筑和农具，可以更好地利用这一点。为更好地保留历史人文风貌，艺术家们创作作品时，就要倾向在美化环境的同时起到凝聚乡村文脉的作用。这些无处不灌输艺术修养的作品，让其有主动意识去看待美的事物，积累审美经验，审美力得到提升的同时得到灵感，有意识地创作美的事物。

2.2　审美潮流与美育方式的内在逻辑

美育可以使人的理性与感性协调一致地发展，人的知识结构、心理结构发展更加合理，利于人的全面发展，是美育在思维上的特殊作用。新时代下需要培养具有渊博学识和思维能力强的人，要具有开拓性思维、创新性思维去适应复杂的环境。刻板的教学方式不利于智力的开发，美育对智力的开发有着重要的影响，可以使得死板的记忆化为主动的想象，可以使枯燥无趣的教学课堂化为"寓教于乐"，将枯燥的公式记忆化为生动美好的形式，让师生的交流不再只是教师单方面地输出，让有问有答成为日常，教育实施方式被学生接受在一定限度上取决于审美潮流。可以把说教化为鼓舞人、吸引人的方式进行。那么，审美教育的实施实际上还受两种非主观因素的影响，一是审美潮流的趋势，二是教育实施的方式，其二者有着不可分割的内在逻辑，互相影响。主要涉及学校、社会、家庭、潮流趋向等方面。

2.2.1　学校—师资资源

美术教育在我国教育事业中占有举足轻重的分量。乡村基础美术教育更是重中之重，是以提高学生的综合素质、培养全面发展人才为重点。乡村的教师资源也是其中的重点内容，酉阳板溪镇的学校需要加强培养"高校—乡村"的育人体系，增强配套服务；从上述的酉阳师资情况可以了解到，酉阳整体在教育这一方面的发展速度是较为快速的，故此教学硬件的设施配套需要提升完善的进度，将美育系统的配套服务提升，需以"校—企—村—政府"四只脚走路。

2.2.2 社会—资源扶持

2015年起，社会上给予的，比如企业、政府、公益组织、艺术专家等都予以一定的干预，社会化程度正在逐步提升。乡村的衰落是历史发展的自然抉择，而乡村振兴是实现中国梦、促进中国社会经济发展、协调城镇与农村良性互动的必由之路。故此，可因地制宜，顺景而为，最大限度地挖掘当地自然、人文、艺术、旅游资源，以助推叠石花谷，把资源变资本，2017年就叠石花谷的叠石区、自然风景区和附属配套共计投资14500万元。由酉阳桃花源旅投集团、行业专家、四川美术学院、酉阳地方政府等共同利用经济资源打造创新型文化艺术旅游IP，来探索新道路。所以，在美育发展机制当中，首先争取资源扶持，尤其是资金保障是最基础也是最重要的手段。

2.2.3 精神—历史文化

精神建设与整个乡村传统文化相关联，乡村振兴不仅是风貌的重塑，更是其历史文化的延续，需避免机械化的粗暴改建，不能成为现代文明的复制体，更不能让乡村建设照搬现代社会的城市结构。每个乡村都拥有自己的历史记忆和集体记忆，乡土、乡愁、自然生态等是美育的载体，更是乡村本体历史文化的延续，乡村美育的开展需要尊重村落历史文脉发展的内核。叠石花谷在原有的风景当中深化发展巫傩文化，令其"石上生花"，并且与村民一起展开在地创作，充分地避免"艺术乡建仅仅是艺术家的乡建"这个问题。进一步挖掘乡村的内在美学范式，做到让村民的审美认知水平与其美育精神互相持平。随着文化的进步，村民的生活品质也随之提高，对美已经有了自己的判断和初步的认知。叠石花谷的艺术乡建可以为乡村提供独特的美学追求和创意的表达，是为了村民和人民的乡建。人们对设计所带来的美学价值、情感属性、生活方式等越来越注重，所以，历史文化的挖掘与保护是为乡村美育的实施做强有力保障，也是支撑乡村文化振兴活跃发展的新兴驱动力。

2.2.4 村落—美育氛围

村落的美育氛围是乡村美育发展之路是否顺畅的关键性因素，也是审美教育实施的关键因素之一。美育持续稳定的发展得益于乡村各方面的互助配合，美育氛围的营造需要将乡村原有的文化脉络和肌理进行二次转化，注重传统与现代的融合、文化与物质的结合、城市与乡村的关系处理、人作与天成的配合等。通过在地性的文化紧密参与深度挖掘地方文化传统的平衡来重建艺术乡建。不可将乡村作为艺术家主观的试验地或是个体企业的资本游戏。

叠石花谷审美教育得以有序实施，是把当地的人居环境生活和巫傩文化紧密地联合在一起，不相互孤立。叠石花谷以艺术之手把美育之汁通过艺术作品渗入各个角落之中，各个环节之中，形成独特的布局方式。找准最相宜的切入点，将创作方式带来的好处，潜移默化地渗透到村民的思想行为中。精准把握了叠石花谷的发展命脉，促进叠石花谷美育持续稳定发展的同时丰富乡村美育的维度。叠石花谷的乡村美育范围，运用适当的方式推动当地经济向前发展的同时，也使其乡村美育文化保护得到同等的重视，文化产业项目得到相应的发展。乡村的美育氛围是判定美育发展是否生效的条件之一，美育氛围的浓厚在于美育实施过程中是否真实地带动当地村民参与性和积极性，美育的方式对于当地乡村文化实施的活化策略是否起到推动作用。乡村美育发展始终要凸显出对于乡村本身文化传承与活化特色，以作为乡村建设精神内涵的保障。美育氛围的营造对于乡村历史文脉的延续和乡村旅游业的发展还有一定的推动和参考作用。叠石花谷采用的美育机制是艺术与各行业协同配合。叠石花谷采用的主要手段之一是艺术乡建。乡村美育的建构和乡村产业的营造依靠乡建自身的能力是不够的，需要多方面人力物力的协调配合，共同打造乡村。艺术设计手段改造环境，艺术创作增加美育氛围这种模式在乡村发展尚未真正的成熟，需要积累更多的经验。

2.3 经济增长的推动

美育的发展机制之一便是利用经济增长推动自身发展，只有当美育行为可以产生收益时，参与进来的人才会更多，才能让其得以延续。创造美的能力，不是先天的，它的形成依赖审美教育的帮助，对于没有审美力的劳动者来说，居住环境的美丑没有特别大的意义，但是，创造和生产美的前提是创造者和建设者需要具备创造美的素养和能力，培养未来建设者的审美能力和创美能力，是他们未来能够创造出和欣赏到环境美，并运用其提高劳动生产率。因此，培养人的审美鉴赏能力也是美育的重要任务之一，美育的提升是环境美产生的前提，也是劳动生产率得到更多提升的前提。经济发达的国家，对于技术美的教育十分重视，探究其根本原因，是由于技术美的培养对于提高产品的美学质量有很大作用，美的质量带动了经济效益的提高。由此可知，具体的生产单位想要获得较大的经济利益，产品是否达到审美的水平是其中一个关键因素，从根本上解决就需要生产者具备必要的审美素养，未来他们既是生产者也是消费者。经济增长会驱使人们注重美育催生审美需求，审美教育亦会促使人们对美的产品进行消费，助力经济增长。这与"绿水青山就是金山银山""文化遗产变成文化资产"是一个逻辑践行。"文化+""旅游+"，叠石花谷亦是酉阳打造全域桃花源的板块之一。推动美育经济的必要性在叠石花谷得以体现。

3 叠石花谷路径："以美育人，以文化人"

3.1 理念传播

叠石花谷在理念传播上总体可以分为两个路径，即线上与线下。美育是促进人们人格完善的事业，需要媒介以传播者的姿态参与、推动。线上以视觉分享为主，酉阳有一个专属的微信公众号记录和宣传酉阳乡村艺术节的动态，同时，还有一个视频号"酉阳young"，线上转发采访艺术家自身视频讲述作品与酉阳相关的故事。除此之外，官方的媒体也争相报道，最快速的传播方式就是游客们自发地利用网络平台做真实的感悟输出、审美经验分享。线下则以实物为传播路径，创作传播理念的载体——实物作品，比如，在地创作的17件艺术作品，比如，叠石景观上亿年的演变历史文化和二十四戏神的巫傩文化。叠石花谷在每个戏神下设立扫描二维码讲解，独自前来的游客也可更深一步地了解巫傩文化。四川美术学院还在当地设立（酉阳）艺术与乡村研究院设计工作坊、乡村文化振兴艺术规划与田野创作工坊，建立高校美育持续服务乡村的平台。研学讲解也是其传播方式之一。叠石花谷景区的非遗文化+旅游+艺术乡建的模式吸引了一大批做研学的机构，成为研学的热门选地,在研学的过程中有效地讲解了景区的巫傩文化,以及艺术作品所展示和传达的价值和意义。

唤起公众自我觉醒的意识,从发现美、感知美、领悟美、创造美到传播美,公众引发思考,将艺术精神与内涵领会于心,使公众在和谐自由的状态下获得审美情感的满足,便是传播美育理念的最终目的。

3.1.1 他山之石

以两个不同地方的案例进行分析比较,更利于理解叠石花谷乡村美育发展的路径。一个是羊磴艺术合作社,从纯粹的新的艺术教育角度去做实践;另一个为花田间国际乡村创客营地,以创客活动为主开展美育活动。

(1)避开自上而下"介入"的强制性,面对日常本身而不是既定的美学体系开展活动——羊磴艺术合作社。由四川美术学院副院长焦兴涛发起,参与者还有张翔、王比、陆云霞等。主要以四川美术学院雕塑系师生和来自海内外的专家学者,以及羊磴镇本地居民为主,在贵州省桐梓县开展的一个项目。羊磴是贵州省重点贫困镇,项目开展8年来合作社进行了一系列与乡村和社会相关的艺术实践,比较有节点性的事件和项目包括最初与当地木匠合作的"乡村木工计划",购买当地农村房屋实施的"界树"项目,赶场时的艺术互动活动,与当地营业店铺共建"冯豆花美术馆"和"西饼屋美术馆""小春堂"文化馆,"故事——羊磴40年"系列项目,还包括其他在镇上的学校校园、山冈、河流、钢丝桥以及镇上广播站、废弃办公室进行各种艺术活动和交流,并且和当地居民一起开展"羊磴十二景"的评选项目。《参与的艺术——羊磴艺术合作社2012~2017》一书出版,2020年,羊磴艺术合作社与当地农商协商推出"拯救钢丝桥众筹"项目等。

长期的宣传、出版和对外推广使得这个无名小镇走进人们的记忆,也使更多人知道中国西南这个平凡的角落。让"没有历史""没有故事"的小镇百姓开始试着讲述自己,也唤醒其原本就该具备的生机。近年来,四川美术学院的众多学生参与到这个项目中来,这种参与也使得他们在课堂之外对中国乡村基层的状况有了更多的理解,他们也通过参与这个项目所形成的视野和认知,展开自己的学术或艺术生涯。在影响乡村美育发展的同时,也为我们展开艺术教育拓展出另一个实践的角度。

(2)以"共生、连接、赋能"为主题,开展各项艺术介入创意营造的活动,以文化创意的当代观念激活在地资源，以此提升素养——花田间国际乡村创客营地。由向勇教授发起，从2015年开始在四川省达州市宣汉县白马镇毕城村启动营建，2019年正式落成，并开始开展系列乡村振兴公益活动与文创产业实践。整体营建获得了诸多友人和乡建者的支持与参与。

在花田间国际乡村创客营地发起主办的诸多乡村振兴项目实践中，参与群体主要以国内外艺术家、文创家、专家学者与青年大学生志愿者为主导，并积极调动当地村民群体的自主自发参与，激发乡创的内生动力，是社会各个资源配合度较高的案例。以下六个共识值得学习。一是乡村振兴是知识分子的初心使命和社会担当。想要在新时代实现乡村可持续和人文振兴，"创意—创新—创业—创生"是一条必选的模式探索。二是要推动乡村经济的全面复兴，需要弘扬乡村美学，保护传承乡村文化，培育好的乡风乡貌，坚持"共创、共建、共享"的生态理念，发展具有地方感的特色产业，此次助推乡村经济的同时，增加本村人的归属感与文化自信。三是积极和企业、政府机构、社会团体、学术机构开展合作，与来自世界各地的艺术家和专家展开跨领域和跨文化的思想交流与碰撞，为乡村振兴发展收集成功经验，收罗网络与人才资源，致力于复兴乡村美学经济目标。四是注重乡间文化场所的打造。五是注重激发村民的主体意识，倡导村民集体合作，让乡村的艺术、创意资源得到有效创新开发。艺术创作与文创开发还有产业之间的赋能协同发展是实现上下融通的融合发展。六是让文化创意与产业创新的组合模式得到良好发展，构建既有社会效益又有商业竞争力的互动模式，注重商业与公益相结合的实践主义原则。

白马花田间国际乡村创客营地乡村美育的路径与叠石花谷略有不同，但都是因地制宜，不外乎都注重资源的引进和村民的参与性，无论是搭建实践基地，通过创意设计和科技创新的多元手段，把神话传说、民间技艺、民歌舞蹈等乡村文化资源转化为实际产品，打造成有地方特色的良品和精品，还是开展花田创客、花田课堂、花田农夫和智能花田等互动活动的形式，又或是借助大巴山花田艺穗节、国际乡村创客大会等形式，都是为了更好地将其打造成一个具有国际声誉的乡村文创小镇，使得乡村焕发新机。

3.1.2　面面观，步步移

叠石花谷内"先天作品"和"后天创作"都各有千秋。"先天创作"指的是叠石花谷内的巫傩文化，入门是人像石柱雕像，33处叠石文化景观，每一处都让人感叹大自然的鬼斧神工和古老巫傩文化的神圣隐秘。十二月神柱石阵（图18）、叠石天坑、二十四戏神（图19）、巫傩神坛遗址、三皇台（图20）、天作之合、图腾柱（图21）叠石层等几乎是一步一景，处处都可以展示不同的画面。"后天创作"分为三种：一是叠石花谷乡村艺术部落区里边有《斗笠》《宝·物》《位置》《火车》（图22）等摆放在不同的位置以供观赏；二是叠石花谷内后续搭建的彩虹玻璃桥、峡谷滑索（图23）等具有实际体验感的打卡游乐设施；三是各式各样的民宿组成赏心悦目的居住环境，方便居住的同时，也提升美感。

3.1.3　在地艺术实践

美育发展实地实践中，叠石花谷充分发挥其在教学中的主导作用，努力为学生

图18　十二月神柱石阵

图19　二十四戏神之一唐氏太婆

图20　三皇台

图21　图腾柱

图 22　艺术作品《火车》

图 23　峡谷滑索

们的艺术创作创造宽松、和谐、自由的氛围。艺术家们把创作地搬到广阔的田野中，学生们可以在感受自然美的同时创造艺术美，游客观赏时可以发现美，村民生活中能够善于发现美，勇于表现美，大力展示美。叠石花谷的项目志愿者和合伙人一直鼓励村民以自然质朴的方式参与创作。在实地调查中发现除了一起参加了艺术节的工作人员，周围的村民几乎都可以说出几个在叠石花谷乡村艺术部落里的作品名称和特点，他们称作"可以接受的艺术品"，参与艺术创作活动可以培养自身自信，提高审美能力，彰显自我个性，还可以提高审美感悟，能带动更多的游客积极探索、乐于鉴赏、善于发现是在地艺术实践的意义，当把乡村美育做成全员参与的项目时，也就真正地达到美育面向人人的期盼目标了。

3.2　提升乡村文化内涵

因地制宜，挖掘叠石花谷周围的居民对艺术的创造力。扎营村住村人群除了还在上学的孩童外，普遍年龄偏大，大多思想接受度不是很高，故此参与度一开始并不理想。面对村民热情不够高涨这一问题，叠石花谷采取的方式是在已有的活动文化基础上，聚合乡村力量，真正入村调研村民需求，"以活动为中心"挖掘乡村居民美育的艺术创造力，从而提升个人的审美层次与艺术水平。美育不仅能够以浸润式的教育方式感染村民，并且能挖掘其无穷的想象力和创造力，进而开展审美创造，在具体的某个点每一位村民会在气质、性格、习惯等方面凸显出不同的特点，以此培养出丰富多彩的个性，才能够构成乡村美育中人的丰富内涵和价值观念。因此，具体的乡村美育实施过程应该因材施教，因地制宜，把有个性、有温度的个体当作实际教育对象，从审美独创性与重要的心理动力出发。叠石花谷主要是采取空间重塑、从"中和之美"出发、"无处不美育"等方式充分挖掘村民个体的艺术创作力。

3.2.1　空间重塑

鉴于一些没有改善乡村的文化景观得以更好地展开美育发展的工作情况有前人之鉴。故此，为了避免那些游离于乡村文化肌理乃至村规民俗的艺术介入加剧城市文化对乡村的样式移植和思想"绑架"的情况发生。叠石花谷在实施美育的过程中很好地平衡在地环境、艺术家、本地居民、外来游客之间的关系。

空间重塑的核心在于当地村民审美素质的培养，是一项立意长远的项目。叠石花谷不是立足于重庆本身对乡村意识形态和社会结构进行的强势的、干预性的置入，而是立足乡村的非遗文化以及结合当下语境的乡村文明和需求的复兴。通过艺术家+村民共同创作，以"艺术+"的形式构建新的价值和社会形态，从而重塑乡村振兴过程中所蕴含的时代价值和历史意义。

3.2.2　从"中和之美"出发

无论从历史纵深的文化视角，还是从当下国家战略的维度加以观察，乡村振兴作为今后相当长一段时期里中国经济社会发展的目标任务，其乡村文明的复兴乃是根本的核心，乡村美育的发展对乡村文明的复兴起着重要的推动作用。那么建设具有中国乡村特色的乡村美育一方面需要扎根于我国现实社会的土壤，又要传承我国传统文化中"乐教""诗教"等相关理论；还需要建立整体的"中和之美"，从美育的学科性质着手，促进"中和之美"的构建。审美趣味把和谐建立在个人心中可以使得社会和谐。它要求人的两种本性协调一致，所以，美的观念才能使人成为一个整体[1]。培养一代社会主义新人是倡导美育的最终目的[2]。故此，叠石花谷在开展美育时所做决定或是细微的举措，决策者的目光一直是保持长远性的，即人与自然要

---

❶ 席勒. 美育书简 [M]. 徐恒醇，译，北京：中国文联出版公司，1984：145.

❷ 郑蕚，王德胜. 美育经典导读 [M]. 北京：高等教育出版社，2021：151.

做到和谐统一。从中国到酉阳再到叠石花谷项目的启动，再深入扎营村整体居民环境的改善，到每家每户生活的需求都是为了主体与客体之间可以协调统一发展。从"中和之美"出发有利于更平稳地提升乡村文化内涵。

3.2.3 潜移默化：美育无处不在

蔡元培先生提到："人人都有感情，而并非都有伟大而高尚的行为，这由于感情推动力的薄弱。要转弱为强，转薄为厚，有待于陶养。陶养的工具，为美的对象；陶养的作用，叫作美育"❶从"低处"着手，是因为在人们的认知里美育一直是形而上的存在，"细节"为的是让美育"随处可见"。叠石花谷乡村美育的"无处不美育"主要是做到以下几个方面。

（1）环境方面起到熏陶育人的作用。小到学校书法、美术、合唱、棋艺、钢琴、影视等专用教室，中到学校和家庭，大到常住城镇或者乡村，都讲究"美育"。干净美，整洁美，艺术美，就是"环境美育"的外显特征。

（2）课程方面的育人。"艺术基础知识基本技能+艺术审美体验+艺术专项特长"的教学模式还需要逐步完善。美育课程需要逐步展开，掌握基本技能和必要基础知识之后再着手提升艺术表现、审美感知等素养。学生的审美情趣，是潜移默化和深入细节形成的。学科教学或者德育活动中，需要坚持五育并举、融合发展，是十分重要的。

（3）抓好生活美育。审美活动可以积极调动人的大脑活动，从而提高人的学习和工作效率。叠石花谷之前举办的艺术作品展、研究工坊、艺术节等活动，是最能凝聚力量、提升兴趣、促进景区发展的有效途径，后期还可增加摄影比赛、文艺汇演之类的活动。生活美育，生活也是美育的演练场，把美育教育融入日常生活之中，实属美育常态。尤其是活动这一方面，大多具有很强的实效性。叠石花谷已经受到诸多研学机构的青睐，国家之所以倡导"研学旅行"，笔者认为也与美育有关。因为行走的课堂，学生可以见多识广，可以得到各种审美体验、审美感悟、审美享受。"纸上得来终觉浅，绝知此事要躬行。"书本上宏伟的场面，壮阔的美景，都隔着一层纸，亲临现场距离其中的"美"则可增加更多审美经验。

---

❶ 郑莺，王德胜. 美育经典导读 [M]. 北京：高等教育出版社，2021：49.

综上所述，开展乡村美育需共同配合，可以赋予村民力量，通过语言美、形象美、行为美、心灵美等美育举措影响，村民们变成更有文化、有灵魂、有主见、有修养的人，乡村的整体文化内涵也会逐渐得到提升。做到以美启真，以美储善，以美激劳，以美修身，便可做到无处不美育，也就能做到无时不美育。

3.3 乡村美育价值挖掘

3.3.1 以美育人

美育之于人和人的发展，充分体现其内在的实践性特质：一方面凸显了美育本身作为人的教育过程性的追求，且构成一种与人的生命发展相伴相随的内化关系，并由此不断展开为一个持续性的人的发展方式；另一方面通过具体化的实践形态而具体化了美育的现实存在，致力于在以审美方式所展开的特定实践中体现人的生命发展追求。实践证明，美育是教育的重要组成部分，是助推教育发展的利器，是伴随学生一生成长的"精神食粮"，是有效提高贫困乡村学生综合素质强有力的"催化剂"。叠石花谷，以美育人润物无声充分发挥艺术在服务经济社会发展中的重要作用，让艺术成果可以更好地服务人民群众，满足他们的高品质生活需求。它为广大师生提供更广阔的成长舞台，也为边远山区教育发展找到一条新的发展路径。

3.3.2 以美促教

审美是一种过程，是人们通过对事物或人物形态、色彩、动作等进行赏鉴的一个过程，以美促教一举多得，以美促教手段的应用，不仅打破以往传统教学的限制，还可有效推动村民在审美过程中体会事物中所包含的美与善。在此过程中，村民的个人品质与素养将会在美与善潜移默化的影响下得到提升。以美促教，叠石花谷的以美促教手段主要是从以下三种方式延伸发展：①构建公共文化建设空间，根据乡村文化的特点及人文特色，有效利用公共文化空间发展地域文化，培养村民的审美素养，提升乡村的美育影响力。目前，乡村的公共空间利用率比较低，需要政府牵头部署，充分挖掘和开发利用公共资源，健全乡村文化馆等系统，比如，建立乡村美育的基本场所设施，比如，非遗文化讲堂，巫傩文化的历史发展、傩戏展演等。②构建乡村儿童美育中心，培养儿童的审美素养及创造思维，开始儿童美育课程，开展公益创投免费项目作为支撑，该项目还未完全施行。③构建体验式艺术实践工坊。只有在操作和真正体验活动之后，审美的能力及精神的需求才能有所提升。体验式的艺术实践活动使居民能动地与艺术打交道，将身心全面地协调功能作用与思维，形成切身的主观感受，达到自觉自由的审美体验和审美享受。

3.3.3 以美创新

叠石花谷的乡村美育发展路径是通过美育来培养人的创新意识。美育活动可以激发人潜在的审美能力和意识，使人能在思考的过程中感悟美、体验美、鉴赏美，从而促进知识的吸收，提升智力的同时，审美素养也得到提升，为个人审美创造能力的发展奠定了基础，培养个性、激发想象力是美育所独有的形式，席勒曾说"美育是培养人的思维和理性的独特手段"，培养人才需要顺应时代的要求、时代文明的进步以及带动乡村，乡村振兴建设就必须跟上时代的步伐，美育活动的展开要多元化以推动乡村教育的良性发展。审美教育在叠石花谷虽然无法立刻给当地带来经济等层面的附加值，但已经初见成效，叠石花谷周边的居民，看到了叠石花谷的转变，又加上政府统一改造的居住环境的外貌，为了让自己家里的装修跟上大环境的改变，居民们纷纷给自己的室内进行"设计"，有的按照民宿风格改造，有的甚至搭建起了后花园，村民们说：我们也要让自己"艺术"起来，不然，来叠石花谷看艺术的游客们不满意我的招待。以此可知，美育可以渗透到人的心理领域，可以给人以智的启迪。

综上，叠石花谷结合自身实际情况与当地环境资源相结合的同时，立足乡村本土文化，邀请高等学府的专家、社会团体、社会企业、政府等合作，研究出整套贴合实际发展情况并且较为全面的乡村整体设计的实施方法与相关措施。有效引导乡村振兴建设，利用乡村美育发展属于乡村自救的精神文明建设。让两者相互促进，共生互助，以此让美育渗入叠石花谷乃至整个酉阳的各个角落，这是叠石花谷给出的问卷答案，这也是一条较为顺畅的乡村美育发展路径。

4 发展：关系重构

由叠石花谷项目经验可以总结得出以乡村美育助力乡村振兴，需要充分调动地方政府、高校、有关企业和乡村各方面的积极性。加强校地合作、校企合作，政府统筹规划协调，高校积极参与服务，企业承担社会责任，乡村主动奋发作为，遵循乡村建设、市场经济的客观规律，构建以乡村美育助力乡村振兴的长效机制。乡村要持续地发展，重构内部关系必不可少。

4.1 重建人、地方、审美教育的关系

审美教育，首先取决于人对于审美教育生活的理解，而人对美育的理解则与提供美感的地方不可分割，看得见实现有美感生活的可能才能重建有美感的教育生活。审美教育主要是人的全面发展的教育，实现人的审美生活的当代性重塑，需要重新审视人与审美教育，地方与审美教育的内在联系。在新时代背景下，审美教育还需要重新建构人文精神，应以全体社会的整体利益为核心，以整体文化的重建需求为指向，在更积极的文化前景上，以现实实际为出发点，以个体的自我意识综合开发为前提，建构人、地方、审美教育的关系，方可得到具有现实有效性和具体针对性的重构关系，这样重建的关系既是建设性的又是解构性的，审美教育才能得以优化。

4.1.1 人与审美教育

席勒曾提出，人类有三个阶段，分别为自然王国、审美王国、自由王国，从而相对应地产生了三种人，即自然的人、审美的人、自由的人。通过培养审美的人，让自然的人可以成为自由的人的道路是审美教育的具体任务。审美意识强的人往往具备勇往直前的审美态度、顺应时代发展的审美观念，审美教育的未来走向应该是培养审美的人，让全体社会成为审美的人，立德树人，使得人与审美教育的关系更加密切，从而促进美育的发展。

无须赘言，审美教育始终都是把培养具有审美能力的人，从而提高大众的审美鉴赏能力作为发展的方向，但在未来乡村美育的发展上，还需注意，一方水土养育一方人，村落与村落之间的不同，培育的人也不同。因此，关乎人与审美教育关系的变化，审美教育则更应该培养人们对待生活的审美态度和对待实际现实的态度。审美教育不仅是以美育人，更重要的是使人可以用美的眼光去认识、去改造世界甚至创造自己想要的世界，使人在现实之中用以实践不断塑造自我的人格，培养情操，净化思想，以此让个体身心得以全面健康发展。境界得到不断升华。

4.1.2　地方经济与审美教育

发展审美教育是地方经济发展的迫切需求，经济和审美教育都有属于自己的场域，各自有着不同的发展规律，但随着文化和经济的诸多碰撞，使得经济与审美因素相互关联，美育可以从多方面提升人的品格，也可以作为促进消费、拉动内需的手段，把产品中的美作为可消费因素，更美、更富有内涵的产品往往购买成本更高，更能吸引消费，传统经济是对物质的追求，而转向对精神内涵的追求，审美满足了不同层次的内在需要。审美教育的发展需要依靠社会经济的支撑，"经济基础决定上层建筑"，未来社会的经济发展，是人的发展，在社会中充分让人发挥最大的潜能，需要以美育加以辅导，美育可以使人在物质充裕的社会之中找寻到精神的安慰，而艺术、哲学的教育又是可以激发人潜能的教育，审美教育与地方经济的关系更为紧密，二者的协调发展可以保持经济更稳定的增长。审美教育的实施与地方经济更是紧密相连，并不是开展几次美育课堂，或是多招聘几个美育相关的教师便可以开展的，美育应该贯穿全部教育环节，应该贯穿社会的整体发展，但在一些偏远的地方，像西阳叠石花谷一样充满原生态文化魅力的村落，需要地方经济的支持，在尊重和保护好当地乡村传统文化的前提下，适度用艺术手段介入乡建，开展美育，联动当地村民一起参与，形成有效的可持续性的运行机制。艺术家需要发挥指导作用，使得村民们可以通过艺术软文化实力，开发文创产业，则可推动乡村美育产能的经济发展。

4.1.3　地方环境与审美教育

乡村兴，文化必兴，审美首先是一个民族精神和文化传承的结果，我国近年才开始重视美育，逐步开始重视并且尝试恢复乡村诗意居住的环境，人们对美最先和最直接的感受，大多来自熟悉的成长和生活环境。在乡村美育的未来发展之中，地方环境仍旧是重中之重。判断审美教育在乡村的实施情况，最直接的就是观察这个乡村的环境，包括居住环境、公共空间的环境、文艺场所的环境，整体环境是否具有美的气息，体现出审美的意识。因此，地方环境的打造是审美教育实施的基础，让村民主动地参与到审美活动的方式之一就是居住美的环境里。因此，环境的建设需要注重融合乡村的文化特色，凸显出当地村落建筑的风格，以当地乡村文化打造景观，开发与乡村文化特色相关的产业项目，使得环境美育面向人人。地方环境对乡村的旅游业具有一定的推动作用，现在更多是把乡村标识运用到景观营造上，起到活化乡土美育的同时，还让乡村历史记忆和历史文脉得以延续。但美育扮演的角色并不仅仅是体现在乡村外貌的改造和设计上，最重要的是思想上、素养上的提高。艺术参与乡村建设的过程，可以利用艺术的行为和感染力所产生的影响，与乡村建设发展的其他道路产生的影响，形成互利互助的路径，形成可以使人认同的环境。使得艺术介入乡村环境时可以潜移默化推动美育的发展进程，使得当地民众的文化思想与审美认知得到提升。

4.2　培养"生活艺术家"

"生活艺术家"的培养是美育的根本任务，其泛指能以艺术作为自己的职业，并且以艺术的眼光和健康的审美态度去对待周围的一切。成为一个真正的"生活艺术家"，首先需要有健康的审美观，其次要有较强的审美力和创美力，即创造的想象力；当人们以审美的态度对待自身，可以更好地以审美的态度对待自然和社会，从而使得人生艺术化、诗意化。

4.2.1　情感的陶冶

我国受教育的水平整体偏低，相对的审美素养也比较低。全社会美感水平的提升需要一个漫长的过程，但美育已经成为刚需，这是我国目前美育发展的整体现状。中国自古就有修身养性的说法，儒家强调情感体验，主张通过体验的方式内化于心。"乐"是最感人的，人内心"感物而动"从而产生"乐"，即为情感波澜的产物。中国传统礼乐教化的根本所在是修身的内在性及其情感化。对一个人涵养的培育和品位的培育实质上就是强调学养和倡导美育。目前，不同学者都很重视想象、情感、知觉、直觉等感性素质的培养，意识到感性素质对人的全面发展具有十分重要的价值。美育的一个特点是情感体验，另一个突出特点是潜移默化，美育的实施需要深思熟虑，陶冶情操的美育不是一两个活动引起人们的关注就可以达到效果的，慢慢"陶养"，内心境界得到提高才可以持续发展。美育通常通过情感陶养来推进个人道德品质的提高和整体精神世界的提升，其目标指向是个体道德人格的养成。❶因此，只有按照美育的特点和规律来实施美育，美育才能得到更好地发展

---

❶ 杜卫. 美育论 [M]. 北京: 教育科学出版社，2014: 54.

和呈现。美育的强烈感染力是其突出特征❶。当遇到同一件事，不同的人所持的态度会有所不同，情感的输出也会不同，情感能反映出一个人对客观事物的态度和倾向。因此，需要引导人们选择正确的态度面对，才可得以形成高尚的情感。审美教育的突出特点是强感染力，概念性的枯燥理论教育方式通常难以得到满意的效果。具象的形象可以给人以长久的深入心灵的道德和政治的启迪。因此，需要正视美育和育人之间产生的情感关系，培养"生活艺术家"。

4.2.2　健康审美力的培养

新时代青年的审美需求需要通过审美力的培养来获得，培养健康的审美力也是构成美好性格的重要条件。随着物质财富的快速积累，现实物质需求也在不断提升，精神需求也随之增强。人的审美需要也是精神的一种。社会发展处于较为落后状态的国家，审美的发展也受到社会经济发展的约束。美学家蒋勋曾说"人的审美高低对于个人的发展极其重要。因为人的整体、细节思维都受到审美的影响，整体审美能力也决定了一个人竞争力的高低。"审美能力会随着审美活动的参与和审美经验的增多而不断地得以提高和丰富。审美感受主要是以"视""听"为主，所以，后天训练对审美能力的培养起重要作用。培养健康的审美力，以下几点非常重要，包括审美对象的选择、健康审美态度的确立、培养审美感受力、文化素养的提高、生活经验的丰富、政治道德修养的加强等。我国未来乡村美育的发展，要从培养审美能力开始抓起。美育的每个阶段是紧密相连的，基础阶段是培养感受美的能力，发展阶段是培养鉴赏美的能力，提升阶段需要培养创造美的能力，最后阶段则在前面阶段的基础上重建审美意识。正确的审美观得以建立，健康的审美情趣得以产生。故此，美育的最终目的在于，推动个人审美能力的提高，从而推动人的全面发展。

4.2.3　健全人格的塑造

以美育人，时代所需。美育对体育、德育、智育等都有很重要的影响，可以起到重要的助推作用。曾繁仁先生提出："缺乏美育的教育是不完备的教育""一个缺乏美育的人是一个素质不完备、人格不健全的人"。在社会的多元化发展背景下，

---

❶ 曾繁仁. 走向二十一世纪的审美教育［M］. 西安: 陕西师范大学出版社, 2000: 92.

人的需要与能力也需要得到全面发展，个体的活动维度从多方面开展，个体可以选择从事更加多样的自由活动，推动人的全面发展。审美作为人的基本活动之一，对于人生存发展的全面性，其价值是不可预估的。审美活动包括认识、实践的因素等，单单看审美发展、审美自由也只是人全面发展的一个方面，美育可以使得健全的人格得以塑造，也是培养全面发展的个性不可或缺的途径之一。但不是唯一途径，健全人格的塑造还需德、智、体、美、劳共同发展。

结语

人类对于美的追求从古至今从来没有间断过。艺术乡建也只是乡建手段的一种，至于营造美育氛围浓厚的乡村环境则需要广大村民的共同参与，只要村民们参与其中，那么，这项事业就成了永远也不会终结的艺术。以陶冶大众情感为核心目标，以关注大众内心世界的变化为价值指向，艺术就是在这样的价值层面上为新时期的农民搭建一个可以展现自我、创作自我、发现自我的平台，在富有艺术气息的环境中生活劳作，在提高物质生活水平的同时得到精神上的审美愉悦。

乡村美育的建设需要把握村落的历史文化的基调，在脉络走向上进行有的放矢的构建。对叠石花谷乡村美育的研究，旨在展现叠石花谷是如何以美育工作来推动乡村振兴及文化建设的价值和路径。叠石花谷乡村美育持续发展的关键在于它不是直接照搬的粗暴重建，而是精神风貌的重塑，乡村历史文化的延续。通过文献查阅、实地调研等，当前叠石花谷的乡村美育发展当中还存在一些乡村乡民对乡村美育的看法落后、对美育的认知较为单一、交通和师资力量不够、家庭教育观念没有跟上时代等方面的问题。乡村美育的建设需要激发乡创的内生动力，积极调动当地人民群众自发地参与建设，需要学术指导团队、社会及高校的专家、广大青年志愿者等作为参与的主体，再以各种资源，比如，企业、政府机构、社会团体等积极配合才能真正有效地将乡建落地，发展乡村美育。叠石花谷的"以美育人，以文化人"的乡村美育路径关键在于如下几方面：一是在于政府，比如，定向培养高素质人才，给予师资支援；二是在于社会，比如，利用当地资源，挖掘当地资源，给予援手合理利用有效资源；三是在于学校，比如，开展当地特色的本土文化兴趣课程，给予学生及家长相应的美育引导，加强认知，丰富理解等；四是在于项目合伙人，合理地产生互动，加深村民对乡村的感情和对美的情感陶冶；五是在于乡村、村民，乡村村民的配合和理解，比如，把民风民俗、特色建筑、工业技巧等形成对美的认知的某一方面。

每个乡村美育工作的展开，都应有一套适合自身情况的美育发展机制，首先，想要实现乡村可持续的人文振兴，就必须先利用自身的特点摸索出一条适合自身发展的模式；其次是学会收集成功经验，与政府、企业、社团组织、学术机构等跨界、跨领域进行碰撞交流；再者是推动乡村经济的发展，弘扬乡村文化，培育好的民俗习惯，以经济促进乡村归属感和文化传承；而后是注重乡村环境氛围的打造，激发乡村集体意识，与村民合作，让商业与公益相结合；最后，因地制宜把握每个乡村的审美力和创美力，让其积累审美经验，发展文化创意产业，形成乡村振兴强有效的驱动力。乡村美育的真正目的是让广大群众可以通过一系列的审美活动提高自己的内在素养，成为真正的"生活艺术家"。

参考文献

[1] 苏珊·朗格. 情感与形式[M]. 刘大基, 傅志强, 周发祥, 译. 北京: 中国社会科学出版社, 1986.

[2] 费孝通. 乡土中国[M]. 北京: 北京出版社, 2005.

[3] 宗白华. 美学散步[M]. 上海: 上海人民出版社, 2007.

[4] 蔡元培. 蔡元培美学文选[M]. 北京: 北京大学出版社, 1983.

[5] 拉尔夫·史密斯. 艺术感觉与美育[M]. 滕守尧, 译. 成都: 四川人民出版社, 2000.

[6] 刘成纪. 蔡元培"以美育代宗教说"的历史语境和现代价值[J]. 美术, 2018 (1): 10-14.

[7] 阿诺德·柏林特. 环境美学[M]. 张敏, 周雨, 译. 长沙: 长沙湖南科学技术出版社, 2006.

[8] 酉阳县志编纂委员会. 酉阳县志[M]. 重庆: 重庆出版社, 2002.

[9] 蔡元培. 以美育代宗教说[N]. 中国美术报, 2020-3-16.

[10] 刘相燕. 新农村建设中的公共美术教育案例分析和探究[D]. 杭州: 中国美术学院, 2016.

[11] 战红岩. 中国现代美育实践的发生[D]. 长春: 东北师范大学, 2021.

[12] 隋李娜. 设计引领的美育之径: 卢作孚北碚试验研究 (1927—1949) [D]. 重庆: 四川美术学院, 2020.

[13] 程远. 马克思主义美育观与当代中国美育建设[D]. 北京: 北京交通大学, 2018.

[14] 孙宁. 以美育代宗教[D]. 保定：河北大学，2017.

[15] 莫小红. 席勒与20世纪上半叶中国美育思潮[D]. 长沙：湖南师范大学，2014.

[16] 杜卫. 论中国美育研究的当代问题[J]. 文艺研究，2004（6）：4–11，158.

[17] 黄守斌. 生态美育：旨趣与责任——兼论美丽乡村的建设[J]. 美育学刊，2017，8（2）：53–56.

[18] 王德胜. "以文化人"：现代美育的精神涵养功能——一种基于功能论立场的思考[J]. 美育学刊，2017，8（3）：19–25.

[19] 陈燕. "基于农耕记忆"的乡村美育新范式[J]. 广东教育：综合版，2021（5）：60–61.

[20] 胡钟华. 以乡村美育助力乡村振兴的思考与实践——以中国美术学院为例[J]. 艺术教育，2021（9）：35–38.

[21] 刘彦顺. 走向现代性与中国美育的深层建构——论曾繁仁先生的美育思想[J]. 求是学刊，2003（3）：95–99.

[22] 张庆，达娃玉珍. 西藏乡村精神贫困现状与帮扶——基于99个乡村的调查数据的实证分析[J]. 西藏发展论坛，2021（6）：54–58.

[23] 高琳. 韩国乡村美育带来的启示[J]. 人民论坛，2021（8）：88–90.

[24] 王文君. 新时代乡村美育教师队伍建设的实践策略[J]. 中国教育学刊，2019（12）：86–88.

[25] 张彪，张艺加. 乡村美术馆社会美育功能的践行路径[J]. 美术，2021（12）：146–147.

[26] 胡钟华. 陶行知美育思想及其当代价值[J]. 生活教育，2021（10）：18–24，28.

[27] 韩长赋. 大力实施乡村振兴战略[N]. 人民日报，2017–12–11.

"白"的审美体验

05

——日本极简主义设计的审美文化探究

骆安琪

近年来，越来越多的日本学者将"白"的审美价值作为极简设计的核心思想。对"白"的重新审视使得人们对极简设计的内涵有了更加深刻的理解，将"白"作为一种极简设计的核心理念是出自原研哉先生的著作《白》。首先，这里的"白"不是指代物理的颜色，它是一种设计中的审美意识，书中先是从颜色学的角度分析了"白"，最终落脚在抽象概念意义上的"白"，要理解原研哉先生所表达的理念可以结合"空寂""虚无"的哲学思想。每当我们看到日本设计，总是能发现它们存在着最明显的一些共通点，那便是大面积的留白，有时候是版面的留白，有时候则是整体设计节奏上的空间感。一种充斥着繁复装饰和多种技巧的设计是否真的会让人满意？倒也未必。现代设计更多地追求简约和实用，留白的手法和设计概念越来越普及，然而具体该怎么形容"白"呢？

1 日本极简主义的历史溯源

在第二次工业革命的背景下，设计成为机械生产下的推动产物，这个时期更加注重科技、工业、商业的发展，设计服务于物质生产的崛起，由于这样的历史时期催生出的艺术设计思潮相对走向了极端化。而"极简主义"正是诞生于20世纪60年代中期第二次世界大战后的美国，起初极简主义受到绘画艺术中抽象主义流派的影响，它延续了抽象、自由、无目的的艺术风格。它的英文"minimal art"意思为"极小的、极少的，尤其指代最少的艺术"，虽然它首先在绘画雕塑领域中崭露头角，不过后期就逐渐拓展到了设计行业。极简主义背后的宗旨是设计产品应是省略一切无用的装饰形式，以绝对的理性与实用性的思维方式进行设计，以满足现实需求。米斯·范德罗作为20世纪著名的设计代表人物，他提出的"少即多（less is more）"的设计思想对极简主义设计的理论化起到无可厚非的巨大作用。他对设计的功能化、理性化、简洁化理论进行了高度提炼，极力反对繁杂的装饰主义，这种高度理性主义的功能化设计成为20世纪现代设计的重要派别之一。直到现在，它仍然散发着无穷的魅力。

除了在艺术方面的影响外，极简主义逐渐影响和改变设计师消费者对于产品的内在需求。在20世纪80年代，极简主义设计逐步成为深受大众追捧的设计风格。在大规模机械化生产、物欲过剩的时代，极简主义的艺术理念被简化为简单、追求真实，这种本真的设计理念让人们对设计的作用有了新的认知，也确实成为实用、简洁、方便的产品代名词。

本文从设计领域中的极简主义出发，以日本极简设计为研究对象，探究日式极简设计的特点，并具体探究其形成原因，其中包括对历史进程、民族心理、美学意识的综合论述与总结，并且列举出古今不同设计领域的设计师代表作品，探讨日本极简设计的审美文化。

1.1 日本与西方极简设计的比较

1.1.1 差异

同样被誉为"简约的美"的设计，日本设计的简约和西方设计的简约在视觉上时而有令人混淆的情况，但通过了解背后各自的起源与理念，是不难区分二者的。虽然同被冠以"极简"的标签，宜家家居和无印良品的店面却会给顾客全然不同的感官体验，比起将特定信息通过视觉形式传递给观众这种直接明了的手段，以侘寂为特点的日式极简设计更看重通过联想性的画面去引导观众用"心"领悟其内涵。

虽然极简主义起源于西方，但西方设计是理性的、绝对的，日本设计则是细腻的、情感的表达。西方艺术中强调逻辑、结构和自由。日本的极简主义更倾向于感性和自然，表现出简约、质感和禅意；西方的理性主义在公共领域得到了广泛的运用，并以一种明确的方式呈现出来，这意味着它具有逻辑性、理性和绝对的世界观，寻求普遍方便的适合大众的设计产品，提倡机械化大生产，相信科技进步和人类能够改变自然。日本的极简主义美学主要体现在私密的领域，这种私密领域表现为隐蔽性和收敛性，这意味着一种相对的世界观，寻找个人独特的解决方案。科学技术没有绝对的进步。我们尊重自然，相信自然是不可控制的。此外，西方理性主义将技术浪漫化，使人类适应机器。作品以独特的、精确的、有角度的几何形式呈现。在加工工艺上，常采用人工材料和光滑的流线型。外观力求减少感官信息，不允许模糊和矛盾。它通常以明亮和清晰为特点。设计产品以功能和效用为主要价值，倡导完美持久的材料理念。日本的极简主义美学将自然浪漫化，使人适应自然。作品以模糊的有机形式呈现。在处理方面，经常使用天然材料和粗糙的纹理。外貌尽可能地适应衰退和阴翳，以质朴和印迹增加感官信息，接受模糊和矛盾的存在，往往以模糊和晦涩为特征。产品的主要价值是及时性，它提倡不完美的、暂时的时效性质。

1.1.2 共通

二者也存在着共同点,它们都批判繁复的装饰美,西方极简主义诞生的条件便是反对西方古典主义的形式美。"包豪斯风格"就是西方最具代表性的设计理念,即注重功能,反多余装饰,提倡设计应该遵循艺术与技术的结合。他们都尽量避免使用复杂的设备,这些设备抽象、不可重复、易于识别。二者的设计准则中都强调简约、流畅、便捷。一般来说,二者都注重产品的功效,避免无用的形式。

1.2 日本极简设计成因探究

1.2.1 特殊的地理位置

日本是一个狭窄的群岛国家,相当于中国云南省的土地总面积。而且日本四面临海,尤其在古代,这意味着交通方式十分有限,因为正处在运动板块的边缘,这个国土面积狭小的国家还多灾多难,频繁的地震和火山爆发等自然灾害铸就了日本人内在的危机意识、朴素的生活态度和对外来文化的强烈吸收。也正因为如此,日本设计在各个艺术领域都展现出朴素自然的人文氛围。这种风格甚至渗透到日本常见的生活用品和人们的行为中。日本的地理位置非常特殊,它位于欧亚大陆的最远端,四面环海,与任何国家的陆地都没有连接。日本记者孟高野曾在《读懂世界地图的方法》一书中对日本的地理提出了一个有趣的看法:"如果把世界地图旋转九十度,将欧亚大陆看成一个'老虎机',位于它底部位置的正是日本,它就像一个接珠子的盘子。从这个角度看,设计师原研哉从设计方面表达自己的观点,在他看来,文化的传播也可以从一个旋转的角度进行转换。日本处于最底层,周围除了太平洋以外什么也没有。世界文化的精髓是从那台机器上掉下来的各种各样的小珠子,最后都聚集在日本的容器里 ❶。这些外部的多元文明被日本整合、更新,然后被吸收成促进日本发展的有利因素,抛除不利因素,最后将一切加工重建,化作一抹具备日本特色的"白"。

"海"是确认日本审美意识的决定性因素,日本四周都是汪洋大海,所以与其

---

❶ 赵怡梅. 日本极简主义设计与中国"空白"设计的比较研究 [D]. 太原: 山西师范大学,
2017: 4.

他国家交流往来全靠船，看似先天不便的地理位置却也蕴含了一些优势。以中国赴日本的遣唐使节为例，发出船是非常困难的，无论是从日本派送物品还是从中国接收物品，都是国家的一大事件。鉴于此，从中国运往日本的物品都是经过严格挑选的。可以说国家之间出于对运费的考量，只会将最好的物品传出，也就是说日本的位置是不便的，但也是幸运的，终究接受了最好的商品，而这些商品对中国的文化输出是十分重要的，日本的地理位置导致了运输交流的不便，但这却也从侧面维护了日本的独立意识，在和外界的往来中吸收他国最好的文化，而不忘结合本土文化，日本人敬佩和学习中国艺术，汲取中国文化，将中国佛教和日本的神道教相互融合，再进行重新的阐释从而迸发出日本的独立审美文化。

日本虽然对外来文化有很强的吸收力，但外来文化与本土文化的融合，不是不加修饰地全方位接受，否则就会变成简单的复制形式，难能可贵的是日本在战争混乱之后回归到最初的状态，它包罗万象，又同时坚守本民族文化底蕴，充满无尽的思考。不得不说，这种优秀的吸收外来文明的方式是和日本的地理环境有一定关系的。虽然日本的地理位置有先天的劣势，处于边缘地带，甚至可以说日本站在最偏僻的位置，但它却注视着所有文明的繁荣，所以，它一直秉持着谦虚和谨慎的思维方式。日本人的这种边缘意识，在他们的艺术作品中总是流露出空寂、简单、朴素的特色，这些作品又使人有浮想的空间。

1.2.2　禅宗美学的融合

日本极简主义的发展还有另一个原因，同时，也是可以作为思想基础的便是禅宗，它来自佛教的传入，尤其是13世纪中国的宋代。在中国，"禅宗"和佛教总是有着千丝万缕的联系。

禅宗的概念起源于印度，那里有坐和冥想的传统习俗。因此，原始禅宗一直被瑜伽修行者所使用，它是人类和宇宙的智慧。禅宗这个词最早出现在《瑜伽经》中，意思是冥想、反思、保持和浓缩心灵。它还意味着把人们的注意力集中在思考的唯一目的上，是专注于自身的结果，而不是脱离现实的方式。人们在做瑜伽时讲究的就是静心和静念，冥想的方式能让人身心得到原始的放松与单纯的意念，使人与自然相融从而有利于激发内心的潜能。所以，这个时期的禅，只是一种传统的习俗，很少带有宗教色彩，但常给人以神秘的感觉。然而，禅宗与中国佛教结合是应该从佛教的源头来研究的，我们对于"佛"的认知是与释迦牟尼分不开的，他是印度一个非常有声望的家族的王子，在历经人间苦难后最终通过冥想获得了心灵的归宿并进入了涅槃，他也是通过瑜伽的方式使得精神高度集中，真正达到了"见真知"的境界。最终成佛，自此，"禅"中的冥想所得的启示才与佛教结合在一起。

禅宗思想在日本被广泛接受，也因为它与日本的神道教有许多共同之处，如对生命的崇敬、对自然的尊重等。在禅宗思想与日本本土文化不断融合的过程中，日本禅宗终于产生了。

日本禅宗也强调"无意识为宗教，无形体为身，活生生为基础"，强调精神存在可以通过实践中任何事物的外表来寻求。铃木大拙说："没有佛教，具体来说，没有禅宗，就没有丰富的日本文化。禅宗对日本的文化、艺术、宗教和社会产生了深远的影响"。它受欢迎的程度不仅限于寺院的僧侣，它的精神内涵已经渗透到普通人的日常生活中❶。日本的"茶道"和"花道"闻名于世，日本人在品茶和种花时也注重禅心的修炼，所以，形成修道的体验。烹调美食的时候，他们注重餐具的朴素和盘碟的魅力，形成了日本饮食文化。从艺术和设计的角度看，日本的极简主义风格正是植根于这种禅宗文化之中，带给人们一种空灵、高雅和纯艺术的感觉，揭示了自然美学和禅宗哲学。

另外，意境也是禅宗美学的一个重要特点，禅的美学意境大概是指一种给观看者以平静的感受。这种"禅"准确来说是一种氛围，一种情绪上的共鸣。在日本俳句中有这样一首："青青铜钟上，蝴蝶悠然眠"。其短短二句展现在人们眼前的是一幅与世无争的山中寺院的景致，静若青色铜钟，入眠的蝴蝶。和俳句一般，禅宗的意境也无需冗长的篇幅，精丽的修饰和理性的思维方式，对刻板观念性的拒绝使得其艺术生命力新鲜盎然。日本对于美学的阐释总在不言之中默默进行，在平淡自然中彰显深意。

1.2.3 民族性格的二元性

日本独特的民族性格是隐喻在日本极简主义设计中的第三个因素。日本的民族性格最显著的特点就是民族性格的二元性。这两者本身是很冲突的，两个极端的性

---

❶ 铃木大拙. 禅风禅骨［M］. 耿仁秋，译. 北京：中国青年出版社，1989：11.

格共存于同一个民族当中，世界各地的学者都对此进行了探索和描述日本民族性格影响着日本文化，也深深植根于日本的艺术与设计之中，所以，日本的设计善于吸收和借鉴外国先进文化，但又同时怀有对自身本土文化的尊重与热爱。

在日本的极简主义设计中，我们可以感受到"物哀""隐逸""孤独"的空寂美学。

1.3　日本极简设计思想的体现

日式设计显然已经成为当代设计中的一个重要名词，尤其是日本当代设计中体现的极简风格让人印象深刻，人们在提到日本极简设计时，首先联想到的是当代设计大师原研哉、深泽直人、福田繁雄等，然而纵观日本设计的历史，极简思想是贯穿于日本古今设计发展中的，它不仅在当代，在日本传统设计中也早已有所显现，这点是值得探究与总结的。

1.3.1　日本极简思想在传统文化中的表现

1.3.1.1　枯山水之美

有关"枯山水"的记录最早可见于日本的平安时代末期。中国的园林设计总讲究山水相宜，亭台雅阁。而"枯山水"则正好相反，顾名思义，干旱的景观中没有泉水。虽然称为"山水"，却不见一滴水，只是利用山石、白沙、苔藓植物、常绿乔木等静态不变的元素，通过巧妙的设计和布置，营造出一个宁静神秘的禅宗环境，可以说是一种凝固状态下的自然。禅院往往是几笔一画，但在沙石组合中创造出山、河、天、云等自然景致（图1）。《华严经》说："一花一世界，一叶一菩提"。从最微妙的角度看，干燥的景观庭院运用最简洁的元素，营造出一个深邃而耐人寻味的精神世界。如果说其他园林设计的主要功能是为了观赏、游玩、休闲，所以更加注重庭院的布局和景观搭配，那么，"枯山水"就是为了心灵的锤炼而建造的，日式庭院也是"禅心"花园，是人们冥想和修行的地方。坐在院子里，在枯山枯水中，实现了并非简单的视觉体验能感受到的世界，在凋敝的环境中体现无穷的禅味。

空灵澄澈的境界是枯山水庭院特有的魅力，作为日本传统文化中的重要组成部分，形式上去除多余装饰，以最简化的景观作为庭院设计的要素，枯山水成为日本

图 1　枯山水庭院

美学中极具代表性的例子。它完全贴合极简主义设计的内涵。庭院整体看上去呈现
自然的空旷，只有几处石头和细碎的沙子，然而布局是十分考究的。每一块石头都
需要布置在适当的位置。它们的高度，相互间的距离，大小和疏散组合包含了设计
师对禅的理解。枯山水中的"水"并不是真实的水，但它是用细细的耙子在沙石上
耙成的，这种漩涡状像水的波纹曲线，在静谧肃穆的心境中增添了几分柔韧，在空
旷的意境中激发了人们的哲学思辨和无尽的想象力，抽象的审美意识展现在砂石之
间，所以，"枯山水"的庭院设计表现的精神底蕴超过了形式上的观赏性。

1.3.1.2　茶道之美

　　茶是由唐宋时代进入中国的僧侣带回日本的。所以，茶道一开始是用于给打坐
的僧侣提神的，喝茶能起到在诵读诗经时更专心地背诵和冥想的效果。茶道的初次
引入首先流行于日本的士官文人阶层中，品茶的行为上升为"道"的高度后逐渐在
平民阶级流行起来，并且由此形成了专业的茶艺师傅，其中最著名的有茶艺集大成
者千利休，他使茶道与禅风的精神相互交融，形成了一种独特茶艺。千利休对茶仪
式的影响在于创造了一种新的茶道精神，那就是有名的"侘茶"，"侘"在日语中通
常指代"侘寂"，是一种倡导静谧空寂的美学思想，结合茶道往往表现为避免华丽
器具的使用，追求一种简朴的设计意蕴，他用粗拙的器具体验茶道本身的修身概

念，千利休成为茶叶行业的一代大师不无道理。他使茶道之禅得以传承发扬。

日本茶道的特点在于时空观念，探寻以最小面积营造参悟空间，千利休认为茶室必须是朴素甚至简陋的，这样在其内品茶之人才能心无旁骛地悟道。他把原来设计的六张榻榻米的茶室改良为四张半，后又改为两张，茶室的门又矮又小，人必须弯腰匍匐而进。此茶室称为"今日庵"（图2）。千利休认为在这个茶室之内，所有人都应该摒弃世俗身份，比如，武士必须卸掉配刀，为官者必须卸下官帽，茶室内光线昏暗，小得只够人枯坐的空间使人能够做到真正的毫无杂念，静心打坐，茶道的精神就此开始发酵。

图2　今日庵茶室分布图

有关于茶道的整体建筑也是独具风格的，院子、建筑物、茶具等相关元素都是阐释茶艺的组成部分。茶艺建筑分为两部分：茶室和茶馆。主要的茶房是饮茶和收获启示的地方，外围是茶馆，是用于将茶房与茶馆隔离开来的一个独立世界。茶道建筑受到花园建筑、僧侣习俗、水墨画等许多方面的影响。因此，建筑散发出幽玄的氛围，由里到外都散发着优雅宁静的气质。最受欢迎的是它非常小，没有过多的装饰。房间里唯一的艺术作品可能是绘画，一瓶茶花，一个素碗，几个古朴的榻榻米。除了茶道仪式本身，相关的庭院、建筑、器物等要素均是阐释这门艺术的道具。茶道建筑分为茶室和茶庭两部分，主体茶室是喝茶、参悟的地方，外围便是茶庭，用来将茶室与尘世隔绝开来。茶道建筑受我国园林建筑、禅僧习俗、水墨画等多方面影响，因此，建筑由内至外散发洗练、素雅、清幽的气息。茶室的诸多派别中，最流行的是数寄屋风格田舍建筑（图3）。

图3　数寄屋风格田舍建筑

茶室的周围环绕着清新的绿色植物，不过对景观植物的植入也是有讲究的，这些绿植多以叶植为主，几乎不会有花香植物，茶道讲究自然之气的注入，无味的氛围是理想的悟道环境，花香会蛊惑人心，让人无法专心修道。而且这些绿植多以凸显高雅气节为主，例如，松柏、翠竹、柳树、松针等，这些植物彰显一派朴素幽静的景致。

茶道不仅是单纯地品茶悟道，还有一个社会作用便是交际娱乐，在这点上有点类似于中国的"酒桌文化"，在许多情景下，喝酒是能快速化解生疏的有效手段，中国人认为酒是感情的催化剂，其中也是讲究礼仪的，比如，怎样倒酒？怎样敬酒？座次安排，等等，中国酒桌文化喝酒讲热闹、喧笑，而日本茶道品茶讲禅意、道义，是通过品茗的方式来获取内心的平静。为了达到"和敬清寂"的境界，茶道师会认真地准备茶事，不放过任何一个可以凸显清寂朴素的细节，让人们更加注重对本心的修炼，细致的程度甚至表现在茶具的质感和肌理上，"拙之美"便是茶道器物设计中有名的见解。

茶室的布置与庭院的修整，皆为达到"和"的境界，每件物品，不再作为独立存在，而与茶室共呼吸，融为一体。为了达到"和谐、尊重、静默"的内在含义，茶老师以看似乏味的表象创造了简单优雅的禅茶，了解这种思想，从而产生尊敬自然和谦逊有礼的澄澈内心。"清"的意思是充分真诚地清理院子的过程。当客人搬到干净的院子和石头路，受到茶主人的欢迎，主人和客人在"和谐幽静"的世界交换心灵。茶道的精神使人进入"侘寂"的领域。如今，茶道不仅具备禅宗意味，更显现的发展是成为一种生活方式。人们通过茶道了解到生死之美、刹那之美、敬畏之美等禅境的美学，品尝到的不只是茶味，还有人类本心的升华和人生的无我之道。

日本人茶道中还有一个能很好地诠释"刹那美"概念的词语，那便是"一期一会"。它指的是茶道表演的师傅要抱着与客人难得的一次见面，甚至当作是这一生仅有的一次见面，诚心地礼遇每一位前来品茶的客人，要倍感敬业与珍惜。这从侧面体现出日本人认为刹那的美是尤其值得歌颂的，樱花的花期很短，表现出短暂易逝的特点，才让人更加神往。服从材质的肌理，挖掘物体的灵性。"茶道的和谐、清雅、静默"总结了纯粹的茶道精神和思想，"和谐"是指外在形式的和谐，环境和物体之间的和谐能使在内品茶的人达到内心的和谐，通过不同的感官混合来体验茶室的氛围，感受茶室的平静祥和状态。日本手工艺正在发挥其精湛的技艺，试图呈现优雅和纯洁的形象。"静默"是对自然的忠诚，不刻意塑造情境，强调原始的独立性，并与周围的人、物、环境联系在一起，具有洗涤心灵的作用。

茶道以其精神和韵味而闻名。"和敬清寂"的思想在茶道中发挥着极其重要的作用，平和与寂静体现着减退、无功利的态度，正是这样的精神涵义给予极简设计众多灵感，虽然乍看之下略显消极，实则是积极的人生态度，就如生命的轮回是从死亡开始的，而一切事物的美源自"无"。

1.3.1.3 琳派之美

琳派是17世纪兴起于日本的一个绘画派别。它的特点是以金银箔为背景，大胆构图，图案反复以及"平滑"的技巧。有许多花草树木，也有人物画、飞禽走兽、山水画或一些以描写事物为中心的宗教绘画。与描绘平民百姓世俗生活的浮世绘的风格特征不同，琳派追求的则是高雅华丽的艺术特征。琳派绘画多以花鸟画为题材，也有物语绘形式的人物画、山水画、佛画等。对于结构方面并不过于重视，而是注重色彩和图案的表现。琳派绘画经典代表作《燕子花屏》（图4）以单燕单花为主题，运用金、绿、蓝三种朴素的色彩和简单的构图平面布局，展现了一幅瑰丽、典雅、祥和的画作，这幅作品是日本琳派大师尾形光琳所作，琳派绘画去繁就简的艺术风格影响了众多艺术大师。有记者曾问平面大师田中一光认为日本的美是什么？他回答说："是琳派"。他的设计作品就深深受到传统琳派的影响，作品中多见重复的手法，色彩和构图的运用与琳派联系密切。他是琳派的追随者之一，琳派的作品从根本上是契合日本的民族精神的。

图4　燕子花屏

日本古典艺术中的琳派画风格和特点影响了日本的花道艺术，小原流第三代小原丰云从书画中得到启发，认为琳派画题材大多取自大自然的花草，与插花艺术以花草为主要创作媒材的目的十分吻合，又有感于琳派画丰富和华丽、优美而富有情趣，其强烈的装饰效果将使插花有另一种表现方式，发明了研究已久的琳派调插花。

琳派调就是借鉴琳派画里装饰性和设计性的格调，大胆反复地使用同种花材，或是符合表现目的的花材来达到极强的装饰性效果。即以植物为中心，又不拘泥于花型，通过省略或夸张的表现手法来强调花材的个性。使用的花材必须是开到荼蘼的花，每一朵花都正脸向着观众展开灿烂的笑容。琳派调是自由的，每一种花材都没有了角度和长短的约束，但必须大胆地表现出它们的张力。这与其他花型中枝条相互之间的相望关系，又或者是枯寂感的表达不同，花在盆中呈现的是四季之特色浓缩的热烈，甚至张狂也未必不可。

日本琳派对图案和色彩的装饰研究不同于西方艺术。与西方艺术追求的华丽复杂的装饰效果相比，琳派绘画的装饰性强调表现对象要素的提炼和概括，将其形象化为具有东方象征意义的可见形式，从而形成具有日本独特情感的艺术精神。琳派作为一种装饰艺术，对日本所谓的"和式"风格有着深远的影响，琳派的绘画艺术精神也同样彰显于日本极简主义设计风格的内涵中。

1.3.2　日本极简思想在当代设计中的体现

日本"泡沫经济"彻底破灭，引发了一连串社会问题。日本的设计师开始思考设计的责任，并对一些社会问题做出回应，希望以此影响民众的观念，从而为经济的复苏进行着积极的探索。设计师在这个时候更关注"设计的本体"。而"白"的审美理念在当代日本不同领域中都有所体现，原研哉、柳宗悦、安藤忠雄三位代表设计师的作品中都体现这一审美意识。

1.3.2.1　"无中生有"——原研哉

在日本极简主义经典著作《设计中的设计》中，有关介绍品牌无印良品的一章被翻译成了"从无到有"。这一概括不仅是对无印良品的产品设计特色的诠释，更是对其蕴含的设计精神的高度提炼。原研哉引领下的无印良品始终坚持"简约、高品质、功能性"的品牌特征，渗透出独特的品牌特性以外更代表了一种生活方式，为消费者呈现出一种朴素的生活观和美学观。"无印良品"是这个物欲横流时代的一股清流。无印良品极简主义的设计风格真正营造了一种"空""无"的精神体验。在"空""寂"中体验无限的内心世界，这样回归本真的生活美学也受到大众的普遍认可。

"无中生有"一词来源于《老子》："世上万物生于有，有生于无。"老子"无为而治"的哲学思想来源于对宇宙万物的认知，从而达到超脱的境界。原研哉的研究将"无为有"从一种理论转变为一种现实的物质生产，很好地诠释了"无为"的艺术。这种诠释正是日本极简主义设计的内核所在。

思考是极简主义设计产生新的理念并不断进步的原动力。海德格尔曾经说过："思考的任务是放弃以前的思考，决定真正应该思考什么。""思考"是一个自我质疑的过程。日本的极简主义设计不是一个简单的设计。所有作品所体现的"朴素"，是在对功能性满足的基础上，又凝练着传统文化的底蕴和民族的审美意识。

原研哉的研究指明设计是解决需求与问题的，并且具备传递信息的作用。真正优秀的设计是可以建立设计者与用户之间的感观桥梁，使人们得到一些生活的启示，激发无尽的想象力与生活观。富有装饰性与技巧叠加的设计已经不再为消费者青睐，并且这样的设计不会进入人们内心达到主体间性。他认为感官的体验是非常重要的，"五感"是人们感受作品的方式，即视觉、听觉、触觉、味觉和嗅觉，全面体验和感受。人在感知设计所传达的信息时主要来自五感。设计要对人体的外在感观进行刺激和引导，从而唤起脑部最深层的记忆通感，激发设计信息的精神传播活动。

原研哉的设计从不局限于视野。它的作品风格秉持着日式极简主义，是为设计界所共同认可的。他的平面作品曾多次获得平面大奖，对"白"的感知是他的作品中必不可少的元素，他提出"五官"带来了细致的触感。在他的极简主义设计中，他善于塑造"白"的交互体验。在他看来，"白"在设计中除了表现为具体的设计手段的留白，同时，又是精神上的化繁为简，它是一种认识事物的方式；"白"是万物的本质，"白"的理念使得设计回归到最原始的状态；"白"可理解为"空"。"空"蕴含着巨大的能量，可以激发观者的想象力。"白色"在最初的设计研究中是以形式和材料为载体，借助"白色"本身可以界定的多重特征，设计师创造了一种非常丰富的艺术表现形式，传达出各种美感。原研哉为长野冬奥会开幕式和闭幕式设计的长野冬奥会手册中，大面积的留白使得画面总体效果干净明了，位于正中间的圣火代表着奥运熊熊燃烧的运动精神。另一个例子是梅田妇产医院的识别系统（图5）。首先，来到这家医院的人并不是普通的病人，而多是即将生产的孕妇，她们的需求便是寻求一个安静、整洁、舒适的空间来迎接新生命。所以，原研哉的设计初衷便是要设计出一个柔软的舒适环境，而不是冷漠和理性的医院。所以，这里的引导标志的创新点在于用棉布打造，布料是柔软的代表，白色的布料更是给人以平静、温和的视觉感受，这里的"白"承担了更多的职责，这样设计的原因还有一点是考虑白色棉布虽让人感知到松软的美感，但很容易产生污垢，越容易弄脏的事物就越需要医护人员进行清洗和保持整洁，遵循这样的逆向思维，医院让分娩的准妈妈们得到了更加安心的体验。

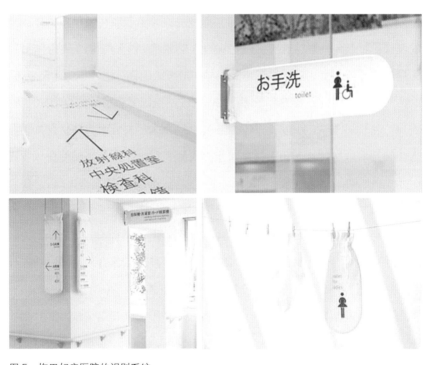

图5　梅田妇产医院的识别系统

提到原研哉总是能想到品牌无印良品，作为艺术创作总监，他为无印良品设计出众多经典作品，其中最有名的当属2003年"地平线"一系列的宣传海报。这是一组很好地体现设计中的"白"的平面作品。

海报全部是实景拍摄，其中完美的地平线之乌尤尼盐湖（图6）是最为经典的，摄影师在海拔标高四千尺的地方拍到了湖面与地面几乎完全融合的画面，这里广阔无垠，只有一个小小的人影处于画面右侧，除此之外，没有任何其他的事物，大面积的留白使得"虚无"这一概念跃然而上，然而这样的节奏使观看的人将一切归零，沉醉于广阔的精神世界，在物欲横流的时代仿佛给人提供了一片净土。无印良品的特点与"虚无"的理念是一致的。在无印良品海报设计中往往连一个标语都没有，只有"无印良品"四个字通过时间沉淀，积累了令人印象深刻的广告效果。

设计的进步是永无止境的，就像地平线一般看不到尽头，需要不断创新，海报中看似一片"空白"，实则包罗万象，天地万物、人、自然全部包含其中。在这片净土中，我们感受到的不再是设计，而是更为宽阔的精神世界，以及对人与自然关系的哲思。

图6　完美的地平线之乌尤尼盐湖

原研哉的研究使用的表现形式可以被多种因素解释，他的设计观念就像一个巨大的容器，里面可以装载观者对设计的各种想象与自我理解。这种想象力本身就是很有价值的，也是设计应该为社会文化进步所呈现出的，禅意是原研哉作品中最为明显的体现，来自传统美学中的"虚无、空寂"是支撑他的作品大获成功的设计思维，"白"的审美意识植根于日本的传统文化之中。

1.3.2.2 "民艺之道"——柳宗悦

柳宗悦作为日本著名的民间艺术学者和美学家，在20世纪初发起了一场影响深远的日本民间艺术运动，并建立了日本第一个民间艺术博物馆，他被称为"民艺之父"，他就工艺设计的美学探讨所产生的理论对日本设计界产生了巨大影响。而在他的工艺美学思想中，同样也有探索类似"白"之美的相关理论。

首先，柳宗悦把"涩之美"作为工艺美的目标。涩美是日本最具有深度和先进的美。"涩"是日语中的一个感性词汇，不同语境下具备着不同的内涵。它所传达的语境不是概念性的，而是具体的，具有特定的特点，是一个可以在公众中普及的日常用语。例如，颜色暗淡、声音沙哑、图案简单的描写都呈现出收敛的状态。或许是在现代社会中充斥了太多强调奇异、奢侈、夸张、另类的设计作品，在这样的环境下，他更加体会到以"涩"为美是多么重要。

柳宗悦将以"涩"为美结合于工艺设计的理论中，并且对其进行了相关阐释："在这里，将'繁华'字与'涩'字相比较，使其含义更容易辨析。"如果将"涩"与"静""素"相联系，大家便都能理解这种通俗解释，是为了表明收敛之美不是华丽，而是静谧。只有这样的"涩美"才是生活场景中提炼的美。

"静"和"空"是"涩美学"的两个要素，其中蕴藏着东方美学的宁静致远的时空之地。他们什么也没显示，所有的物体都是静谧，但它存在于那里，给人以无限的能量。在柳宗悦看来，蕴含着"涩"的器物看似简单，甚至会有人觉得有"粗糙"感，实际内容是丰富和深沉的，人们创造的智慧被器物朴素的外表所隐藏。"静"和"素"的内涵是东方的美学思想，从中可以看到美的归宿，"收敛"是用普通的语言来表达这个目的的简略含义。无论这些器物的外表形态如何都能给人一种严肃的设计感，常常会让人感知到一种悠闲安静的隐蔽状态。也就是说，这门手艺的"涩美学"可能不容易让青年理解和感悟，有着深刻的生活经历和丰富的社会经验的成年人或年长者会更容易融入"涩"的精神世界中。此外，工艺的"涩美"具有含蓄之美，体现了东方的审美风格。对于"涩"的美，柳宗悦认为：如果满分是十分的话，将器物表现出十分并不是"涩"，表现出十二分也不是，只有留出空间，将十二分变现为十分时，"涩"才显露它真正的样子。因为含蓄，收敛也是"涩"的灵魂所在。在柳宗悦看来，那些看得清楚的手工艺不具备"收敛之美"，"收敛之美"应具有静谧之美、想象之美、趣味之美。

柳宗悦为他的"涩之美"理论总结出了涩之三章，第一章是"余"，第二章是"厚"，第三章是"浓"。这三步是伴随着"涩"的量感和深度而逐渐推进的涩感的理论概述❶。"涩"一词是日本描述美的一个非常高的标准。柳宗悦用一个"涩"字精准地传递了日本工艺文化的深刻灵魂。这个词至少包含三个意思：第一，"收敛"是指一种安静的状态。与西方强调力量与冲突不同，东方的设计以一种平和、祥和的形式传达了独特的审美理念。第二，"收敛性"代表一种简单的品质，"涩"不是矫揉造作，不是空有繁复的装饰，而是真正渗透到普通人日常生活用具中的一种生活品质。技术的灵魂在于实用，技术的最终对象是普通人。只有真挚地表达普通人的感情和理想，这样的手艺才是优秀的，才有生命力。第三，"收敛"不是软弱或消极，而是对力量和情感的内向强调。顾名思义，"苦"是指人的情感难以言表的忧郁，"绿涩"也是一种说不清的情感美。所谓"涩"，是指工艺以含蓄的含义，尽可能地传达其美和情怀。不喧哗不造作，却如涓涓细流缓缓传递生命之美。

"单纯性"也是柳宗悦的技术审美目标之一。所谓的"单纯"要分开来理解，并不是简单的单一、质朴，更不是单调无趣，而是应该着重体会"纯"的价值所在，任何设计都应该去除所有多余的繁冗修饰和缺乏内涵的外在表现，留下设计本真的意识形态。柳宗悦用禅宗的"无"来诠释"单纯"，因为"无"即是所有，这才是工艺和设计该有的理想状态。在他看来，只有朴素和纯洁才能带来美感，而"无"的境界恰恰反映了这样一种自然的优美形式。器物的制作如果陷于追求外在的复杂感和过分地在意细微的毛病，力求细节的完美而失去对整体的把控，这存在于诸多设计问题当中。因此，柳宗悦把"单纯性"作为美的前提，器物本该是简单的，让人感到美的不是那些外在的形式，而是器物本身的纯洁，给人以生活的纯净美好。

不管是工艺品还是设计都应该具有自然之美，即内在的原始美。比如，农民和工匠往往不自觉、不刻意地加工美，而是在生活简单、贫困的同时，不自觉、自发地创造美。这就是无意识之美、自然之美，在艺术上表现为一种简洁的风格。民间工艺的一些特点，如注重实用性和功能性、价格低廉、乡土材料等，也促使农民和

---

❶ 柳宗悦. 工艺文化［M］. 徐艺乙，译. 桂林：广西师范大学出版社，2011：106.

工匠在创作和生产中使用廉价的天然材料、简单的工艺和简单的艺术手法。柳宗悦因此提出自古以来，最优秀的工艺或传统纹样在艺术上总是简洁的。

而柳宗悦在此基础上发掘到这样的原始自然之美也许有无限的美。如果走得更远，可以接近这样一个真理：如果不简单，就不会有深邃的美。接近和平，你就能接近美丽。只有在简单的物体之上，才能有最复杂的美。没有颜色的白光包含所有颜色。美不是纯洁的，但纯洁一定是美丽的。基于这个事实，技术是可以建立的。对于"美"与"人"的结合，柳宗悦感受到了在事先准备好的纯净世界里给予工艺的无限真理。柳宗悦认为，我们应该思考这样一种朴素的感觉，如何才能适应道德观念。简单可以说是谦虚的表现形式，而复杂则意味着奢侈和奢华。

朴素的文化显示出纯粹的美。没有文化支撑的美是不可能实现的，也是极其艰难的。在简单的公共器物中可以找出许多美的因素，而在奢华的贵族器物中，也必然会少一些真诚、实用的因素。美与简约的关系比美与奢华的关系更为牢固。没有简单的本真，缺乏真诚的设计，就很难实现打动人心的美。虽然现在有人偏爱奢华和复杂的美，但柳宗悦一直相信忠实的美最终会是自然的、单纯的、素雅的。

所以，在柳宗悦看来，设计之美的本质在于单纯、健康、真诚、自然、无为，他从工艺之道出发，深刻总结出民艺美学的性质，甚至将器物、设计、手艺的精神与生活融合起来，让人们对工艺之美有了更深入地领悟和宽广的视角。

1.3.2.3 "服适衣生"——三宅一生

三宅一生是享誉世界的日本服装设计师之一。他的服装总是给人一种"宽松""肥大""空隙"的感觉，他在设计时不在意当下流行什么，而是回归服饰的原始功能属性之一——舒适。流行的定义与人们时刻在改变的审美态度有关，而舒适是服饰的永恒主题。他致力于设计出人和衣服之间的"间隙"，这个空间感与平面设计中的"留白"有相通之处，"透气感"是他首要考虑的元素。自由是人类世界永恒的主题，所以，衣服的设计也应让人获得自由的情感。三宅一生曾这样表达他对衣服和人体之间的关系的理解："我设计服装从来不关心是否流行，只在乎是否舒适。"

然而对服饰功能意义上的追求并不意味着三宅一生的设计缺乏形式上的美，新颖奇特是他的另一个设计理念。大多数看过三宅一生服装设计的人都会被他的作品所触动，这种触动更多的是源自服装所带来的新奇感，这种感觉唤醒了我们最原始的记忆和对空间的感受，使人产生强烈的情感共情，他的服装甚至简单到人们只看见"一块布"（图7），这是三宅一生服装设计中最让人惊艳的系列之一，在他的纪录片中，模特用一支舞蹈展现了它的美，舞者先是从一副纯色的平铺布料绕圈，慢慢将布料拾起后发生了惊人的变化，随着舞者的动作，布料慢慢地变换成了一件宽松的衣服，包裹于舞者的身上，这支舞蹈诠释了三宅一生服饰的特点。

图7 一块布

"一块布"被视为设计的起点也是转折点，这对他自己也是很重要的一件作品。虽然现在的三宅一生品牌产品发展越来越多样，但他说他仍旧会经常回到那个点上，因为那是衣服永恒不变的源代码。

"褶皱"是三宅一生服装的另一代名词，在人们的固有观念里好看的服饰应该是平整的，"褶皱"的出现会影响美观，熨斗的发明是专为解决衣物褶皱问题的。而三宅一生偏爱褶皱的美学效果，相继推出了"一生褶"和"我要褶皱"系列服装，他在自己的作品中满载了人文主义的思考，平整和光滑不是服饰的追求，褶皱的衣服同样可以时尚美观，人们需要的是轻松舒服、没有任何束缚而又好保管的衣服，人们的穿着应该遵循人类对于衣物的原始欲望，那就是舒适感，而不是那种整天需要保养而带来心理负担的衣服。

三宅一生的服装没有了别的大牌的"公主病"，衣服的褶皱不用熨烫，甚至可以随意把它卷成球，它可以随机卷起而无须熨烫，永久性的褶皱效果是由先进的机器所压制。在上身之后，立即创建三维效果，并且衣服的完美结构由身体支撑起来。这个对于追求自由、经常出差的女性是一个很大的吸引点。他将东方艺术哲学与西方大胆的表现技巧无缝结合。他在时尚圈被看作是在幻想和真实之间来回转换的艺术大师。

　　三宅一生的风格也是如此，可塑性往往比完整性更令人着迷。他为意大利灯具品牌设计的阴翳系列折纸灯（图8），在米兰设计周上展出，并在伦敦设计博物馆选定的年度设计中，获得最佳时装设计奖。

图8　阴翳系列折纸灯

　　三宅一生的设计极具空间感，他推崇无形便是有形的理念，一切为空，虚无中却又不失意境之美。三宅一生将东方温柔细腻的含蓄之美，带到了西方世界，乔布斯在发布会上经常穿的那件高领黑色毛衣便是三宅一生所作。

　　三宅一生"一块布"的本源之道，以及"一生褶"的融会贯通已向我们传达了"传统与前卫"的融合，给我们以深深触动与启示，在这个纷繁的时代，我们需要回归本心，尊重事物的本源。

2　日本极简主义的美学思想

2.1　日本极简主义的美学思想历程

　　日本美学与禅宗、茶道有着密切的联系，体现了对朴素的追求。更深层次的是对物质内涵和生命的阐释：美与丑的概念没有绝对，甚至从"丑"中发掘"美"的精神美作为日本美学的特征之一。从日本花卉欣赏中可以看出日本美学的瞬间性、幻灭性和苍凉性。樱花只有一周枝繁叶茂。突如其来的风和雨使所有柔软美丽的花朵枯萎。人们欣赏着这温馨而丰满的景象，把自己的感情化作风雨过后散落的花瓣。相比于繁花盛开的壮丽景象，日本人更加在意繁花落尽的凋零之美，其中体现了日本美学中人情的感性、细腻和悲凉。总之，日本美学继承了东方的含蓄表达，创造了一种独特的风格：以逻辑为基础，反复思考，注重细节，以感性的方式传达逻辑的必然性。因此，所描绘的极简主义并非空泛简单，而是高度概括和提炼，蕴含着丰富的情感本质，简洁却充满内在生命力。

2.2 日本极简主义的审美特征

因为中国的儒、道、佛等宗教经朝鲜半岛先后传入日本，所以，日本在思想文化上与中国是一脉相承的。他们以日本本土文化为基础，提炼、交融、融合、升华，形成了神道教、茶道、侘寂等独立意识。日本本土的宗教神道教借鉴儒家"礼"与"人人平等"的理念，构建了"和为贵""尊重自然"的理念；从佛教中提炼出"修身养性"，衍生出谦卑的人生观。神道教的自然观和万物有灵论渗透到日本生活的方方面面。而且，各种工艺美术都遵循顺应自然、保留物的本意、尽可能减少物的表象手法。唐宋僧侣把茶和饮茶文化带到日本。饮茶作为高雅的象征，逐渐风靡各行各业，衍生出茶艺大师和茶道。茶道产生了禅茶，禅茶的思想概括为"和谐、静、空"。侘寂的思想最初是受到中国的影响，见于道家和禅宗之中。在成为一种独立的美学前，侘寂一直与禅宗有关，侘寂美学经常引用禅宗哲学作为佐证；从9世纪到10世纪，我们的唐宋诗词与绘画艺术中的悲伤和忧郁情绪影响了对侘寂和意境的理解；16世纪末，侘寂融合了所有元素，形成了日本特有的文化侘寂思想。侘寂思想于茶道仪式中得到完整实践，随着茶道不断发展，侘寂总体上是对宇宙规律的欣赏，以"拙""涩""缺"表现黯淡、枯寂的氛围。

2.3 侘寂之美

侘寂的哲学、精神、道德原则起源于人们对自然乃至宇宙的思考，发展过程中深受中国道家和禅宗文化的影响，其表达出来的空寂境界和极简形态，则源自中国诗词和水墨画。

侘寂原本是个具有阴郁沮丧意味的负面词汇。大约14世纪，一些隐士和僧侣在贫穷和孤独的修行中探索禅学，并逐渐认识到恢复自然生活方式的重要性，甚至认为是丰富精神的一种方式，探寻生命的真谛的过程中少不了侘寂。人们也可以培养出欣赏日常细节和发现简朴之美的能力，这种诗意的情绪使侘寂的意义转向积极和正面。

侘寂是具有神秘色彩的日本美学，这一美学观念为日本美学的发展奠定了基础，而且渗透到了日本人生活的方方面面，甚至塑造了日本整个商业社会的气质和面貌。根据记载，第一个发掘侘寂的大师是村田珠光。他是一位有名的茶道师傅，然而茶道一开始并不是现在人们所见识到的朴素模样，在村田珠光时期，饮茶初始被认为是尊贵的交际娱乐方式，所以茶叶是名贵的茶，茶具和环境是高调又奢侈的，珠光大师意识到了茶道的内在精神，摒弃传统中不适宜的奢靡之气，领悟到侘寂的修行，简化外在形式专心于一杯苦茶所带来的涩、无、静，从而达到虚空的境界。可以说侘寂美学最初是由茶道发展而来的。

将茶道形式和内涵更进一步丰富传扬的是武野绍鸥，他在珠光大师提出的理念下对茶道展开更详尽的思考，具体去除了装饰，充分满足了实际功能，以简单的方式传达了内心自我的复杂情感。而千利休使这股美学风潮在日本达到了顶峰，他将简洁安静的质朴美发挥到极致。把粗糙的茶具所带给人们的想象境界上升到具有深度的审美文化中。千利休使用简单而平静的表现手法获得至高无上的茶道思想，那些具备缺憾美和粗拙美的茶具非常简单，它们的作用是通过借用事物来促进人们对事物的感知和想象。它们的单纯性已成为茶道的基础和理想仪式。倡导简单和天真，倡导自然价值观。从侘寂的角度来看，它的概念反映在日本设计的多方面，庭院、手工艺、服装、平面都体现着纤细、静默的侘寂美学。在语言的艺术中也存在着侘寂之美，一般说话时，沉默会被其他人认为是"尴尬"的，然而，在日本人的交流中，不把语句表达得过于明显，甚至不把话说得太绝对是他们的准则。许多语义之外的含义是需要心领神会的。通俗地说，侘寂是从别人以为的"丑"中产生新的审美认识。侘寂实际是一个复合词，拆分来讲各有不同的含义。"侘"体现的是出世离群、索居禅林的生活方式，是对自身和哲学的思考与反省，词源中有空间性的意味，用天然材料（竹子、稻草、泥土等）为简洁安静的环境注入质朴美。"侘"意为"寒""贫"以及"凋零"，常指代艺术和文学类事物，暗含一种向他人传递思想的趋向，常用于与时间有关的语境中，价值和美得到提升的物品。

通过"虚无"来塑造余味，体现在设计中的一个表现手法是"留白"，此手法在中国的水墨画中运用频繁，在绘画作品的创作中，初学者更注重技术和形式，而精通绘画的画家更注重艺术观念、情感融合，象外之象是艺术创作所应表现的内涵。在绘画中，最容易表达的艺术观念也是最难表现的，即留白对于普通观众来说，可能只是画家绘画掌控的布局节奏，而对于画家来说，空白空间需要精心布局和巧妙安排。留白最直观的功能之一是绘画空间的无限扩展，为观众留下无限的想象力空间，这与日本侘寂的内在意义具有相通性。在日本的平面设计海报中往往蕴含着这种追求本真与纯净生活的美学观念，如武藏野美术大学于2012年设计的招生海报，纯净的白底上方呈现一轮犹如太阳升起般带有渐变效果的规则的大圆形，似乎昭示着希望的光芒，但它却是极致简约的，简约到观者觉得它好像缺少技法似的。实则海报设计的目的是展现颜色本身的美，希望通过椭圆状的色块在边缘处呈现渐变的效果，营造一种单纯而又静谧的色彩之美，通过还原颜色最初的样子来表达希望学生具备不忘初心、遵循本真的自我的学习态度。这是侘寂美学的效果。

当代侘寂的本质在于其微妙的、开放的、季节的、自然的和手工的功能。很多日本的手工制品遵循"微妙中见真理"的原则。将外观做到极致单纯的样子，然而锤炼的主题是经过深入观察细化的，性能表现上的枯寂美背后蕴藏着诸多的细节，考虑到西方世界认为，只有不朽、自由、壮观是伟大的审美观念，侘寂却是相反。侘寂之美是冷静的、谦逊的、不争的，它似乎与辉煌壮丽背道而驰，在一个微妙、短暂的时刻映射出独特的审美意识。

2.4 阴翳之美

"阴翳"的概念慢慢走进了人们的视野中与谷崎润一郎的《阴翳礼赞》有很大的关系，这是一本短小精悍的随笔，"阴"是指阴影，"翳"是指遮蔽物。谷崎润一郎曾这样解释"阴翳"说："日本房屋由于气候需要相对较宽的屋檐，而宽阔的屋檐设计会导致室内光线昏暗，从而产生阴暗的美学效果。"综上所述，光影营造出黑暗空间，阴影使光线更为立体。背景灯下的物体轮廓模糊成光晕，人们看到的是隐藏在正常状态下的轮廓，这带来了特殊的朦胧感，含糊不清的光具有收敛的美感，就犹如上文提到的武藏野美术大学的招生海报。因此，反向光的存在互补了直接的光线，这种逆光使得光芒更具有收敛的美学效果。在隐约的晦暗中寻求光明，以隐蔽的逆向思维更深刻地表达隐象，创造出有层次的美感。

在谷崎润一郎的审美世界中，他一直认为美不是事物的本质，而是事物交叉产生的光影。他认为，虽然我们的东方人往往对我们的现状感到满意，但我们更应该在自我的阴暗面中找到自己的美，认清自己，这是阴影美学的典型观点❶。在这种情况下，人们可以在黑暗中充分发挥他们的想象力。随着想象力的增加，事物自然会变得更美丽而多层次。

同样，在中国的水墨画之中也体现着阴翳之美，水墨讲暗淡色调，不宜画得太过明亮，视灰色调为高级的美，暗淡的颜色与笔墨表达的意蕴却是无穷无尽的。谷崎润一郎的《阴翳礼赞》也表达了一种观点：日本人和中国人都喜欢斑驳的历史事物。这与西方人喜欢的审美不同。这可能与东方人心中的"和平"精神有关。

3 "白"的审美文化探究

3.1 日本设计界对"白"的阐释

通常人们在看到"白"时首先想到色彩上的那个画面。白色的获取可以通过混合光谱中的所有颜色，或者通过去除墨水或其他颜料来实现。因此，白色既是"全色"又是"无色"。白色还蕴含着"空间感"与"余白"的概念，也可以抽象地理解为"不存在"或"所有蕴藏着的可能性"。

某些情况下，白意味着"空"。"空"即"无"之意，一切皆无的状态下，问题反倒会变得简单。基于在"空"指导思维和创造的过程中，"白色"驱使好奇心和窥视"无"的本质。"无"作为"有"本身的前提，感受"没有"的时候，也许正是特别需要"有"的时候，这便是"空白"驱使着欲望。一张什么都没有的白纸是可以激发人们想要在上面涂写的欲望的。基于在"无"指导下的思维更容易进行创造，"白"驱使好奇心和窥视"有"的本质。"无"作为"有"的欲望本身，也是种追求，对"无"的绝对定义是不存在的，就像没有绝对的"美"，相对性是构成事物认知的一个基础。有无相生就是这个道理。从这个角度来看，"白"既不能被简

---

❶ 冰冰. 试论谷崎润一郎的"阴翳"审美意识［D］. 昆明：云南大学，2018：34.

单地理解为颜色，又不能纯粹地认为等于"空"或"初"的状态。它指的是初学者的状态，蕴含的未来性将逐渐受到填补，"空"将被注入创造性，这是挖掘建立"空"与"白"的深层关系的目的。

3.1.1 "白"同时是"全色"和"无色"

谈论原研哉时，"白"是不可避免的关键词。他曾经谈论颜色的起源，但最终得出的结论是"白"被认为是实体讨论的颜色是没有意义的，它旨在探索日本极简主义背后的神秘美学根源。日本设计给人的总体印象是代表着单一和纯净。在物理界中，白色是所有可见光的混合物，复杂而简单。

作为生活的"自然色"，白色几乎只存在于想象中，因为一旦对白色介入行为，它就会与其他颜色接触并进入混乱。但是，重要的是要有这个"白"的意识。如果它只是一种错觉，只要它存在，它总是会变成灰色。因此，对于原研哉先生，"白"是一种创造，需要人为的努力，也可以看作是设计。所以，"白色"的本质是创造一种虚无的境界，可以通过混合光谱中的所有颜色或去除所有其他颜色来获得。"白色"的特点是它可以"脱离颜色"，所以，它的含义高于一般颜色，"白色"就是一种创造，"设计"的概念是基于对设计观的理解，原研哉研究表明日本的设计理念与西方不同，设计不是为了给世界增添任何东西，而可能只是回到某种原始状态。"白"是谈论原研哉先生时不可回避的关键词。原研哉先生通过论述"白"的真正目的是探寻日本极简主义设计背后玄妙的美学根源。

原研哉在《白》的序中说：设计是我的工作。我为人类的沟通而努力。这意味着我更多的是分析"环境"和"条件"，而不是做"事情"。在他的设计作品中，不仅有大量的"白色"应用，而且到处都有"白"的概念。

3.1.2 "白"与"空间"

日本著名设计师三宅一生曾经说过他制作衣服的过程中，更多的是在看衣服的设计和人的身体之间的间隙，当人们穿着他做的衣服时能感受到一种气息在布料之间穿梭。相比于流行，他更注重于人们穿着他设计的衣服时是否舒适。他最为著名的作品是"一块布"系列，他说任何的灵感都来源于这块布，也应该最终归为这块布。这句话也总结了日本极简服装设计所秉承的通用思想：设计"空"。

这种空间感可能不仅仅是指狭义的设计中的尺度空间，更多的是指某种模棱两可的差距，或事物之间的距离，甚至是某种时间和思维的停顿。这一差距，让这个世界上充斥着各种各样的人类，使创造瞬间有了呼吸，从而感到舒适。"间"的设计也与岛国日本的地理特性和民族性格有关。在有限的空间里，人们似乎更注重思考和运用设计语言的最大化。这使得外观简洁之外，极简主义还具有丰富的细节和逻辑背景。例如，安藤忠雄的"光明教堂"也是这种对"空间"概念的极致表现。

3.1.3 "白"即"无意识"

无印良品的顾问深泽直人一直有着自己的设计坚持："我的理想是不需要手册来告诉人们如何使用它。当人们使用这款产品时，马上就可以轻松地上手并靠直觉去操作。"深泽直人追求的是自然的直观感受，在直观的层面上传达事物的意义，就会被人们不知不觉地接受，让受众不用思考拿来即用的无意识设计，把挖掘人们心中最真切的想法并将之体现在设计产品中作为终极目标。这种体验就像在吃饭时顺手拿起筷子夹菜那样随意，不考虑如何使用筷子，是完全不用思考的下意识行为。换言之，当你处于不知道自己需要什么的迷茫阶段，看到这件商品，心中所想呼之欲出，是它没错，满足内心的功能与情感诉求。你会惊讶于它是如此巧妙地贴合自身习惯，便捷好用。深泽直人正是善于用直觉设计来关照人们的日常生活，致力于探索设计与受众的精神契合度，让设计产品触及受众精神层面的深度，在使用产品的过程中，人们感受设计的乐趣，享受经营新产品的乐趣。

设计的最终落脚点是人，没有使用者这一委托方，设计活动就难以成立。所以，任何设计活动都应该建立在使用者的基础上，以人为根本。深泽直人设计中的人文关怀层面体现在他善于深度挖掘使用者的内心情感诉求，为使用者设身处地地思虑，以使用者为设计终极目标。深泽直人把设计归纳为"将无意识的行为转化为可见之物"。这里所说的无意识并不是真的失去意识，是指人们潜意识中存在的想法，是属于还没有形成真正的意识范畴，也可以理解为还没有察觉到的习惯性的刺激记忆，是人们面对一件事物的原有刺激记忆的最直观反映。深泽直人的无意识设计是建立在对人们生活习惯以及周围环境的细致考量得出的结论上，并据此通过产品做出合理的信息传递，达到为使用者营造出更贴心、更便捷的使用体验的目的。

168

3.2 禅宗影响下的尚"白"

上文就提到日本极简主义设计深深地受到禅宗思想的影响，并且简略地介绍了禅宗美学的起源和发展，那么我们该如何更直观通俗地理解"禅"呢？拿生活举例，在当今社会，高雅质朴的茶室越来越受欢迎，在家具方面，人们也越来越喜欢那些自然的实木材质；穿着方面，宽松舒适的亚麻布料也慢慢成为优选。越来越多的设计朝向简单风格。不难看出我们正在回归大自然，达到我们最初的需求心。所以，这个令人难以置信的力量来自哪里？那是"禅"。禅的思想让越来越多的人回到本真的世界。人们对设计风格的偏好发生了改变，极简主义贯穿设计圈，它不是设计形式、材质、色彩的简单，这其中更是对生活美学的转变。

同时，我们在提到"禅"的时候又总是会联想到中国传统文化道家思想中的老庄思想等，那么，我们中国的"禅"和日本设计中的"禅"学思想究竟有什么不同？二者又存在什么联系呢？

3.2.1 禅与中国文化

前文提到对于"白"的抽象阐释可以理解为"空"，但二者又有所区别。"白"与"空"的不一样在中国传统哲学理论体系中有所阐释，"白"是老子所说的"无"，而"无"则是世界万物所蕴含的自然规律。老子认为"道"是"无"的统一。《老子》第一章阐述了"无，名天地之始；有，名万物之母。"，可见老子本人乃至整个道教体系都十分重视对"无"的探索。老子认为"无"比"有"更重要。对我们来说，"有"是容易理解的意思，而"无"则显得晦涩而深奥，其实很难理解。在平面设计中，虚实、字画强弱、版面空间都存在着相互影响、相互依存的关系，也很好地反映了道家哲学体系的思想。道教以"道"为核心，在老子的理论体系中，"道"生成一、二、三、万物，"道"无疑是万物之源。什么是"道"？万事万物化繁为简，返璞归真，遵循天地之理，自然什么都不做，不去做没有必要的事。简单的语言很难在没有真实的轮廓意象的情况下解读道，因此，我们无法通过一般的认知方式得到看似"虚无"的道，而只能在无欲无求的超然境界中实现。

老子强调"无为而治"。如果有行动，它就不是自然。它强调自然的方式，提出了自然与不作为的关系。自然就是天成。作为设计师，我们应该尊重老子提倡的"不作为"，通过设计伦理和美学的建立来抑制我们的欲望和冲动。苏轼也曾说比人工雕刻更重要的是"自然之美"。它不仅是在诗、歌、赋中有所体现，而在书画艺术中同样倡导"艺术是自然的"。中国古代艺术通过各种文艺作品表达了自己的审美观，即崇尚"自然"，反对"雕刻"，提倡"巧造自然"和"无为"的设计方法，对现代设计哲学有着重要的启示。在今天的艺术作品中，"白"艺术的形象魅力需要由观者自己来表现，我们不难理解，"白"艺术的哲学思想与道家美学是惺惺相惜的。

艺术作品所蕴含的真正的艺术形象并不是由外在的视听感官直接感知的。它是真实存在的，但它并不是通过物理的触摸直接可见的。它要求观者感受心境，就像老子所说的"大音希声，大象无形"，其"大音"无疑是指音乐本身和音乐的起源；"大象"是指形状本身和形状的起源；"希声"并不意味着没有真正的声音，而是"听不见"，"无形"并不意味着没有具体的实体形态，而是"看不见"。在这里，追求的是一种"静胜于声"的最高境界。

庄子关于宇宙学的文章主要集中在《齐物论》中的"道是真实可靠的，但它是无形无为，需要用心感受"，"道"可以被感知但不被支配，可以被理解但看不见；"道"本身就是根，很早地存在于天地之间。"这是庄子对宇宙学解释中最直接和最重要的一句话，有爱和信任，但不作为是看不见的，它能被传递却不能被给予，它可以得到，但看不见。通过本文可以知道，庄子认为"道"是一种精神文化，并不属于物质类的实体。就像"白"不是一种颜色，而是一种审美意识。庄子认为"道"是绝对至高无上的精神力量。在庄子的《人间世》中，也有关于"空白"的说法。这里的"空白"不是指没有生命的空白，而是指一种包含世界万物的方式。当一个事物呈现出它自己的生命力和美丽时，它的特殊气质就诞生了。"白"在布局中创造了一种美感。"白"空间的这一部分不是空的，图像的空白部分也包含许多无法解释清楚的秘密，这为观看者创造了无限空间。

3.2.2 禅与日本文化

禅宗是具有中国特色的，后来逐渐向东南亚地区以及朝鲜半岛、日本等地方不断传播。

禅宗在镰仓时代的日本得到大发展是因为那时处于动乱时期，它就相当于一剂定心针，给予人们精神世界的安定，必然会受到日本人的尊崇。当时处于社会变革之中，人们充满了恐慌和焦虑，禅思想无疑是日本人的精神支柱，禅是让人们找到精神舒适的方式。人类生活在物质世界不能摆脱束缚性质。只有当人类适应大自然的方式，大自然才可以揭示它无限的奥秘。中国的实用自然之道也是禅的体现。正是这种禅思想教导了日本人如何适应环境，如何最大限度地发挥这种资源匮乏的土地的价值，让日本人放松冷静下来。

日本对从中国传播而来的禅思想抱有一种非常严肃认真的态度，并将自身的传统文化继承得很好。日本过去渴望了解中国，对中国的研究有单纯和向往的态度，谦卑地学习着，努力着。最终，禅文化依然影响日本美学意识的诸多方面，也成为极简设计的创作源泉。

3.2.2.1　日本艺术中的"禅"

我们只能看到我们正在寻找的东西。艺术视觉模式的转变与美学的演变是密不可分的，因为日本绘画的生产者和欣赏者的贵族性质，他们的线条和布局必须符合和谐的美学意识。强调位置管理中的整体图景完整，同时，注重创作中对象的完整抓握，视野的大小、细节一丝不苟。禅的美学体验逐渐成为社会美学的主流，对过去的文化和艺术产生了巨大的影响。日本绘画在组合上往往是虚拟和现实相结合，如果空洞的观点认为世界上的一切都是心脏的创造，可感知的颜色边界本质上是虚幻的，而图像外部的可感知边界是真实的存在。虚空的美学使人们通过现象看到本质，最终达到个人的精神自由，它超越了无限。只有在虚空中，魅力才能循环和持续，并且包含无限可能性。因此，在佛教"空"的美学指导下，日本绘画开始关注空白的画面，并密切分布使用，这意味着引导观众发掘"空"的感知和生活洞察力。同时，应该注重的是自然之力，大自然是悟道的最佳场所。

日本画家周文在其代表作《竹斋读书图》（图9）中，将景观摇晃成为欣赏的主要对象。僧侣通过感性感悟人生的道。画中一个山房一半隐藏在山上。禅意深深地流淌在流

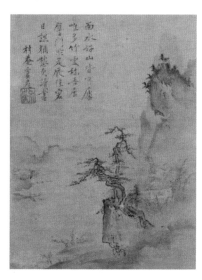

图9　竹斋读书图

动的山脉、鸟类和昆虫之间，云层的渐变可以引出遥远的空间。墨水刮擦的地方是绘画的手法。留空的地方不是一个纯粹的真空，而是一个魅力和能量流动的地方，交流在现实与虚幻之间，它渗透了禅的奥秘：山脉、河流、草和树是和谐的，而又隐藏于深奥的大自然之中，它们若隐若现，让人分不清是否存在于现实世界中。只有通过感悟自然的灵性和虚无方能走进禅的澄明之境，忘却世间一切纷扰。

日本绘画中，很多思想和技法都受到我国古代画论的影响，例如，南宋大画家马远创造的所谓"一角"绘画技法已成为日本艺人一个突出的绘画特征。这"一角"的绘画方法，结合日本画家传统的"简约风格"，用尽可能少的线条或笔画落在纸或丝绸上，这两者都与禅精神有关。

后来，不对称、不均匀的样式全都来源于"一角"技法，这也成为深受日本画家喜爱的作画技法。哪里应该添加一条线、一个面或一个平衡点，但却偏偏不这样。虽然会有不完美和不足的缺点，这种不完美使人们更富有想象力空间。这个是日本画家喜爱的表现手段之一，就是从零散甚至难看的形式里展示出美丽的一面。

日本爱简单、安静、沉默和独立的思想，这是日本艺术的独特特征，在日本绘画中，我们经常感受到"山云之间的关系"，因为这些绘画起源于早期的僧侣所作，众所周知，寺庙通常建在山脉和森林中，这是一个被大自然包围的地方。动物、花朵、昆虫、岩石和溪流是僧侣每天醒来都可以接触到的事物。所以，他们与大自然度过时光，观察大自然的每个角落，这种观察也深刻地反映了他们的生活哲学，那就是说，根据修心的目的体验任何自然之物，并且接受它们的本质。它正是这种直觉的感悟激发了僧侣的艺术本能，他们直接观察自己看到的物体，直接描绘自己观察到的物体。因为他们感受到了自然的力量。所以，这就是为什么古代许多僧侣最终能成为优秀的画家。

3.2.2.2 茶道中的"禅"

茶道的理想自6世纪以来就影响了日本的建筑设计，所以，今天普通日本人家里内部装饰几乎是简单的、冷淡的，因为它非常纯净和干净。因此，很自然地说，日本茶道为日本建筑设计做出了宝贵的艺术贡献。更重要的是，作为日本民间习俗的茶道，培养了日本人的美德和优雅的美学兴趣，思考和区分细微事物的分析能力。众所周知，日本善于吸收外来文化供自己使用，形成自己独特的文化和生活，同时，也有一些来自中国的东西，一旦被消化成日本自己的东西，他们就认为是一种珍贵的遗产，代代相传。

铃木大拙说："在日本的近代时期，对禅的研究就像将最新的汽车驾驶到一条未被发现的泥泞道路上，表现出开拓性的勇气。我们更能看出禅文化对于日本民族文化的深刻影响。"禅道无所不在，也无所不是。它涵盖一切，却又超越一切。禅，既是自然又是人生，既是佛也是人，既是悟也是美。美因禅而发，禅因美而升。

因此，禅渗透到日本民族文化的各个生活层面。茶道和花道充满了禅，从建筑院子到房间装饰都包含了禅的意义，禅之美还蕴含在传统文化俳句、绘画和文学小说里，可以说这是日本文化的本质。禅风让日本极简设计独具魅力。

3.3　日本人的民族文化心理

民族文化心理学的形成是一个独特的系统，是通过时间的过滤和历史的积累而形成的。每个国家都有自己的民族文化心理特征。这些特征是在特定的文化和历史传统、地理、经济形式、政治形式与社会形态下形成的，社会化过程中形成的价值观起着决定性作用，是不同民族心理学的主要区别因素。价值观是任何社会或文化中人们不可避免的提示。人们通过沟通无意识地获得这套价值体系，成为他们集体的无意识，信仰、民俗、语言也是构成民族文化心理的重要参考。

在不同的国家，由于语言、历史、习俗、国家心理学等方面的差异，沟通方式也有其自身的不同特点。例如，用英国的习俗举止来对比美国人，美国人会显得简单、直接而热情，而日本人有很多举止，有时显得过于礼貌，特别是在语言表达方面。他们经常使用赞美的、模糊的、迂回的表达式。例如，当日本人表示肯定时，肯定的语气和语言不会过于明显，甚至明明内心确定某些事情，但通常会在结尾处添加"也许"来模糊句子。你可以肯定的是，含糊不清的表达方式使得美国人理解日本人的思维是存在困难的。很多研究人员将这种过度隐含和模糊的表达归因于一种"缓冲"式的交流。因此，日语也称为"歧义语言"。不可否认的是，这种语言心理学在外交交流和友谊增强中起着重要作用，我们往往觉得日本语是谦逊温和而有礼节的，但也给我们进一步理解带来一定的障碍。日语表达的模糊含义和日本人表达的模糊方式造成了日本国家的模糊性。日本的民族元素被称为模棱两可的民族。它的语言和行为模棱两可。除了本国之外，其他国家很难搞清楚自己在想什么，而且在对外关系中往往给其他国家留下难以理解的印象。

也有学者分析日语中其实本身没有任何因素妨碍清晰，是简洁和合乎逻辑的表达，但绝大多数日本人根本不想说清楚，经常在语言逻辑上测试对方的情绪和态度，他们相信语言只能解释肤浅的现象，并不能对内心感触进行完全的表达。因此，他们更注重与心沟通的"心对心"和"腹意沟通"。而这种语意上的"心领神会"与"白"有着深刻的联系，其实日本人是想通过在交流上存留出一定的余地，给人以想象和心意上的沟通，语言只是一种表达手段，设计也是如此。

中国也有句古话可恰当形容这种行为，语出《庄子·天道》："意之所随者，不可以言传也。"心领神会就能高度概括其中的核心，"只可意会，不可言传"，有些意蕴是不能用语言表达的。在种族和文化方面，日本拥有最强的国家共同性，这点在世界范围内都是被承认的。像日本这样单一又团结的国家里，这种非语言交流相对容易进行，也是日本在保持自身特色的同时，能够西化社会的主要原因。但是，日本民族和文化很难有如此高度的共性和模糊性，外国人很难理解，这也可能在一定限度上阻碍日本与世界各国的交流。

4 "白"带给极简设计的启示

4.1 "极简"的本质

在讨论任何事物时都要对其"本质"进行深入思考，如今"极简"早已成为家喻户晓的名词，不仅设计中有追求极简的风格，人们更是把极简奉为一种生活态度，从而引发更多有关极简的哲学性思考。对于设计领域而言，极简绝不是大众所理解的视觉表现上的"简约""空灵""干净"，换言之，如果将极简设计当作一种设计手段去理解，那本身就是错误的，设计师真正需要的是极简设计理念，而不是对于"极简"这一名词的表现力追求，支撑优秀的极简设计成立的背后应是对"本真"的思考，极简主义的美学意义就在于从审美文化内涵上理解"极简"。

"白"的美学理念深刻地将极简主义设计带回到最初的原点，让产品回归于人们的生活，让人们探寻生活的真理。在此基础上，通过合理的设计手段，与人共同创造高品质、美观、和谐的产品。因此，对事物本质的探索和归纳才是极简主义的归宿。事物的本质是从形式到精神的净化。设计往往是从一个最原始的观点开始不断深入叠加的，无数符合起点的新增元素构成了最终的设计。但设计师是应该对这种"增加"具备警惕性的，因为仅仅在视觉表现上的冲击是不够的，这种增加应是一种增值，增加设计的内涵价值，让设计具备深度而非装饰性上的广度，否则就会造成产品的复杂化，从而失去了原有的设计初衷。极简主义通过减法抽象和细化设计元素，所以，"白"的审美意识在极简设计中尤为重要。

没有华丽的色彩，没有不恰当或不好的装饰，也没有笨拙地试图掩盖或隐藏一件物品的真实本质，即使是最差的产品也会增加完整性和价值。我们与其研究极简设计的形态、手段、表现，不如探寻极简的意识核心，重新审视设计与人的本质关联。从直观层面传达设计对象的意义，实现人、产品与环境的和谐互动。现代社会节奏快、负荷大，让人们渴望内心的宁静与安定；工业生产的泛滥导致设计产品的审美文化的世俗化，四面八方传来的信息泛滥成灾，直接导致人们审美疲劳。复杂的环境促使人们向往简单、自然、祥和的生活，用简单、纯洁来调整自己的心理。极简主义的流行正是基于这种社会环境下的精神需求。不管是外在表现形式还是内在的设计内涵，审美情趣都与冗杂的社会形成冲击与对抗，进而保留真实纯净的部分。也只有通过这种原始的"本真"，才能达到设计与人之间的主体共通。

4.2 极简设计的误区

4.2.1 极简设计等于现代设计

现代人经常认为极简主义设计属于具有现代性的"现代设计"，甚至认为简单是与传统的分裂。这个想法属于哲学中对极简主义思维的误解。如上所述，早在中国历史发展的早期阶段，哲学和艺术中都存在对"空"和简约思想的讨论，在艺术方面更是有"留白"等简约思维的体现。所以，传统并不代表没有极简精神，现代的设计也并不都是极简风格。反而极简思想是由传统文化慢慢演变至今的。从这个角度来看，我们必须充分认识到传统文化的重要性，有效整合传统文化和现代设计思想。

4.2.2 极简设计等同廉价

简约的设计常常与廉价的感觉有某种关联，就好像人们对宜家家居的印象是平价而又富有简约美的价值观一样，这是对产品价值的低估。这种价值观过于表面，相信简单只是形式上的机械简化，导致对极简主义本质的误解。极简主义设计的核心思想是掌握设计的本质，以最准确、简要的元素作为外在形式，这是设计中最难把控的点，所以，极简主义代表的其实是高级美，与廉价不能混为一谈。

4.3 审美文化的超越性

朱锷曾在《当我们在讨论极简时，我们在讨论什么？》中就极简的本源问题进行深刻的讨论，并发问，是否有广义的普遍的极简主义？当然，答案是不。极简主义永远不愿意被标记为极简主义，也不愿被概括，极简主义永远不会成为极简主义的手段和目的。在这个设计产品多样而混杂的世界，极简主义是一种将设计恢复到原来状态的方式，引导人们重新关注生活本身并融入其中，这可能就是极简的归宿。当我们在归纳、总结极简设计的表现手段时，不妨反思一下极简设计是怎样形成的？日本极简设计之所以形成固定风格，获得世界赞誉的深层次原因究竟是什么。设计虽来源于生活，而真正好的设计又应是超越生活的，从而达到一种本真的生活体验。正如上文所提到的一些日本极简设计的成因，这些深层的原因共同组成了日本设计师乃至大众的审美文化。

从美学的角度来看，审美具有超越性，所谓超越是指一种本真的生存体验状态，是对现实生存体验的局限的克服，从而达到对存在意义的领悟。这里的超越并非脱离于现实，不管是艺术还是设计，都离不开现实生活的支撑，好的设计在满足现实功能性要求的基础上带给我们精神上的交互，这种人与物的交互是一种"体验感"，而"白"的审美体验正是为极简设计提供了丰富的设计意蕴。

谈论设计的产生绝非是偶然的，随着社会的进步和发展，人类开始摆脱愚昧落后，逐渐产生各种需求，进而产生欲望，欲望催生出了设计的形成。早在旧石器时代晚期，石器上就发现了简单的装饰纹理，不得不说那时的人们就有了审美的意识。从那时起，设计就承担了功能与美学的统一。这心理体验促进设计形式的改变和审美意识的多样，人作为设计的主体，首先是作为设计产品的用户和消费者，也是设计最后的落脚点。因此，设计的本质可以描述如下：根据美的规律为人造物。

一种设计风格的文化心理的构成原因复杂。这与该民族的人民在长期的历史发展过程有直接的联系，要追溯这个国家的历史文脉、民风民俗、宗教信仰等。研究设计风格的形成也应从这些角度入手。审美意识应该是设计风格的灵魂。审美意识也可称作审美文化，而审美文化则是设计美学应该探讨的重要内容，审美文化处于文化结构的超越性水平，因此是超越的文化。

极简设计的内涵依托于审美文化，本文论述的"白"的审美意识也只是日本极简设计的组成部分，审美文化是对现实文化弊端的克服，保持着超越和反思的能力。所以，我们在讨论极简设计的本质前，不妨从审美文化的角度切入才能更深刻地对其进行理解，毕竟，一切物质力量的来源和生产都离不开精神力量。文化的作用是推动人类社会作为精神力量的进步和发展，文化是人们从历史中不断积累的产物。因此，通过对日本历史、文化和民族心理的了解，可以总结出日本审美文化是如何产生和持续发展的，从而探索出极简主义设计的真正内在规律和精神归宿。

结语

由日本的历史文化、地理位置以及民族心理所构成的审美意识，是构成日本极简主义设计产生的核心原因，透过那一抹纯粹的"白"，我们能够感受到的是日本对于"极简美"的本质追求，也是日本人精神世界的现实反映。

日本美学充斥着"静谧""隐蔽""精致""至简""素雅"的思想，在对"白"的审美意识探究的背后，更多的是一种对生活哲学的深层思考。"形简意长"的日本极简设计引起全世界的赞誉，日本美学思想具备深层维度，"宗教""茶道""侘寂""阴翳""民族心理"思想只是其构成部分，作为设计师，应从这些角度发掘极简设计风格背后的美学理论，更多关注于设计的审美文化，将历史传统更好地融入当代设计中，以追求设计所带来的无限价值，并且以对历史文脉的表现为目标去做设计，就像"白"所带给我们的美学感受，设计是可以带给我们哲学思考与体验的，设计师也应以此为方向设计产品，让人们更多地关注思想、审美、文化。

时代越是发展与进步，就越容易变得冗杂，人们内心越需要简约的事物，也越需要"白"的洗涤。极简设计融入精神性，增强用户对文化心理和审美意识的认识和共情，极简设计内涵就宛若温婉纯净的"白"，给人以诗意的栖居。

参考文献

[1] 紫式. 源氏物语[M]. 丰子恺, 译. 北京：人民文学出版社，1980.

[2] 僧肇, 等. 注维摩诘所说经[M]. 上海：上海古籍出版社，1990.

[3] 郑民钦. 和歌美学[M]. 银川：宁夏人民出版社，2008.

[4] 叶渭渠. 谷崎润一郎传[M]. 北京：新世界出版社，2005.

[5] 叶渭渠. 物哀与幽玄——日本人的美意识[M]. 桂林：广西师范大学出版社，
    2002.

[6] 魏常海. 日本文化概论[M]. 北京：世界知识出版社，1996.

[7] 梁晓虹. 日本禅[M]. 杭州：浙江人民出版社，1997.

[8] 宗白华. 美学散步[M]. 上海：上海人民出版社，1981.

[9] 李泽厚. 走我自己的路[M]. 上海：上海三联书店，1986.

[10] 丁亚平. 艺术文化学[M]. 北京：文化艺术出版社，2005.

[11] 李砚祖. 造物之美[M]. 北京：中国人民大学出版社，2000.

[12] 田中一光. 设计的觉醒[M]. 朱锷, 译. 桂林：广西师范大学出版社，2009.

[13] 无印良品. 无印良品[M]. 朱锷, 译. 桂林：广西师范大学出版社，2010.

[14] 徐恒醇. 设计美学[M]. 北京：清华大学出版社，2006.

贵州黔东南苗族乡镇集市的生活美学研究

蒋泽云

贵州黔东南苗族地区的乡镇集市是乡村和镇市的集合体，它作为当地苗族乡镇社会的一个公共空间，是周围地区经济、政治、文化、生活的集中表达场所，具有鲜明的民族特色和地方性色彩，在经济全球化过程中带来的文化同质化、程式化的文化发展困境中，中国乡村地区的乡土文化以及乡村少数民族地区的民族文化，其丰富性、生活的鲜明性与立体性不失为一种凸显中国文化的有效途径。

乡镇集市的生活是持续进行的生活，其生活化的美学语境旨在发现少数民族地区的日常生活之美，使人们能用美的眼光看待人们丰富多彩的日常生活，这也是对当地原生性、民族性文化的美学发掘，同时，在现代社会背景下，考察乡镇集市的日常生活，既能反映出在经济高速发展的时代下，乡镇与城市之间经济、政治和文化活动存在的生命张力，更是探索美丽乡村发展的有力途径。

1 乡镇集市的形成与田野点

1.1 乡镇集市的形成与发展

历史上明确有关于集市记载的是在《易·系辞》当中,许檀在《明清时期农村集市的发展》一文中,认为乡镇集市至少可以上溯到秦汉时代,明清则是集市的快速发展时期。近代中国的集市由于经济发展、"重农抑商"思想的淡化、运输业的繁荣以及帝国主义的侵略而发生了变迁,速度发展快、数量增多、宗教色彩减弱、专业性强,工业产品涌入且种类繁多。但是,在计划经济时代,由于政府对市场的管控不断增强,市场贸易成为资本主义的影子而被抑制。钟永兴也认为新中国农村贸易集市经历了"三起三落"。在改革开放后,集市在农村乡镇再次得到了繁荣发展。至今其发展虽不如从前,但是,它依然活跃在广大的农村地区,甚至在一些城市中,也可以发现传统集市的踪影。

对于贵州黔东南少数民族地区的乡镇集市,主要是苗族以及苗汉杂居地区,苗族在其历史上经历了五次大迁徙,由最初的黄河流域附近,到如今遍布全球,但最主要还是集聚在中国西南地区的偏远山区,贵州黔东南地区即是他们的主要聚集地之一,随着农业的发展以及苗族在贵州黔东地区的定居,集市"在一些人烟相对稠密的地方,在不同社区相比邻的地点,在一些传统交通要道、河谷阶地和平坝"❶慢慢形成。明清时期,苗族乡镇集市随着城镇的兴起而兴盛,尤其是与汉族杂居的地区。明代,作为苗族聚集地的镇远就"出现了很多可供当地苗族民众与其他各族

---

❶ 万红. 论西南民族地区集贸市场的历史形成 [J]. 贵州民族研究, 2004 (3): 100-106.

人民相互进行商品交换的场所。"[1]乡镇集市作为交往或交换以及交易场所，一直是苗族人生活中不可或缺的一部分。由于族内支系众多，各聚山同居，再经过家族的扩充，每个地方的苗寨都形成了具有强大凝聚力的集合体，所以，乡镇集市不仅是城市和农村之间的重要经济纽带，也充当着联系各族各系的角色。毫无疑问，乡镇集市"市场的建立不是一蹴而就的，却是通过移民而建立成型的，在成型过程中亦伴随着村落的建立过程。"[2]同时，在国家现代化过程中，受到城市化的影响。比如，依然存在于城市的传统集市、通过现代手段规划建立的旅游型乡镇集市，这与传统集市相比都出现了新的内容。

1.2 田野点概况

贵州黔东南地区是少数民族苗族的主要聚集地之一，境内主要有苗族、侗族、汉族、水族、布依族等33个民族，其中苗族人口占总人口的42.79%，侗族占总人口的29.89%，是全国苗族、侗族人口最集中的地区。1956年7月23日成立黔东南苗族侗族自治州。本次主要选择苗族以及苗汉集聚区的乡镇集市作为考察对象。

在经过对三个区县（雷山县、丹寨县、镇远县）、一个市（凯里市）的十二个乡镇集市的考察后，最终选取其中最具代表性的四个乡镇集市作为本研究具体分析的对象（表1），分别以A集市、B集市、C集市与D集市命名，A集市位于凯里市，B、C集市位于丹寨县，D集市位于雷山县，A集市是现代城市化中乡镇集市的代表，B集市是传统民族性乡镇集市的代表，C集市是规划设计的旅游性新式乡镇集市的代表，D集市是旅游区传统与新式多样组合乡镇集市的代表。其中A集市是主要售卖服饰类的周期性集市，但除了在市里这样一个区域范围，其集市的种种特征都表明它的传统性，如当地商品、当地商家、每周五一集、以街巷为主要空间、行商坐贾相结合但行商多于坐贾等，商业范围主要有服装、布料、绣片、彩线、银饰、古钱币、老式生活器具等，其最具特色的就是售卖的各类苗族工艺服饰产品，如蜡

---

[1] 万红. 论西南民族地区集贸市场的历史形成［J］. 贵州民族研究，2004（3）：100-106.

[2] 朱晴晴. 清代西南乡村集市与区域社会——以贵州黔东南小江为例［J］. 广西民族大学学报：哲学社会科学版，2011（33）：79-86.

染、刺绣等；B集市与C集市相邻，均位于乡镇，B集市是传统的周期性集市，主要服务于当地人，其特点是原生态和民族性；C集市是产业化的特色旅游小镇，是乡镇集市在城市化背景下发展经济的主要模式，商业化及其精准扶贫产业是其重要特点；D集市是多样集市的组合，其中包含了为游客设置的工艺品街、美食街，还有服务于当地村民的菜市场和传统周期性乡镇集市，满足了不同消费人群的生活和需要。

表1　四个代表性乡镇集市（来源：自制）

类型	代表性集市	所在区县	主要服务对象	集市类型	集市内容	特点
传统型	A集市	凯里市	当地商家	周期性集市	服装布艺类专集：苗族服装、布料、绣片、彩线、银饰、古钱币、老式生活器具等	城市化进程中集市生存的缩影，是市中心的传统型集市
	B集市	丹寨县	当地居民	周期性集市	生禽、服装、银饰、彩线、小吃、占卜、医药、杂货等	传统型的典型代表
新型	C集市	丹寨县	外来游客	常市	特色餐饮小吃、银饰、蜡染布料、服饰、体验店、纪念品、娱乐项目等	商业与扶贫：万达集团与政府合作开发的扶贫项目成果之一
新型	D集市	雷山县	外来游客、当地居民	常市与周期性集市	商业街：以旅游纪念品和当地特色商品为主；菜市场：以瓜果蔬菜肉类等为主；周期性集市：以日常百货型为主	以商业旅游为主导，同时存在部分传统型的集市

2　集市要素：乡镇集市的概况

2.1　乡镇集市特点

乡镇集市在时间和空间上具有固定性，另外在空间上还具有重合性与延展性，在地理上具有一定的封闭性，在集市种类上具有多样性，在社会的发展变化中具有很强的适应性，同时，由于贵州黔东南是少数民族的主要居住地区，所以，乡镇集市景观又具有很强的民族性、原生性。

时间和空间上的固定性，空间的重合性与延展性也是其他乡镇集市具有的普遍特点，乡镇集市有常市和周期性集市，其灵活性能满足人们的多样化需求，固定的时间和地点可以为当地或附近居民提供便利，居民可以提前安排好生活劳作时间，并根据需要选择去往的集市。除常设乡镇集市拥有独立的空间外，如C集市和D集市的商业街、农贸市场，周期性集市的空间都是对其他空间的重合使用，如街道空间、交通空间以及其他生活空间，A集市就是对居民区街道空间、运动空间的重合使用，由于是早集，也并不会对周围居民的生活和运动需求产生不可调和的矛盾，B集市和D集市的周期性集市则主要是对街道空间和交通空间的重合使用，空间上几乎一周一集的频次也不会对其他空间的使用造成很大影响。空间上的延展性体验在乡镇集市没有明确的分割界线，它可以主要的空间向外无限展开，规模的大小根据市场需要可以调整。

贵州黔东南地区属于云贵高原，山高谷深，而苗族几乎都居住在偏僻的深山里（图1），离市区远，各个村寨之间的直线距离虽然很近，但实际的交通距离却相对较远，虽然现代的交通网络已经十分发达，但遥远的路程还是在一定限度上阻隔了

图1　位于深山的苗族村寨（图片来源：作者自摄）

不同地方集市的交流，在地理上也就具有相对的封闭性，例如，即使已经成为全国著名旅游地的C集市与D集市，也只能在高铁站或市区乘坐大巴车前往，而其他比较小众的旅游苗寨只有在旅游旺季才会有车来往。种类的多样性是由于多民族的融合，除基本生活用品外，还拥有苗族、汉族、侗族以及其他民族的商品。苗族乡镇集市在社会发展中的适应性，一方面源于乡镇集市是下层市场的重要部分，调节着人们生活中的剩余物质资料，满足人们的生活需求；另一方面是因为作为少数民族的集市，它充分表现了该民族以及与其他民族融合过程中的特色，具有很强的民族色彩，同时，地理环境所造成的对外交流的阻隔，在一定限度上使它们保持了原生性，免受于外来文化的摧毁性冲击和解体，所以，其民族性和原生性在城市化发展的旅游业发展需求中具有强大优势，在正确的发展方式下能很好适应社会的发展需求。苗族乡镇集市的适应性表现在既可以在现代化城市中生存，适应城市居民生活的需求，也可以继续在乡村遵循着古老的服务模式，同时，还可以在乡村发展集市旅游业来促进当地经济的发展。

2.2　乡镇集市的集期及分布

贵州黔东南地区的苗族乡镇集市主要有常设集市和周期性集市，主要分布在苗寨的重要行政中心、经济中心或交通中心等人流比较集聚的地方。常设集市一般位于人口比较多的苗族村寨，因为需求比较大，如D集市的农贸市场、D集市的商业街是为了满足外来游客的需要，而农贸市场则是为了满足当地居民、商家的需求，D集市所在的旅游景区是由羊排村、东引村、南贵村、平寨村等10余个自然村寨组成的，因旅游业的发展才逐渐连成一片，本地居民平日就在农贸市场购买基本的生活资料，剩余的农业产品也可以在农贸市场进行售卖，而外来游客的增多带来餐饮行业的繁荣也进一步扩大了对常设农贸市场的需求。同时，D集市的周期性集市因为价格便宜、种类繁多则成为当地居民集市生活的重要补充，它是以五、六天为周期依次开集，保证每周至少有一集，其经营范围比农贸市场更加广泛，而且多有其他村寨的"行商"（图2～图4）。另外，A集市则是固定每周五赶集，B集市是固定每周六赶集，一个地区范围内的不同乡镇集市集期安排通常比较合理，很少出现冲突的情况。

乡镇集市一般分布在比较重要的行政、经济或交通中心，这是区域位置的无形

图2　D集市农贸市场

图3　D集市商业街

图4　D集市的周期性集市

吸引力，如A集市就位于贵州黔东地区的市区，市区的交通系统发达，近的直接乘坐公交就能达到，远的或由高铁、火车转公交，或由大巴车转公交，如A集市一位"行商"就表示，自己来A集市需要乘坐两站高铁，然后转公交车。B集市则位于当地的汽车站旁，现在也有公交车到达；全新规划的商业化旅游类乡镇集市C集市离B集市较近，也具有一定的区位优势；D集市因为旅游业的兴旺，几乎每天都有庞大的游客群，故而在景区入口后期修建了汽车站，以此满足D集市的交通需要。同样是旅游型，但发展程度不是很高的乡镇集市，在交通上就面临着不便的困境，尤其是在旅游淡季。旅游类型的乡镇集市与普通乡镇集市在区位选择上具有很大的不同，普通乡镇集市由于是为了满足当地或附近居民的生活需求，所以，会优先选择具有区域优势且人口数量比较多的地方，如行政、经济或交通中心，但旅游型的乡镇集市主要是为了满足外来游客的游玩体验需要，丰富的、有特色的旅游资源最为重要，所以，旅游型乡镇集市会在旅游业的发展中带动当地经济的发展以及交通的完善。

2.3 乡镇集市的职能及运作

2.3.1 经济、文化职能

乡镇集市的首要职能是经济职能，与传统集市相比，新型旅游类集市的经济活动更为活跃，相应的发展旅游型乡镇集市也成了刺激经济发展的重要方法和手段。经济职能是乡镇集市的基础，其他职能则是乡镇集市的进一步发展，集市首先是进行商业贸易的场所，以此为凝聚点才形成了一个公共性的社会空间，其他职能如文化职能、政治职能、社会舆论、休闲娱乐职能也才能相应产生和发展。传统集市的经济职能主要是对人们生产资料和生活资料的调剂和补充，而在旅游型集市中，消费主义色彩更为浓厚。

乡镇集市还是文化的展演空间，但在传统、普通乡镇集市里，随着城市化的发展和农村常住人口的减少，文化职能正逐渐弱化，与此同时，旅游型集市却在不断凸显它的文化职能，如C集市以苗族和侗族的民族文化为主要特点，D集市则以苗族文化为主要特点，两集市通过拦门酒、民族服饰游街、歌舞剧、斗鸡、斗牛、斗鸟等民风民俗的集中表演，为外来游客提供了解当地文化、习俗的重要平台。C集市与D集市的文化职能同时也是经济上的，因为发展旅游业的主要目的就是促进当地经济的发展，而少数民族文化是它们的主要吸引力，所以，其文化职能运作的主要目的还是为经济职能服务。C集市作为资本与政府合作的精准扶贫项目成果，用现代商业思维对少数民族文化进行了提炼和重组，同时，将现代生活方式融入其中，打造了一个民族性的文化商业公园。C集市的大概逻辑就是先用经济开发文化，再用文化拉动经济增长，从精准扶贫的效果来看，该模式是为当地经济发展的内在赋能过程，是长期且可持续的，从资本的获利性本质来看，该模式在拉动当地经济繁荣发展的同时，也为自身带来了可观的经济效益。可以看到，C集市在硬性设施上遵循着现代城市商业中心的配置方式，在文化活动安排既参照了 D 集市的已有模式，也结合了现代人的一些生活习惯，如民俗表演活动、歌舞剧等，与 D 集市的模式相同，但又结合了图书馆、跑道、高空秋千、高空玻璃桥、游船等学习、锻炼与娱乐设施，由于是精准扶贫项目，所以，集市上入驻了许多具体扶贫对象、特色工艺的店铺。

2.3.2 休闲娱乐职能

赶集的目的是多样的，其中一部分是因为可以暂时从家庭生活的任务中脱离出来，既可以是在进行经济活动的同时享受休闲的时光，也可以只是为了休闲和娱乐的目的。如果说一个家庭的主要支柱是为了平日生产生活的需要而进入集市，同时享有一部分的休闲时间，那么小孩和老人则多是为了热闹、玩乐、散心、聊天，尤其是在节庆假日期间，休闲娱乐的需求更大，如苗族的苗年、姊妹节等。但与旅游型集市相比，传统集市的休闲娱乐职能不是很突出，因为它更多的是经济职能的附属物，尤其是在现代社会对经济的发展要求中，经济职能被不断突显，休闲娱乐职能被弱化，同时，也伴随城市化发展过程中城市文化对农村文化的统摄，显示了传统娱乐内容与方式在新文化面前的窘迫感。

旅游型集市着重突出了娱乐功能，"休闲"则在匆忙的行程、拥挤的人潮、"打卡式"的游览方式中遭到质疑，但在旅游型的集市中"休闲"不是不可实现的，一方面，人们可以主动选择这样的方式，如放慢行程、避开人流、用心体验；另一方面，乡镇集市在设计与建造中也可以将相关的设施与功能纳入其中。如 C 集市有各种完善的基础设施和活动安排，涵盖了人们外出旅游时的衣、食、住、娱、教、学等需求，在休闲娱乐上安排了高空秋千、高空玻璃桥、剧院、各种民俗表演等活动，对于外来游客而言，可以在休闲与娱乐的平衡中很好地体验当地的人文风情和民俗文化，C 集市同时也是一个文化公园，对于附近的居民而言，C 集市提供了一个环境优美、设施完善、场地宽敞同时又具有文化氛围的锻炼、休闲娱乐场地。

2.3.3 信息交换、舆论职能

"社区中坚力量的缺失使得集市作为基层社区公共空间，其主题和话语发生相应变迁，原就微弱的公共批评和公共舆论日渐式微。"❶信息交换与舆论职能更多地

---

❶ 王伟，卜风贤. 公共空间与乡村社会：基于乡村集市功能的一项经验研究——以陕西省 W 集市为例［J］. 农村经济，2013（9）：101-105.

发生在传统集市中，在通信技术以及网络技术还不完善时，乡村社会信息的获得主要依赖于集市上的交流，例如，庄稼收成如何，最近的物价怎样，鸡苗价多少，鸡蛋的价格是涨了还是落了，猪价多少钱一斤，其他集市上大豆、小米的价格是多少，什么农作物的收购价比较高，哪家有多余的姜种，谁家孩子读几年级、上的哪所学校，谁家有喜酒喝，谁家盖新房需要帮手，谁家老人身体病弱需要探望……这些琐碎的生活信息，在乡镇集市这一结点上多次交换，最后再传输至附近的村里，信息在没有现代电子信息技术及其设备帮助的情况下就这样完成了自身的传播。

集聚起来的人群在公共空间内对公共话题的讨论形成了公共批评和公共舆论，公共话语在乡镇集市上潜移默化地影响着附近的居民，如对有关家庭矛盾、社会矛盾的讨论，进一步规制了人们自身的行为。但是，随着现代通信技术和网络技术的完善以及乡村社会中主要中坚力量的缺失，信息交换和舆论职能被弱化，在旅游型集市中可以明显看到该职能的缺失。传统集市是"熟人社会"，即使有发达的通信技术，日常信息交换作为亲友间情感沟通的主要方式也还比较常见，而且部分舆论的力量能对"熟人社会"产生作用，但是旅游型集市是"陌生社会"，信息交换既不是目的，也没有情感需要，舆论职能对外来游客而言既无产生的公共时间基础，也没有规制作用。

2.4　乡镇集市主体的日常生活
2.4.1　购买者的劳动与休闲

在传统集市中，购买者的角色是乡镇集市中重要的组成部分，由于乡村基本是以农业生产来维持家庭生活，所以，农业生产是他们生活的重心，平时里他们的生活以四季为更迭开展劳动工作内容，在大地上耕耘、收获，除了直接满足家庭生活所需外，通过集市换购其他的日常生活用品。购买者的劳动与休闲既是平时繁忙劳作中外出购买生活用品时附赠的休闲，也是农忙时节过后以休闲为主的集市参与者，在农忙时节，偶尔从劳动生产中抽出一天或半天的时间，进入集市，在购买生活用品和生产资料的同时，和碰巧遇上的亲戚好友问候聊天，问问大家的近况，这也算是一种联系情感的方式和休闲放松的方式，或者直接约上好友一起去赶集，这样的行为也就类似于城市中的聚会，只是在乡村社会中以勤劳为美，完全意义上的

190

休闲活动并不被认同，所以，多是其他需求为主而附带的休闲，而不用承担主要农业生产活动的老年人构成了集市上进行休闲活动的一部分，他们或游荡于集市中，或聚众闲谈、和认识的或不认识的人聊天，与家里的冷清相比，集市对于老年来说最大的吸引力就是热闹，且有更多可交流的同龄人。

随着城镇化的发展、外出务工人员的增多以及乡村中主要生产力的外流，农业生产在家庭生活中所占的比例也越来越小，于是，人们在集市上购买的日常生活用品越来越多，尤其是在节庆假日期间，随着外出就业、上学人员的回归，既带来了可观的消费力，也带来了隐性的休闲消费需求，如小孩的玩具、小吃等。旅游型集市C集市的出现给附近居民带来了很好的休闲娱乐场地和基础设施，因为它同时有一部分也是民族文化活动广场，有环湖跑道、高空娱乐设施、剧院和可闲逛的街区，但是，对于本地人来说，这些都是给外来游客消费的场所，当地人最常用的只是广场上的一块空地和跑道，因为中老年可以在广场上进行休闲娱乐活动，年轻人则喜欢在跑道上运动。而C集市的出现满足了那些比较时髦的乡民的休闲需要，而对于年纪更大、思想与行为都更传统的老年人来说，C集市是陌生的，既不符合他们的行为习惯，也不满足他们的休闲需求，所以，可以看到在像B集市这样的传统集市中，老年人随处可见，而在C集市中几乎见不到这样的人群。

2.4.2 行商的追集日常

行商是指外出流动经营的小型个体商人，与坐商主要存在于常设集市中的情况刚好相反，行商是周期性集市的主要组成部分，同时，部分存在于常设集市中，他们往往奔波于某个区域内的几乎所有乡镇集市。如D集市周期性集市上一位售卖水果的行商，除了每周中的一天会到D集市出摊，一周另有四到五天的时间会出现在附近其他集市上，同时，还需要留出一天的时间去批发市场拿货，一周的时间几乎都在追赶着不同地方开集的集市，然后以一周为周期，如此循环往复，B集市的一家服饰行商也是如此，其从业已有十余年，集市上的很多顾客和她都很熟悉，但同时为了兼顾家里的农业生产，她每周只会有四天出现在附近的其他集市上。但A集市的情况有所不同，A集市是售卖服饰类的专集，并且很多蜡染、刺绣等都是行商自己做的，频繁地参加集市活动，就没有时间生产新的商品以供应市场需求，所以，大部分人都只参加这一个集市，同时还能兼顾家里的劳动活动（图5、图6），而A集市每个摊位的个体

图 5 A 集的坐商   图 6 A 集的行商

领地意识不强,一方面是因为其空间有很大一部分是运动空间———一个篮球场,不好识别范围;另一方面也是因为参加集市的次数与其他集市上的行商相比不是很频繁,因为是早集,所以,每周五天不亮就会有人用其他物品占位,更有甚者,如 A 集市附近的一个花市,集期头一天下午就会有人用绳子标注摊位领地范围。

行商同时具有流动性与固定性,流动性是相对于他们追集日常来说的,因为几乎每天都会出现在不同的乡镇集市上,固定性则是由于集市周期的固定性,每一周的同一天几乎都会出现在同一集市上,也基于此固定性,大部分职业行商在每个集市都有一个固定的位置,但少数集市除外,所以,一个乡镇集市上大致的摊位摆放位置基本是一直保持不变的,除非有人特意去挑战这种非官方规定的领地拥有权。同时,行商的固定性也加强了他与当地部分乡民的联系,与"半行商"相比,其流动性也让行商能获得更多的市场信息,在集市上拥有更大的主动权。

2.4.3 "半行商"的角色转换

"半行商"是部分具有行商性质的非职业商业人,是行商与购买者之间的中间身份,可以在购买者与行商身份之间相互转换,其身份的转换既可以是短时间的,如一天,也可以是较长时间的,如一周、一个月。"半行商"往往存在于传统集市中,首先是因为传统集市中市场准入的原则较低、几乎是零成本且空间不受限,有意愿的人们都可以成为"半行商"。在传统集市中,赶集之人几乎都是集市附近村寨的农村居民,在家庭生产中剩余的生活资料会被带入市场进行交易,然后换取所需的新的生活资料，其进入市场销售自己剩余的生活资料时是卖家的身份，但是没有固定位置，在销售的同时也是其他商品的购买者。在旅游型的集市中几乎不会出现"半行商"的角色，如C集市和D集市商业街，因为其市场准入门槛高，基本都是有一定资金且能承担经济风险的坐商，而且为了良好的景区视觉效果以及旅游安全管理，"半行商"的集市角色很难进入其中。

即使不产生其他购买行为，只是销售自己的商品，不像职业行商那样频繁地"追集"，只是在某一段时间内是商人也是"半行商"，如B集市售卖家禽的一位乡民表示，前不久家里的狗生了好几只小狗，自家又养不了这么多，所以，直接拿到集市上来卖，前一周卖得不好，所以，这次集期便又来了。而D集市的菜市场入门处，每天都会有不同的附近的居民将自家多余的蔬菜瓜果等农产品拿出来售卖，他们并非职业的商人，既没有固定的摊位，也不去其他集市，同时，还很少消费。"半行商"的身份转换不仅在于卖家与买家身份的转换，还在于商人与普通居民之间身份的转换，在平日里，"半行商"更多的是普通居民的身份，只是在某段时间内有销售需求时才会成为行商。"半行商"的角色转换是传统集市运作机制灵活性的表现，扎根于乡村的集市既满足了乡民们的生活需求，乡民的生活特性也进一步塑造着乡镇集市的内容。

2.4.4 坐商的"闲忙"之别

坐商是在固定地点营业的商人，主要是指乡镇集市中有固定位置，且每日营业的从商人员，坐商广泛存在于常设集市中，部分存在于周期性集市中。坐商的"闲忙之别"主要分为两种，一种是常设集市中的"闲忙之别"，主要是指节庆假日期间繁忙的经济交易活动和非节庆假日期间松闲的交易活动，尤其是近年来城市化的加速发展以及农村中外出务工人员的增多，非节庆假日期间乡镇集市的人流相对较少，并且具有老龄化的趋势，而在节庆期间不仅具有更多的人流，也具有更强的消费意愿，这对部分坐商的经济交易而言具有很明显的差异，尤其是旅游型乡镇集市，节庆假日期间有大量的外来游客，随之而来的就是大量消费的需求和坐商高频次的经济交易活动，如2020年暑假期间因受疫情影响，七月初在D集市依然只有少部分游客，将家里的房屋出租给别人做民宿生意的一位当地居民表示，由于今年很少有人来当地旅游，所以，不仅坐商"闲着"，他家房屋的出租费用也还未能收到。

另一种是周期性集市中的"闲忙之别"，周期性集市大部分由行商组成，在集期当天，不同地方的行商集聚到同一地点进行经济交易活动，集聚起来的人流同时也给坐商带来了部分交易契机，如D集市的周期性集市以及B集市在集期当天的饮食类坐商就会特别繁忙。可以看到常设集市坐商"闲忙之别"的周期性范围比较大，是以每一年节庆假日的日期为规律的，尤其是贵州黔东南地区苗族的旅游型乡镇集市，而周期性集市坐商的"闲忙之别"的周期性范围比较小，以每次的集期为规律，同时，在大的方面也受到节庆假日的规律性影响，所以，周期性集市坐商的"闲忙之别"受到了节庆假日以及集期的交叉性规律影响。

3 问题导向：乡镇集市的设计审美分析

3.1 为何能审美
3.1.1 生活审美化与艺术生活化

对于什么是美的问题，最开始的主要研究对象是美术和艺术，因为它们最集中地体现了美的理想与内涵，但自然美的发现打破了这样的研究传统，从赫伯恩的《当代美学与自然美的忽视》一文发表以来，"美"的对象从美术作品、艺术作品扩展至自然界、人们的生活环境以及日常生活，形成了目前艺术美学、生态环境美学与日常生活美学齐头并进的局面。日常生活美学与艺术美学、生态环境美学相比，更加生活化，但这种生活化不是审美价值的贬低。关于日常生活审美化，或是审美生活化，不过是针对日常生活和美学两个不同主体提出的，美学的生活化不是美学被贬低了，而是将生活的价值提升到了美学的层面，柏林特在论述环境的神圣性与日常生活时，就这样写道："实际上，它不是通过使普通生活变得具有神圣性而贬低神圣，而是将它的价值提升到神圣的层面。在神圣性与日常环境之中没有明显的分割，因为它们不是对立的，在它们之间存在着一种连续性，因为价值充满着所有的环境。"❶

---

❶ 阿诺德.伯林特.生活在景观中——走向一种环境美学［M］.陈盼，译.长沙：湖南科学技术出版社，2006：134.

194

生活的审美化首先在意识领域是对大众文化生活的认同，不同于传统精英或上层社会在精神上对大众的统摄，对普通、平凡、日常、平淡生活的关注，反映了对改善真实现实世界的愿景。提升日常生活的审美性或是用审美的眼光来审视日常生活，都是生活审美化的表现，是基于现代社会经济发展后可实现手段的方便与快捷性的，虽然社会的现代性在工具理性的支配下，人出现了被马克思称为的"异化"现象，消费社会的商品经济也指明了相似的社会情形，但不可否认的是，这也为日常生活的审美化提供了有效途径。

生活的审美化带动的是美的生活，与柳宗悦倡导的与"贵族工艺美术"相对立的"民艺"属性相似，即实用品与普通品，生活的审美化就是现实的、普通生活的审美，就是在人们日常生活的衣、食、住、行、用中充盈着美，微如纽扣、筷子、剪刀、锥子，大如房子、汽车、家电、座椅，再如人的身体等，都充分展现了审美的实在。同时，美离不开生活，诚如柳宗悦所言，"如果美与生活相脱离，则人类的美的意识就会降低。"❶如果人们不结合生活来体验美、品味美，不仅不能培养正确的审美情趣，还会生产出更多低级审美的用品。

生活的审美化与艺术的生活化密切相关，尤其是现代主义艺术。艺术作为传统的主要审美对象，在现代社会中具有"自反性"特点，即自我对抗、自我反思，即自己解构自己、自己瓦解自己、自己反叛自己，但其目的和结果不是毁灭自身，而是在对抗与反思中，在解构、瓦解与反叛中走向新的发展道路。这样的现代艺术自反性充分反映在以达达主义（Dadaism）和波普艺术（Pop Art）为代表的"艺术化的反艺术运动"中，但它们发生于精英艺术的内部，其目的在于消抹艺术的既定边界、延伸艺术的新概念，与日常生活的审美化走的是相反的途径，即是艺术的生活化，并且通过行为艺术、观念艺术、大地艺术等艺术实践的发展，其程度不断加深、边界不断扩展。

艺术的生活化是艺术自反性的表现之一，虽然艺术的生活化与生活的审美化走的方向是逆向的，但生活、艺术、审美这三个因素是紧密相关的，在历史发展与现实生活中都不能将其割裂，而且当它们作为两条发展线路时，势必有交叉和部分重

---

❶ 柳宗悦. 民艺论［M］. 孙建君，黄豫武，石建中，译. 南昌：江西美术出版社，2002：18.

合。日常生活作为艺术与审美的共同因子，为相互之间的参考架起桥梁。

3.1.2 乡镇集市作为一个公共空间

乡镇集市是一个社会性的公共空间，同时也具有部分私人空间，作为公共空间的部分，是集市职能运作的主要场地，也是集市参与者的活动空间。乡镇集市公共空间的形成既有自发性也有政府的规划引导，同时受到自然地理坏境、社会文化坏境的影响。乡镇集市作为乡村社会的一个公共空间，是乡村集体生活的展演地，不仅集中了附近村寨的村民，而且通过不同地区的集市把乡村联动起来，形成一个网络关系。在新型集市里，外来游客构成集市的主要人因素，经济因素成为主导因素，文化因素则成为催生经济增长的辅助，在这样的新型集市里，每天上演着不同于往日的生活体验之美。

乡镇集市的公共空间集中展示了附近村民日常生活的丰富内容，并且具有公共性、易接近性、延展性的特点，少数民族地区则同时具有民族性特点。乡镇集市是主要进行经济活动的公共空间，同时兼具社会文化展演与传播、政治议论与治理的功能，其公共性意味着乡镇集市不是任何人或组织的私有物，虽然它受到相关部门的规划与监管，但其目的也是"为他"而不是"为己"的，现代旅游小镇类的集市的公共性相对减弱，传统几乎无条件的公共性变为有条件、有限制、有要求的公共性，同时非公共空间增多。这是因为有商业组织的参与，但商业组织作为一股经济力量可以带动乡镇集市在新时代下的新发展，从传统立足于本地人的公共空间转向面向全国乃至全球的游客，这不仅极大地扩大了消费群体，实现了从经济的"内卷"转向"外放"，也提高了当地的经济水平。

乡镇集市空间的易接近性既是在交通行程上的易到达，也是在进入该空间准入条件上的几乎无限制，集市的类型和规模众多，从最基层的小市场到乡镇上的大市场，从定期集市、常设集市、周期性集市到极具针对性的花市、家禽市场、布市等，分布在各乡村的交通中心、行政中心和旅游中心附近，每个集市联合振动着周围村寨的人及其生产生活，在现代交通的发展下，人们更是在任何一天都能找到一个正在开设的集市。乡镇集市的空间很少有限制，从买卖双方、游玩者来说都是如此，在传统集市的基层市场中尤其如此，这是缺乏监管的结果，同时也就导致了集市基层市场中出现售假卖假等欺诈行为。

乡镇集市空间的延展性是因为没有具体的空间限制，它往往以一个主要中心区域向外延展，在淡季形成的空间就比较小，在旺季自发地往四周扩展空间。乡镇集市的空间还往往依附于其他空间，如生活空间、建筑空间、交通道路空间等，在赶集这一天是乡镇集市空间，而其他时间则又恢复其正常空间，如贵州黔东南地区的定期集市A集，它是一个主要交易服饰布匹的早集，每周五早上天亮开集，中午一两点左右开始撤摊位，其主要空间由一个篮球场和旁边的一条人行通道组成，平时这里是人们运动、行走的空间，到周五早上则自发成为一个集市的空间。乡镇集市空间的延展性得益于集市的摆摊方式，都是可拆卸和可移动的，一个简单的支撑台子、一块油布就可以成为展示商品的平台，有的直接用背篓或袋子装着放在地上即可，即使是在不平坦的空间内也能很好适应，另外，还源于乡镇集市里人们买卖身份的转换，乡村里的人们一般都会把家里剩余的产品拿到集市上售卖，然后去购买家庭生活所需的其他物品，他们并不是职业商人，为了节省成本和便利性，他们会用最简便的方式进行交易活动。

乡镇集市空间依附于当地的其他空间，乡镇集市的内容也充分展现了当地的特色，尤其在少数民族地区，其生活起居的衣、食、住、玩、医、艺均反映在了集市上，越是原始的、传统的、基层的越能反映出其生活的与众不同。如贵州黔东南地区的B集市与C集市，两个集市相隔不远，但服务对象却大相径庭，B集市主要服务于当地人，是比较传统和原始的集市，C集市主要服务于游客，是现代新式发展的旅游类小镇，虽然两者都是民族性的，但是后者在审美情绪上更加令人难忘而深刻，因为那是活生生的、真实存在的生活，是身处异域时内心的惊讶、害怕、恐惧和敬畏的交织，而C集市则是表演性质的，虽然其服装与妆容更华丽，集市空间更整洁、漂亮，也具有民族性，但与去其他旅游小镇的审美体验并无太大差别。但这不是在说要完全保留如B集市那样传统的、原始的集市，而C集市就是不好的，而是要探索能引起人们产生与众不同的而又深刻的审美体验的原因，并将其实践在新式的乡镇集市中，从而丰富人们在乡镇集市中的审美活动，获得更好的审美体验。

以上乡镇集市的公共性、易接近性、延展性特点主要讨论的是传统集市的公共空间，而在现代新式的乡镇集市空间内，公共性、易接近性、延展性均受到不同限度的减损和限制，但这不是一个坏消息，因为这同时意味着加强了集市的监管与规范，更能保障消费者的合法权益，维护集市空间环境的整洁，在审美体验上创造更多的有利因素。民族性是获得更好审美体验的关键点，但生活里具有生命力的民族性与表演性质的民族性具有很大不同，前者在审美中的作用更加凸显，它已经与人们的日常生活融为一体，因此，对少数民族地区乡镇集市的生活审美研究是必不可少的。

3.2 如何进行审美

3.2.1 相通性：环境美学与日常生活美学

日常生活如何进行审美？与自然美更关注"自然"相比，生活美更关注"人"，但与自然美相似，日常生活没有传统艺术的框架限定及明确而具体的审美对象，相较于传统艺术的"单纯"及其拥有的相应审美特质，现实生活的无边界性与复杂性，无疑增加了对其审美的困难，同时，如何从日常、普通中发现美则对审美鉴赏力提出了更高的要求。

尽管环境美学与日常生活美学现在已形成两个不同的研究领域，但它们在深层次是相通的，正如著名的国际环境美学家艾伦·卡尔松所说："平凡的环境，普通的视野和日常体验都是审美欣赏中适当的对象。环境美学就是日常生活的美学。"❶在论证环境的美学意义与艺术作品的美学意义一样具有价值时，他说道："依据审美的新模式和该领域宽泛的研究范围，环境美学具体阐明着这样一个观点，即每一处环境，自然的、田园的、城市的、大的或小的、平常的或特殊的，都为我们提供了大量的素材去观察、聆听、感受与欣赏。"❷因此，乡镇集市日常生活与自然、环境、艺术一样具有美学的研究价值。

李泽厚将美学的种类分为艺术美、社会美和自然美，其中的社会美即是对人类日常生活美的肯定，只是不同于对艺术的静观的审美欣赏，日常生活的美与著名环境美学家柏林特的"参与美学"的审美欣赏方式更吻合，只有参与人们的生活，用当地人的思想习惯去思考、去行动、去生活，才能感受到独属于当地的日常生活之美，与此同时，还要保持美学家的超越性眼光与审美能力。另外，我国著名环境美

---

❶ 艾伦·卡尔松. 自然与景观［M］. 陈李波，译. 长沙：湖南科学技术出版社，2006：12.
❷ 艾伦·卡尔松. 自然与景观［M］. 陈李波，译. 长沙：湖南科学技术出版社，2006：17.

学家陈望衡在当代环境美学的建构中，就将环境美学的主题定位为生活，在环境美学领域是把日常生活美学纳入其子系统或某个部分，即人建环境的审美内容，可见环境美学与日常生活美学是具有相通性的，二者有较大的合集，因此，在审美鉴赏方式上也是可以借鉴的。

总而言之，日常生活美学与环境美学的相通性为在日常生活美学中借鉴环境美学的理论与方法成为可能，环境美学的成熟发展可为该研究提供一定的理论依据。

3.2.2 "参与美学"：柏林特的美学借鉴

"参与美学"原英文名称为"aesthetic of engagement"，也译为结合美学、介入美学、交融美学，尽管程相占认为"交融"一词更能准确地揭示环境美学的思想，并且其理论思路隐含的生态取向与身体取向能更准确地把握它与相关美学理论的联系和区别，但这不是本文重点，故而选用使用得更多的"参与美学"一词。其实，无论是"参与""结合"还是"介入""交融"，其审美方式旨在弥合人与环境之间的对立矛盾关系，因为审美欣赏者与环境之间不是分离、对立的关系，也不能将环境客体化为有待认识、思索和处理的对象，人被环境包裹着并且是其中的一部分，人与环境之间是"须臾难离"的，同时，人也进一步塑造着环境。所以，在环境欣赏中，参与美学强调观者全身心地投入，这样的投入不是把目光聚焦于某处环境，而是把自身归还到环境中，成为环境的一部分，然后进行审美活动。

无论是对环境还是日常生活的审美鉴赏，都需要审美感知力。首先，感知不只是视觉的，还包括各类感觉类型与通感，这需要投入我们全部的感官系统并相互作用；其次，感知力不是简单的感知觉和感官感知，而是"被培养、被聚焦和被知晓的感知意识"❶，这是其客观性的一面，敏锐的感知力是获得审美体验的首要条件；另外，人的感知还渗透了文化的影响，因为人是社会性的存在者❷，所以，柏林特进一步提出"文化美学"（a cultural aesthetic），而这与地理学家和人类学家将反映地方的独特行为方式的地理景观称为"文化景观"相关，约·瑟帕玛则明确提出"环境文化"以及环境文化的结果——"文化环境"的概念，他认为"环境是一

---

❶ 阿诺德·柏林特. 论环境感知力［J］. 江苏行政学院学报，2013（4）：34-38.

❷ 阿诺德·柏林特. 环境美学［M］. 张敏，周雨，译. 长沙：湖南科学技术出版社，2006：18.

种社会知觉,尽管它的物质形态是独立于人类思维之外的,并在他们消亡之后继续存在的。"❶总之,感知力的培养以感知体验为基础,在环境与生活当中,感知体验的必要条件是参与其中并积极对话,而不是传统艺术的"无利害静观"审美模式。

人与日常生活之间的关系比与环境之间的关系更为紧密,因为"环境"还有自然环境、社会环境,自然环境虽然也受到部分人类活动的影响,但本质上它还是自然的,而日常生活则完全是属"人"的,由人们的生存、行为、活动、目标等构筑而成,"人"是构成生活的首要和主要因素,人与生活之间更不可能是对立或外在独立的。在乡镇集市生活的审美中,"参与"的审美方式尤为重要,生活是活生生的、鲜活的,是持续进行的,地方性的生活具有自身的特质与气场,传统艺术的"静观""观"不能对日常生活进行较为深入的审美,而且即使是传统艺术,现场感同样能获得更好的审美体验,所谓的"参与"就是生活的现场感,而且是动态的、流动的现场感。

从某种程度上可以说,人生活的过程就是参与的过程,参与的过程即是生活的过程,而对贵州黔东南地区乡镇集市生活的审美过程,就是带有审美鉴赏性地参与当地生活的过程。可以看出,审美参与对于日常生活具有天然的适应性,所以,西安建筑科技大学的博士生吕小辉提出并构建了一个新的设计理念,即"生活景观",其目的之一就是"……重视日常生活可知可感的细枝末节,强调身体全面参与和整体体验在空间审美过程中的重要地位……"❷虽然其论文是对城市公共空间的研究,但他对日常生活同样十分重视。

3.2.3 "知识美学":卡尔松的美学借鉴

在面对自然、社会时获得的审美感受是不亚于艺术的,只是具有震撼性的、感动性的审美感受不易获得,并且是稍纵即逝的。罗纳德·赫伯恩在论述自然美的评价性术语时用的是"认识到(realize)",同时也提到了艺术的描述及评价性术语如"真实""虚假""深奥""浅显""肤浅"等❸,首先可以看到在艺术审美中,是有审

❶ 约·瑟帕玛. 对环境的文明态度——文化,教育,启蒙和智慧[J]. 文艺理论研究,2013(6):141-147.
❷ 吕小辉. "生活景观"视域下的城市公共空间研究[D]. 西安:西安建筑科技大学,2011:5.
❸ 罗纳德·赫伯恩,李莉,程相占. 当代美学与自然美的忽视[J]. 山东社会科学,2016(9):5-15.

美的层次、过程之分的，初期或是初次进行艺术审美欣赏时会是浅显的、肤浅的，甚至是虚假的、错误的，而长期进行艺术审美欣赏的或从事艺术工作的人，则会从早期的肤浅、浅显慢慢过渡到深奥、真实。这样的过程不止存在于对艺术对象的欣赏中，在对自然对象、社会对象的欣赏中，同样需要这样一个过程，假期出去旅游、观光、野餐可以说是对自然进行的审美活动，但这样的大众审美活动是非常浅显的，往往只关注于视觉形式上的享受，更高层次的需要经过一定的学习、训练才能达成，从视觉的感知上升为自我与自然的一体性，通过周围的环境感知到生命之间的联系与和谐。"认识到"是具有科学性的成分，代表着虚假的剔除，认识到了真相与事物的本来面目，它意味着一种发现自然对象的真实性，并且是有助于提升审美感受的。

卡尔松的知识美学是一种科学认知主义，即将审美建立在"知识"的基础之上，他继承了罗纳德·赫伯恩关于审美的层次与过程之分的思想内容，将审美评价性术语"认识到（realize）"进一步发展到"知识"，其共同目的是获得更深层次的和更为本质的审美体验，但是卡尔松的知识美学还侧重对科学知识的依赖，因为审美欣赏不是单纯的物质感官与情感反应，也不能随意主观化，它应当是一种严肃的、适当的审美方式，就像艺术鉴赏有艺术相关的知识作支撑，在自然审美中，同样需要自然史和自然科学的知识，因为只有深知相关科学知识，了解其"如其所是"的必然性与合理性，才能积极形成客观且深层的审美体验。同理，在苗族乡镇集市中进行的审美体验，既需要苗族史、集市史的科学知识，也需要美学、设计学、社会学、人类学等科学知识。

3.3　生活美学中的设计问题

3.3.1　设计的进化及生活美学趋向

根据世界设计组织（WDO）的官网显示，其对设计的界定随社会需求而更新，该组织正式成立后的第三年即1959年第一次明确了设计的概念，更确切地说是工业设计，它区别于以工艺为基础的设计概念，其设计是为世界上数以百万计的人每天使用的，是设计产品、设备、对象和服务的专业实践，工业设计师通常关注产品的外观、功能和可制造性。十年后的1969年，该组织认为设计是一种以决定产品形式为目的的创新行为，其目标是从生产者与使用者的角度去思考该产品的结构和功能之间的关系，使之形成整体。2006年，设计的目的是为物品、过程和服务以及它们的整个生命周期系统中塑造多方位的品质。2015年，在韩国光州举行的大会更改了该组织的名称，去掉"工业"一词，使设计的内涵与概念更加广泛，设计也被重新定义为是解决问题的过程，并且是策略性的，其目的在于创新、促进商业成功，并通过创新的产品、系统、服务和体验提高生活品质，并且它是跨学科的，其更大的目标是创造一个更美好的世界。

2020年的世界工业设计日的主题是"日常生活设计"，设计已渗透我们的日常生活和实践中，设计的价值和好的产品、服务，使人们的生活更轻松、更高效。世界设计组织对设计的定义以及最新关注的议题，不仅反映了设计领域的扩展以及内涵的丰富，也体现出人们对设计提出了更广泛和更高的要求，设计在日常生活中的作用也得到重视，这也证明对乡镇集市日常生活的研究符合现在的研究趋势与讨论热点，审美的研究也是为了更美好的现实世界。与此同时，2020年至今的疫情对全球日常生活的冲击，也让人们重新思考设计对于日常生活的意义。

设计在回归日常生活的同时，设计审美也越来越具有生活美学趋向。首先，日常生活既是美的重要源泉，也是设计的主要实践对象。日常生活是持续发生的、普通的、平淡的、个体化的，日常生活虽不像艺术那样能集中且强烈地感受到美，但它却是艺术的唯一源泉，同时，也是美的重要源泉，它比艺术更具丰富性和生动性。当设计从精英设计转向"为社会而设计""为真实的世界设计"，设计也和美学一样从殿堂走向了大众生活，真实的世界就是日复一日发生着的、持续着的普通大众的生活世界，美源于其中，设计的实践对象也有赖于此。设计与普通大众的日常生活紧密相关，但大众的生活需要却往往被忽视，所以，在大众的日常生活里去践行设计既是现实的需要，也是设计的职责。

其次，设计是一种手段，日常生活通过设计实现美。人们的日常生活由物品和行为构成，而构成日常生活的物品与行为不全是美的，令人震惊的是，大部分都是不美的，人们只是不得不忍受，因为没有其他选择，因为相比于贴近普通，人们更倾向于走向"神坛"。日常生活的审美不只是对已有美的发现，还需要通过设计手段创造更多美的内容，引导获得更好的审美享受。设计是为人服务的，在这里，设计需要服务于人们日常生活美的发现与创造。

3.3.2　审美对象的非实体性

根据2015年世界设计组织（WDO）官网给出的最新设计定义，设计是一个策略性地解决问题的过程，那么，此时的设计已没有具体的设计产品和物质性的表现，设计的形式美规律被直接打破，或者说，设计的形式美的命题已不存在，那么美学介入设计还有何意义？美学作为哲学的一个分支，具有哲学对人类生存与生活的反思性特点，美学在更大意义上是为了人更美好、更有价值地存在和生活，它介入设计实践领域，是为了让设计更符合人的存在状态与生活状态，并对其价值提出要求，同时，这里的人不是某个特定群体，而是指所有的人，所以，用徐恒醇的话来说就是，"美学对设计的介入旨在提供一种人文关怀和审美价值导向"❶。

现代设计的定义已经剔除了设计实体物的主体地位，因为在现代社会中，实体物不再是设计的主要解决对象，这既是因为设计物品已经过多地充斥着我们的生活，也是因为人们的需求已经从基本的生活资料转向了更高层次的精神需求，人们需要更好的服务、更有品质的生活、更有个性化的表达、更美好的人生体验，所以，审美对象也转向了非实体性的审美体验，这也是为什么近年来沉浸式的展览、主题公园越来越受青睐的原因。乡镇集市的生活审美也是一种审美体验的获得过程，而不是实体性的建筑、某类商品或某个人，它首先是对大众生活的认同，其次才是对基于民族性的、地方性的人文景观整体体验，最后在乡镇集市的生活及其物质环境外实现对现实审美的超越，实现对主体与客体二分的超越，在"主体间性"与"物我圆融"中达到对生命的超验性意义建构。

3.3.3　多学科交叉的复杂性

设计学本就是一个交叉性很强的学科，在解决设计问题时需要面临很多设计以外的现实问题，如沟通问题、协作问题、资源问题、资金问题等。在乡镇集市生活中的审美问题上，又需要美学理论知识的交叉和融合，这犹如在本就复杂的设计因素中又增加了一道难题。但是，现实生活要面临的问题远比理论层面所能分析的更

---

❶ 徐恒醇. 现代产品设计的美学视野——从机器美学到技术美学和设计美学［J］. 装饰，2010
（4）：21-25.

多，同时，这也是人们对更高生活质量要求的必然路径。现代设计是一个策略性解决问题的过程，那么，同样也是策略性地解决审美问题的过程。

乡镇集市的生活美学与设计交叉中面临的第一个问题，便是生活美学是否天然含有设计意识？在纯理论层面上，生活美学是对人的生活的关注和抽象，而人的生活本没有具体可指的对象和边界，既然设计是一种思维、策略，那么人如何生活、选择怎样的生活或不选择怎样的生活、决定怎样去生活就是一个设计的过程。对个人而言，每个人的生活问题就是属于自己的生活项目，这是一种属于主体的自我设计。集市是每个人生活项目的交汇场所，在群体生活习俗、习惯的浸染中，趋于一种无形的秩序感，正如鲍里斯·格洛伊斯在《走向公众》一书中所言，"以前，人们在乎自己的灵魂如何在上帝那里呈现，如今，人们在乎自己的身体如何在自身所处的政治环境中呈现。"❶这是一种来自公众的美学评判，在集市生活中，生活美学是每个人生活项目决策的整体审美呈现。在物质层面上，生活的实践有其物质基础，不管是个人的生活项目还是整体的审美呈现都有其作为载体的物质性，如环境、景观，乡镇集市的环境、景观具有更显著的设计意识，因而在乡镇集市的生活美学中是天然含有设计意识的。

总的来说，现代设计的乡镇集市生活美学问题是设计与美学的交叉问题。细的来看，其中既涉及美学中的日常生活美学问题，也涉及美学中的环境美学问题，前者是乡镇集市生活本身的审美，后者是乡镇集市生活依存的物质环境的审美。故而在乡镇集市生活的美学问题上，现代设计需要实现与生活美学和环境美学的有效融合，这也就在一定限度上增加了现代设计视野下乡镇集市生活美学分析的复杂性。

3.3.4　传统设计美学的突破性

设计的审美问题主要由设计美学来讨论，设计美学是设计学和美学的交叉学科，是研究设计领域的审美规律和现象，即设计或设计作品是如何体现美的，如何欣赏设计领域的美。设计美学由19世纪西方工业革命引发的机器美学发展而来，设计的边界与可能正随着时代的发展不断扩展，而对于设计美学的认识依然停留在功能美、形式美、材料美、技术美等传统美学问题的分析上，缺乏更深层次的思考

---

❶ 鲍里斯·格洛伊斯. 走向公众 [M]. 苏伟，李同良，等译. 北京：金城出版社，2012：36.

以及时代的发展眼光。

对于机器美学、技术美学和工业美学的关系，徐恒醇认为它们乃是一脉相承的，"工业美学和技术美学是机器美学的拓展，它们可以从更宽的视野和更深的层次上揭示出与产品设计相关的审美规律"❶。设计美学则是根据当代设计活动特点对技术美学研究的进一步发展，法国工业设计教育家雅克·维埃诺提出的工业美学宪章为当代设计美学提供了相关参考，宪章一共包括了13项原则，其中除大众所熟知的外观、风格、统一性、协调性、功能及其基本鉴赏内容，如结构、形式、线条、比例、材料、色彩等，还涉及经济成本、发展与相对性、感受官能、动态审美、人类进步、产品市场占有率、诚实、内涵性艺术等，可以看到在设计美学研究的前期阶段，就已经关注到了设计形式以外的审美内容，在设计的非物质性特征日益凸显的今天，设计的审美研究与认识也需要摆脱传统的桎梏。

传统设计审美是对具有物质属性的设计产品的审美，是更倾向于传统工艺的审美方式，在设计的进化之中，将拥有更丰富的审美内容和更多样的审美方式。所以，对设计的审美分析也应得到更新，尤其是在乡镇集市生活中，乡镇集市生活依存的物质环境（包括自然环境和社会环境）对于人的审美体验的影响是多方面的，除视觉感知外，还有人类的其他感知系统及其通感。另外，基于不同文化背景的人群对同一审美对象的体验也是不同的，这些都需要在乡镇集市生活的审美体验中充分考虑。

4 韧性社会：乡镇集市的肯定性审美

4.1 肯定性审美的含义及其内容

4.1.1 肯定性审美的含义

不同于卡尔松的"自然全美"论，日常生活的美学价值并不全是肯定性的，如柏林特在《生活在景观中：走向一种环境美学》一书中论述自然的美学价值时所认

---

❶ 徐恒醇. 现代产品设计的美学视野——从机器美学到技术美学和设计美学［J］. 装饰，2010（4）：21-25.

为的，在自然中既有肯定性的美学价值，也有否定性的美学价值。其中，否定性的审美价值部分与道德有关。瑟帕玛在《环境之美》中认为美学有肯定的、批评的，"肯定美学认可对象本来的样子，而批评美学评价对象。"❶所以，瑟帕玛认为前者讨论的是自然区域，后者则讨论被人改变和创造的事物。肯定性与否定性涉及的是一种价值评判，具体来说，就是对乡镇集市审美内容的价值评判，如果说对自然以及自然环境的价值评判是很难进行的，那么，在人们日常生活中的价值评判则较为常见，而乡镇集市中的否定性批判内容也很显著。

卡尔松发展的"肯定美学"（Positive aesthetics）主张"自然全美"论，他认为自然的都是美的，只有在涉及人类及其实践活动时才会有不美的审美内容存在，这里的"肯定"是"Positive"，即积极的、正面的、拥护的、优点/优势、建设性的、表示赞同的……虽然卡尔松只认同自然的全部审美价值，但在乡镇集市生活里同样有能引起"Positive"的审美价值的内容。总之，肯定性审美就是其内容是具有积极的、正面的审美价值的审美，与此相对的否定性审美，则是没有审美价值的，甚至是有害的。

4.1.2　参与方的合作与共生

集市参与方的合作与共生在新型旅游集市上体现得更为显著，因为传统集市与新型集市的参与方具有很大区别，前者相对简单，主要有商家、消费者两类角色，后者则比较复杂，主要有商家、消费者、投资方、政府、管理人员等多种角色。传统集市是"无目的的合目的性"合作，体现康德美学理念，是隐性的、粗糙的、自发的，在以个人、家庭为单位的生产生活需求之下，无数单位的生活需求形成市场，并依据需求规模形成相应规模大小的市场容量，在"无形的手"——市场的调控下，集市中的参与方潜在地达成合作关系。除对时间和地点的默认，还有对市场上的商品价格和交易的正当性维护，在隐而未发的可持续性合作中，最终才达到了集市中各参与方的共生，形成了一个密不可分的整体。传统集市中的合作与共生状态还得益于"熟人社会"中的道德约束以及参与方的身份转变，传统集市中的参与方几乎都是附近村寨的本地人，相比较于新型集市中来自全国乃至全球的"陌生

---

❶ 约·瑟帕玛. 环境之美［M］. 武小西，张宜，译. 长沙：湖南科学技术出版社，2006：31.

人",地理距离以及血缘关系上的亲近感对道德具有更高的要求。而且参与方的身份是可以随时转换的,买卖关系在任何时间和地点上都可能互换,因而对于传统集市上的个人来说,自己既是消费者也是商家。因此,在集市上与他人的和谐合作,即是与自己的另一个身份共生。

新型旅游集市中的参与方大多是具有法律效应的合作关系,有明确的合同以及相关文件,其合作是显性的、精确的、被动的,同时,具有很强的目的性。新型旅游集市中参与方的合作可以归纳为政府与资本的合作,其中以无限的获利为目的的企业、公司即资本方,以改善民生、发展经济、保护与开发文化为目的的各政府管理部门即政府,政府同时代表当地居民的生活诉求、维护游客即消费者的合法权益。依托于当地丰富的民族性文化旅游资源,由政府牵头引入商业资本,促成商业资本与当地企业、公司、个人的合作,同时,当地企业、公司又雇用个人为其工作,各方共同营建与管理隶属于景区的集市,吸引游客到此进行消费,以此为人们提供稳定的收入来源,为公司、企业增加盈利,加速资本的运转能力。在整个过程中,政府同时担任市场监管与监督的角色。C集市与D集市就是在这样的合作中为外来游客提供旅游服务,同时,又在游客的消费中完善各方的合作,最终达到共生的合作状态。

4.1.3　功能的更新与丰富

新型旅游集市的出现是集市功能更新与丰富的有力见证,现代社会中传统乡镇集市的功能相对单一,交通的改善以及城镇化的加速发展,使城市的功能越来越丰富和完善,也越来越易以接近,吸引了大量城市附近郊区和农村的人们。与此同时,城市居民也被乡村社会中的风景所吸引,在偏僻的农村,独特的自然风光和人文风景是发展旅游业的重要资源,尤其是具有很强的民族特色和地方风貌的贵州黔东南苗族地区,发展新型旅游集市成了当地旅游开发的重要部分。一方面,新型旅游集市是面向游客的集市,集市上的商品以当地特色商品为主,在向游客展示当地苗族生活物质景观的同时,在消费中为苗族的特色技艺、文化、习俗延续生命,如C集市上已被列为非物质文化遗产的苗族银饰、蜡染、刺绣、泥哨等。另一方面,集市上的商品满足了游客的购物需求,为游客提供了具有纪念意义的商品。

为了更好满足外来游客的旅游需求,新型旅游集市的功能也在不断更新和丰富,如C集市有图书馆、温泉、游船、高空步道、环湖跑道、非遗体验馆、剧院、民宿等，D集市有博物馆、非遗体验馆、酒吧、民宿、剧场、田园风光区等。与传统集市相比，一个显著特点就是观赏性和体验性功能的增加，在集市的观赏性上，C集市和D集市都依托苗族、苗侗的特色建筑景观，不过C集市是将苗族建筑和侗族建筑进行了全新的设计和融合，同时，又根据现代生活方式和习惯，在建筑的地理位置、空间布局、功能划分、间隔距离、高度上明显区别于传统的苗侗建筑。D集市的建筑景观则主要依托于传统的苗族建筑群落，所以，其建筑景观具有很强的原生性和生命力，吊脚楼鳞次栉比，从河谷两侧沿山势蔓延而上，建筑之间非常紧密。当地政府为了景观的可观赏性，对新建建筑的风格样式和高度作了相关规定，如风格样式必须与传统建筑统一，高度不能超过12米，如果一个在后的房子是12米，在前的只能是11.8米。除此之外，苗族盛装巡游、歌舞表演等则注重视觉景观和声音景观的融合。

在乡镇集市的沉浸式体验性上，C集市通过全新的景观设计、活动安排、场所命名、特色商品与美食来营造民族性、在地性和生活性的氛围，以此帮助每个体验者都尽可能达成沉浸式的审美体验。C集市的活动安排有常规性和非常规性两种，常规性的是每日例行的活动安排，确保每天来的游客都可以体验当地的民族风情，非常规性的活动以现代娱乐活动为主（图7），常规性的活动则以苗族和侗族的非遗民俗为主，如10：30—11：00在尤公广场举行的苗族最高迎宾礼仪即迎宾栏门酒；14：00—14：30从尤公广场到锦鸡广场的苗族侗族风情盛装大巡游（图8）；15：00—15：30在苗年广场进行的苗族青年男女舞蹈芦笙表演；16：00—16：30在鼓楼广场的侗族大歌；20：30—21：30在尤公广场（单数月）或锦鸡广场（双数月）的少数民族文化篝火狂欢夜；11：00—11：30、16：00—16：30在斗鸡场进行的苗族传统民间斗艺斗鸡表演。

4.1.4 类型的复杂与组合

施坚雅将中国的整个市场体系分为低级市场、中间市场和高级市场，而乡村集市或农村集市就属于低级市场，是市场上商品流动的最终端，也是农产品流动的起始端，而镇市或市镇则是中间市场，高级市场则多位于城市；慈鸿飞则将县级以下的集市依次分为村级市场、中介市场和中心市场。已有的研究或根据集市所在的区域、或根据其发展性质来划分集市类型，但在黔东南苗族乡镇集市的考察中发现，

图 7　C集市 7~8月的其他活动安排

图 8　C集市上的苗族侗族风情盛装大巡游

文本的分类与集市的现存状况有很大差异，如A集市虽然位于凯里市区，但是其性质依然是中国传统型的集市，这是由于现代城市的发展覆盖了原来的农村区域，在城市快速发展起来之后，百货型的集市被城市商店和超市所取代，而A集市是当地苗族的服饰布艺类专集，具有不可替代性，于是依然得以保留至今，同时，其主要的消费者也发生了变化，从个体需求转向了商业需求。

D集市位于由十几个苗寨组成的农村，但是，由于旅游业的发展以及外来资本的进入，它已脱离了传统集市的类型范畴，集市上的商家与消费者几乎都是外来人员，当地人成为一个附属性的集市角色。D集市是一个组合型的集市，除主要服务于游客的商业街以外，还有满足当地居民生活需求的周期性集市和菜市场，同时，菜市场也为当地的商家提供商品内容。所以，D集市所在的旅游区形成了一个多类型共生的集市样态。

贵州黔东南苗族乡镇集市类型的复杂与组合，一部分源于城镇化的发展，使农村生活与城市生活相连接，尽管是在市区，具有传统型特色的集市依然存在，同时，又区别于传统型集市具有了新的表现，而完全在城市生活基础上发展起来的集市，又与传统型集市组合丛生在一起，共同服务于人们的生活需要。乡镇集市类型的复杂与组合现象根源于人们的不同生活需要，它是现代社会发展出现的生活需求的多样化的反映，是真实社会发展状态下的异质性共存。

4.2 肯定性审美内容的设计特征

4.2.1 多样化：集市类型

贵州黔东南苗族乡镇集市类型在大的分类上可以分为传统集市和新型旅游集市，前者如A集市与B集市，后者如C集市和D集市。传统型的集市根植于传统社会中的乡村社会及其生活习惯，是人们生产生活之所需，新型旅游集市则根植于现代社会中的休闲、旅游需要。更细致地来看，A集市、B集市、C集市和D集市又各有特色，可以独自成为一种集市类型的代表，但是这种集市类型的划分与已有集市类型的划分不同，已有集市类型常以开集的时间划分为定期集市或周期性集市、非定期集市、常市、特殊集市等，或是根据发展程度，划分为低级市场、中间市场和高级市场。可以看到，传统集市类型的划分是非常宏观的，是剥离集市个体特色后的普遍共性认识，对于在总体上把握集市的类型清晰可见，但是，这种分类方式也在一定限度上掩盖了各个集市的显著特色。如对于A集市，就会忽视传统集市在城市化发展中选择性留存的原因，对于C集市，会忽视其扶贫性的社会意义，对于D集市，则会忽视不同集市类型的组合共生现象（B集市是典型的传统型集市）。总之，传统分类方式会忽视当下城市化发展对乡镇集市产生的影响。

A集市、B集市、C集市和D集市是在农村生活与城市生活的相互影响之中产生的，在传统型集市与新型旅游集市的大分类前提下，根据其各自的特点对其进行二次限定，由此可以更清晰地洞悉集市特征。其中A集市是在市中心的传统型集市，可以归为"传统—城市型"，B集市则是典型的传统型集市，可以归为"传统—传统型"，C集市则是商业资本和政府共同合作开发的项目成果之一，既有资本的逐利性又有政府的扶贫性，可归为"旅游—扶贫型"，D集市是由十几个苗族村寨组成的旅游业十分发达的景区，为了满足当地居民、商家和庞大的游客群的需要，发展出了周期性集市、菜市场、常市或商业街等不同的集市，可归为"旅游—组合型"。多样化的集市类型是为了满足不同人群的需要，更是为了满足不同层次的生活需求，它既满足了基本的生产生活需求，也满足了在物质条件改善后对更高层次的精神上的

210

审美体验需要，同时，为发展区域经济和"脱贫攻坚"工作提供了有效借鉴。

4.2.2 本土化：集市内容

贵州黔东南苗族乡镇集市上的商品内容具有明显的本土化特征，它是基于当地自然环境及其资源，在历史的发展及其现代化进程中，体现着苗族人民精神世界的物质世界的总和，包括但不限于衣、食、住、医、用、饰等内容。如位于市里的A集市，主要的商品内容是布艺服饰类，都是苗族蓝染、蜡染、刺绣的各类布料，而这些是苗族服装的重要组成部分，蓝染与蜡染的蓝白色，平绣、挑花、堆秀、锁秀、贴布绣、打籽秀、钉线秀等刺绣类的红、粉红、蓝、褐、黑等色，组成了集市商品的主要色彩。同时，布匹上的蝴蝶纹、人物纹、花鸟纹、铜鼓纹以及抽象纹样则以浓厚的民族风格、夸张的造型展现了苗族人民的精神世界，而苗族服装的复杂及其精美程度也在一方方布匹上渐显端倪（图9）。

B集市涉及的交易内容更加广泛，其中比较能反映当地特色的也是服饰类，服饰区的服装多是日常性的，上衣以饱和度很高的红、绿、蓝色为主，下装多是黑、褐色，少数有花纹、暗纹和刺绣，最常见的穿着搭配就是纯色上衣配黑色下装（图10）。集市家禽区主要有鸡、鸭、狗，其中最多的就是鸡禽，因为斗鸡是当地苗族延续至今的一项传统休闲娱乐活动，在旅游业的开发中，斗鸡也成为向外来游客展示当地苗族习俗的重要活动，如C集市上就有特意设置的斗鸡场所，每日11：00—11：30、16：00—16：30为游客进行表演。

D集市周期性集市上专业售卖假发、绢花、银饰的摊位充分反映了苗族女性日

图9　A集市上售卖的刺绣

图10　B集市上的人物形象

常生活中的头上艺术与审美。苗族女性有蓄发习俗，且都挽成发髻，一般都是未婚女性挽圆锥髻，已婚女性挽平顶髻，发梳也是区别女性婚姻状况的因素之一，因为只有已婚女性才会插发梳。日常生活中的头饰装扮虽不如节庆时节的盛大，但也有基本的审美要求，发量不够的人就会选择购买假发，与真发一起挽成比较突出的发髻，然后插上一两个精美的白色银饰或是一朵绢花，就与黑色头发形成鲜明对比，这十分符合苗族人民盛大、鲜明、繁复的审美观。

4.2.3　组织化：集市活动

贵州黔东南苗族乡镇集市活动的组织化有简易组织化和复杂组织化两种表现。简易组织化比较粗糙，大多是一种无意识的自组织过程，基于相同的目的在无意识中达到合目的性的效果，它多体现在传统型乡镇集市上。如A集市与B集市，其组织化具体体现在对集期、地点、占位方式、交易方式、销售区域等的共同遵守，是基于基本的社会道德准则，并且是一种内在的道德律令。传统型乡镇集市上商家与消费者之间存在集市角色的转换现象，部分角色不是固定的，具有一定的流动性，这也扩大了隐性组织化活动的开展。除却集市内部的自我组织，传统型集市一般还有外力的介入来强化组织过程，如相关的市场监督部门，在集市活动中组织强化交易的正当性和合法性，交通部门则组织强化交通道路附近集市活动的安全性以及交通的畅通性。

复杂组织化的集市活动经过了严密的设计和策划，是有意识、有目的的他组织过程，并不是集市活动中的商家或消费者的自组织，而是具有第三方人员的他组织，组织过程中的参与人员更复杂、参与方式更多样。如C集市与D集市，其组织化过程是一个庞大的系统性工程，从活动初期的构想、提案，到中期活动的开展或实施，再到后期活动的维系与评估等，每一个环节都涉及不同的专业领域。在复杂组织化的集市活动中还有众多的子活动，例如，为游客提供休闲娱乐、观赏体验的组织化活动，C集市的集市活动具有常规化活动和非常规化活动，前者在每日固定时间、地点举行，重在展示当地苗族的特色文化和传统习俗，后者多以节日为节点，在临时举办相关节日活动的同时又与现代生活热点接轨。C集市是开放性的集市，可从任意一处进入集市，D集市则是封闭性的集市，有专门的进入通道。所以，C集市与D集市的活动组织就具有不同的表现特点，C集市以固定地点和游走的活动相结合，而D集市几乎是以固定地点的活动为主。但二者的最终目的都是让更多的人感受和体验苗族的特色民俗文化。

4.2.4 扶贫性：集市功能

扶贫性的乡镇集市功能更多地体现在新型旅游乡镇集市中，尤其是C集市，因为其规划建设的目标之一就是为了帮助当地的苗族人民摆脱贫困，在旅游开发和产业扶植中实现"脱贫致富"。但是，扶贫性功能不是乡镇集市单一发挥的作用，而是与旅游业发展相结合发挥的效用，又由于前期发展旅游业需要资金的投入，因而商业资本的介入也十分必要，本着初期政府与万达集团合作的目的，同时，扶植发展诸如文化旅游产业、教育产业、农业等其他产业成为集市功能脱贫性的重要支柱。

C集市隶属于万达丹寨包县扶贫的成果之一——丹寨万达旅游小镇，是万达集团投资7亿元的中期项目，小镇引入丹寨特有的国家非物质文化遗产项目，建立了"非遗"专区，还将民族手工艺、特色美食、苗医苗药等纳入其中，成功运营以后就带动了2000人直接就业，拉动20个以上如餐饮、住宿、手工艺品、农业等产业的发展；长期项目是投资3亿元建设贵州万达职业技术学院，以此来提高丹寨的人口素质，从根本上阻断贫困发生路径，已在2017年7月3日营运启动；短期项目是投入5亿元成立扶贫专项基金，首期扶贫基金收益使贫困人口人均收入超过国家贫困县。2018年丹寨县摘掉"贫困帽"，2019年完成贫困人口清零任务并正式退出贫困县序列。

客观来看，单以C集市的力量不足以实现丹寨县的脱贫目的，它附属于更大的产业计划，并且有其他强大的产业作为支撑，此处更应清楚看到的是乡镇集市与其他产业共同发展的部分力量。

5 设计意识缺失：乡镇集市的否定性审美

5.1 否定性审美的含义及其内容

5.1.1 否定性审美的含义

卡尔松的"自然全美"论的绝对性言论无疑遭到了众多的质疑，但是也从侧面反映了人类对自然、环境的消极作用，否定性的审美与肯定性的审美相对，是引起

"negative"的审美价值的内容。肯定性审美与否定性审美涉及的是审美的价值判断，所以，需要以相关知识为基础，而不是仅凭感官的愉悦与否，因为现实生活中的审美内容多与学理上的相矛盾，尤其是日常生活中有众多的行为选择以及价值判断。如乡镇集市的旅游业发展需要与对自然环境的破坏之间的矛盾，更好审美体验的获得与高人流量之间的矛盾，旅游资源的开发与民族原生性之间的矛盾，当地居民的居住环境与游客旅游环境之间的矛盾，传统乡镇集市准入原则的低门槛与卫生、安全之间的矛盾，传统乡镇集市的原生性、生活性与审美性难聚焦之间的矛盾等。

5.1.2 环境承载力过重

环境承载力又称环境承受力或环境忍耐力，是在一定时期内，在保证生存条件的情况下，某一地域的地区资源所能维持供养的最大人口数。❶相对于传统乡镇集市而言，新型旅游集市C集市与D集市面临着更大的环境承载压力，因为大众旅游时代的出游率比较高，尤其是在旅游旺季，过多的游客集聚在景区，当游客量超出旅游环境承载力时，旅游环境的质量就会恶化，随之而来的就是游客旅游体验的折损，而且不利于旅游的长久发展。

旅游环境承载力存在的一个重要关系是"人—地"关系，其中"地"代表的是"开展旅游活动空间场所和地域背景下的基础要素"，即自然环境；"人"代表的是"以旅游者为代表的相关主体的感受"。❷所以，C集市与D集市的环境承载压力既不是单方面保护自然环境、维系其基本新陈代谢和运转的问题，也不只是关注相关主体的审美体验和感受问题，而是这二者之间的融合。

具有丰富民族特色的乡镇集市是吸引游客的重要旅游资源，为了长远的发展以及更好的旅游体验，对集市容量进行有效控制十分有必要。原因有三：一是为了缓解自然环境的承载压力，当地自然环境对旅游活动产生的废弃物，如废水、废气、废料等需要一定的时间消解，即使C集市与D集市位于乡村，自然环境的消解能力相对比较强，但超出环境承载力的部分废弃物依然是不能被消解的；二是为了更好的旅游审美体验，适当的集市容量是自然环境的消解能力所能承担的，在苗族特色

---

❶ 张军锋. 浅析环境承载力与环境问题［J］. 中学地理教学参考，2015（6）：25.

❷ 杨秀平，翁钢民. 旅游环境承载力研究综述［J］. 旅游学刊，2019，34（4）：96-105.

的乡镇集市体验之外还能享受更新鲜的空气、更清澈的溪流、更干净的地面；三是为了更好保护苗族文化的生存环境，既包括了上述自然环境，也包括了苗族文化生存的社会环境，即苗族文化的传承者——苗族原住居民，在具有可持续的自然环境与和谐的社会环境中，苗族文化才能实现强有力的生命的延续。

5.1.3 审美同质化

贵州黔东南苗族乡镇集市的审美同质化问题主要体现在新型旅游集市中，新型旅游集市之新，在于集市服务对象、规模、服务内容、运作方式与管理等的不同，新型旅游集市在这些方面的特点更贴近于中国几乎每个地点都有的旅游古镇。

其否定性的审美内容也与之类似，那就是审美的同质化问题，中国旅游古镇审美内容的千篇一律，造成的就是无差异化的审美体验。如C集市就隶属于一个全新规划的旅游小镇，以当地的少数民族特色为特点，虽然集市上建筑景观具有苗侗特色，但从苗侗人民生活中抽离出来的符号更多流于形式，这样的形式使用方式见诸于中国各地的各个古镇，没有历史和生活的浸润，深层次审美的获得就丧失了条件。所以，C集市虽然具有丹寨县苗侗民族的少数民族特色，但其审美体验的获得却与中国其他地区的旅游古镇类似，缺少由当地传统集市B集市带来的丰富体验。

D集市也存在着审美同质化的问题，但与同为新型旅游集市的C集市相比，D集市的民族性特色更为浓烈，这是因为D集市有其历史性和持续的生活性。其历史性来源于D集市所在地的苗族传统吊脚楼民居，虽然在旅游开发中新修建的民居越来越多，但新修的吊脚楼受到了相关部门的管制，与传统建筑保持了一致的风格和形式；生活性源于D集市依然有部分原住民居住，他们的存在及其生活的持续，就是D集市苗族文化生命力的持续。另外，D集市的旅游业发展程度比较高，高度的商业化发展带动当地经济增长的同时，也对苗族文化产生了反向腐蚀。显然在现代商业文化和当地苗族文化的较量中，现代商业文化更胜一筹，而审美同质化的根源，很大一部分在于现代商业文化本质的同一性。

5.1.4 主体性缺失

贵州黔东南苗族乡镇集市的主体性缺失主要是指当地原生居民的主体性缺失。它有两方面含义：一是指原生居民数量的减少，但不是总量的减少，而是局部区域的减少；二是指依然居住在此处的居民缺乏主人翁意识以及对保护自然环境和维系人文环境的责任感。在C集市和D集市中，外来商业资本占据了当地经济发展的主要位置，当地居民的实际生存空间不断边缘化，随着旅游业的发展和区域的外扩，当地居民也居住得更加分散。在大量游客进入其中时，就造成这样一种假象，即当地居民好像消失了，这实际是游客与当地居民比例的不对称。当游客以及其他外来人口占据主要人口数量时，原生居民的部分自我主体意识会被无形压制，因为此时很多事务、活动的决策权并不在原生居民手里，同时，带来的是隐形的都市文化对本地民族文化的包围，甚至是消解。

原生居民作为当地苗族文化生命力的来源，是其文化保护与传承的重要角色，但在旅游业的开发中，特色民族文化的开发及其展示过于程式化和表演化。苗族仪式、习俗从祭祀祖先、神灵变为大众表演，娱乐活动从自我娱乐变为娱乐他人。仪式形式虽然在表演中得以保留，但苗族人民对祖先、神灵的精神信仰和敬畏以及自我娱乐的愉悦感与幸福感，在表演中逐渐麻木。究其原因，就是苗族原生居民的主体性意识在旅游发展中受到了反向侵蚀。

在更加注重商业经济发展的时代语境下，以及更广阔的文化视野中，苗族也走向了如何向社会以及其他民族呈现自身的道路。在旅游业的发展中，具有神圣性和纪念性的祭祀活动逐渐日常化，使其沦落为可交换的商品，这不仅弱化了当地苗族人民的主体性，还弱化了苗族群体的自我认同感。

5.2 否定性审美内容的设计引导
5.2.1 多元化与弹性化：集市空间

传统乡镇集市空间的一大特点是对其他空间的重合使用，对于空间的功能而言，就是具有多元化功能。如果人流量与空间能保持在一个平衡的状态，这种使用情况在乡村可以有效聚集人群，在城市可以高效地对空间进行二次利用；如果人流量高于集市空间的活动容量，就会造成空间的拥堵、人行动的不便，若同时该集市空间还与交通空间重合，则面临着潜在的人身安全威胁；如果人流量远低于集市空间的活动容量，这对于集市上的人来说都不是一个好现象。

A集市与B集市的部分活动空间确实拥堵，这是因为对复合功能的部分集市空间利用不当，利用得当的部分就可以提供参考。如周期性早集A集市空间与运动空间的重合使用方式就值得借鉴（图11），这不仅可以为集市提供宽阔的场地，免受机动车的潜在威胁，一周仅一次的频率也为有运动需求的人留足了运动时间。所以，可以结合集市特性的空间需求，充分利用空间，设计合理的复合功能的集市空间，同时，要能保证行人的安全。但是对人流相对比较多或大部分占据交通要道的集市有必要划分出独立使用空间，如B集市的生禽区（图12），在集期不仅占据了人行道，还占据了两道机动车的行车空间。而且B集市位于通往旅游型集市C集市的交通要道，其环境卫生情况会给来自全国乃至全球的游客留下否定性的印象。所以，对于传统乡镇集市的复合功能集市空间要进行合理的设计和规划，尽管A集市的可借鉴性与B集市的需规避性的空间使用情况是比较粗糙和朴素的，但是，对改进乡镇集市的空间使用、营造更好的审美活动环境是有助益的。

图 11 与运动空间重合的 A 集市 　　　　　 图 12 　B 集市生禽区

　　对集市空间的多元化和弹性化设计和使用，是为了高效利用空间资源，根据不同集市的活动特点规划空间使用，传统集市空间对其他空间的重合使用就是多元化使用的表现。同时，传统乡镇集市可以根据需要灵活扩大和缩小集市范围，在扩大之时并不会受到严格的限制，在缩小之时又不会造成空间的浪费，也就是对空间的弹性化使用。在新型旅游乡镇集市中，人流量的大小变化更是显著，因而对集市空间的需求也应遵循多元化与弹性化的原则。

5.2.2　控制性：集市容量

　　新型旅游集市是传统集市在城镇化发展过程中的新发展方式，尤其是在拥有独特民族资源的贵州黔东南少数民族地区，乡镇集市结合独特的少数民族文化资源，吸引了来自全国乃至全世界的游客。但过多的人流量给环境和工作人员的承受力带来了负担，在对环境带来否定性影响的同时，也给游客带来了不好的审美体验。从根源上对进入集市的人流量进行控制是最有效的解决办法和措施，尽管进入D集市需要购买100元的门票，但当地管理部门并未对入集人数做出规定。所以，在节庆假日期间，D集市就很容易出现环境承载力过重的问题。虽然大量的人流暂时带来了可观的经济效益，但是对D集市周围生态环境的破坏性影响是不可逆的，同时，这也是对当地民族文化资源的过度消耗。对于外来游客而言，越来越商业化的民族性乡镇集市也在慢慢流失其自身的民族魅力和原始魅力。

为了满足高人流量的需求，新建筑一栋栋出现在老建筑周围，从山上顺势而下，沿河谷、道路展开，随着村寨范围的扩展，具有生态价值的荒野被一步步逼退，传统村落的空间也被不断挤压（图13），这在本质上有违苗族人民的民族信仰以及生命哲学基础，因为苗族是朴素的生命哲学观，认为"万物有灵"，每个自然物都是有生命的，它们和人一样都具有存在的自为价值和自在价值，他们所秉持的是"万物有命，生命同源"的生态智慧，就像枫树是苗族的生命树，蝴蝶是枫树所生，而人类的始祖姜央则是蝴蝶所生，所以，苗族人民常把蝴蝶称为"蝴蝶妈妈"，把枫树视为整个寨子的"护寨树"。可以说，把自然逼退出苗族人民的生活环境，其实就是在慢慢割裂苗族人民生活与自然界的关系，进而弱化民族信仰的基础。

要实现对集市容量的有效控制可充分利用现代网络信息技术，如现在各火爆旅游区的网络预约制。每日规定预约人数，限制进入旅游乡镇集市的人数，D集市景区入口的检票制度基本可以实现每天人流量的监控，在此基础上，根据每年不同时间段的人流统计，可以实现有效的集市容量控制。C集市虽然也是旅游区，但同时

图13　D集市局部景观

也是一个民族文化广场，在为外来游客提供旅游服务之时，也为当地原住居民提供休闲、运动、娱乐的场所，它是一个开放性的多元文化中心，并不能同D集市一样实行封闭化的旅游管理。因此，D集市目前对集市容量的控制重心放在了疏通上，如集市街道上没有供游客休息的座椅，将行车通道规划在集市街道的外围，集市上仅供行人行走等。

5.2.3　在地性：集市景观

在地性在当代艺术中主要是指地点与艺术作品之间的关联，这在大地艺术中表现得尤为明显，在地性的提出是全球化过程中对文化趋同化的反抗。与在地性相近的两个概念是"本土性"和"地域性"，与前者相比，"在地性更能体现出本土行动的主动性和全球化语境"，与后者相比，"在地性的"在"体现了对地方文化的认同"❶，在如今全球化趋势中，在地性是一个区域的内在生长动力，它体现了当地独特的自然环境、人文环境以及历史因素所孕育出来的个性，是自我的一种自动呈现方式。

在地性表达的是自我身份的个性，集市景观的在地性也就是保持独特个性的重要方式。相对汉族集市而言，苗族集市具有自身的特点，但是，在苗族乡镇集市内部的个性区分，就依赖于自身所依存的地方滋养，即所谓的"一方水土养一方人"，地方性的水土也是成就地方性景观的重要因素，它是当地景观的内在生命力。集市景观的在地性设计，更多的是对商业化集市景观提出的设计要求，尤其是现代旅游古镇的开发，有的尚且有一定的历史积淀，有的就完全重新建一个旅游古镇，不变的小桥流水、黑瓦白墙、仿古木质建筑、石板街、旅游纪念品……如此雷同的景观带来的审美体验是极其匮乏的。

贵州黔东南地区的少数民族乡镇集市在大环境、集市内容、人物形象、景观上都具有自己的特色，在城镇化以及旅游业的发展过程中，要保持民族特色和传统特色，就要秉持在地性的设计理念，在集市景观上充分呈现民族的个性与地方性。在地性设计在乡镇集市景观中首先体现为对当地历史景观的尊重，历史景观的重点在"历史"，即时间，客观时间是人们无法控制的，在日复一日的劳动和生活过程中，

---

❶ 易雨潇. 重新思考空间——Site-Specific Art 与在地艺术［J］. 上海艺术评论，2018（5）：61-64.

留存至今的历史景观是无法再现时间的物质见证，在乡镇集市景观实现了当下与历史审美的共在。同时，充分利用当地的可用设计资源，用解构、重组、移植、转化等方式对当地的特色资源进行再设计。虽然C集市的建筑景观融合了苗族、侗族与汉族的建筑特色，广场上有硕大的苗族铜鼓、垂檐层层而上呈宝塔形的侗族鼓楼，街道空间设计形式又基于现代的生活需求和旅游习惯（图14、图15）。但是，建筑景观的简单移植和重组并不能引起人们深层次的审美共鸣，在短暂的新鲜感之外，根植于在地性的景观文化才是具有可持续性的审美基础。

图 14　C集市的建筑景观

图 15　C集市的汉式街道景观

5.2.4　家园感：集市主体

在传统型乡镇集市中，由集市中心向外辐射区域的居民是集市的主体，既包括了消费者也包含了各类商贩。在旅游型乡镇集市中，当地的原住民是其主体之一，与服务于当地居民生产生活需要的乡镇集市相比，服务于外来游客游览体验需要的乡镇集市参与者更加复杂，在人数比例上，外来人员在旅游乡镇集市中也具有压倒性的优势。出于旅游发展的需要，旅游型乡镇集市的规划设计目标要么以游客的视角为切入点，要么以商业的便利性为目的来营造集市景观，或者是二者的结合，但往往忽视了当地集市主体之一——原住居民的生活需要。

原住居民是旅游型乡镇集市的文化之基，失去了原住居民，就失去了当地民俗、文化之核，留下的形式只是"徒有其表"。C集市与D集市得以发展民族性的旅游型乡镇集市，有赖于当地居民具有特色的民俗活动、节庆礼仪和营建的建筑景观等内容，独具特色的民之衣食、行之用度，为集市的景观和商品内容呈现出了苗族的独特风貌，并且在集与集之间形成差异。原住居民不仅是苗族文化的有力践行者，他们本身就是苗族文化的代表性符号，其日常的生产生活即是其民族的延续过程。但是，现代商业经济对原住居民的生活产生了剧烈的冲击，不仅是生活空间频繁受到侵扰，区域经济主动权也被外来商业所掌控。

家是小家，是一栋栋的吊脚楼；家也是大家，是一族一寨，它有"园"的边界，在与其他地方的人区隔开来的同时，也与其他地方的民族风情区隔开来。"家园"的"园"即是由有着相同民族信仰和习俗的人、家、族、寨、村组成的物理区域与心理区域，苗族乡镇集市的原住居民在这一方天地、水土上世代延续，是这一区域真正的主人，更是所在地苗族文化的传承者和践行者。因此，在新型旅游集市的规划设计中，应注重当地原住居民的家园感。在大量外来人口及商业文化造就的旅游业中，应将原住居民的生活及其诉求纳入旅游业的发展规划之中，充分发挥他们的主人翁意识，将他们自觉地融入现代化发展之中，让他们以家园意识来维护自身民族生存的自然环境和人造环境之间的平衡；以家园意识参与管理旅游活动，保持环境的整洁、活动的有序；以家园意识维系民族文化的生存之基，在民族文化的开发中保持原始生命力。家园感也是一种归属感，是原住居民的精神栖居之处，旅游业带来的翻天覆地的变化会对精神的栖居场所造成一定限度的影响，但物质条件的改善为当地居民提供了其他形式的补偿。原住居民应与旅游型乡镇集市共同发展，原住居民的精神应与其物质共同发展，让原住居民具有家园感，才能提升幸福感，如此方能更好地维系当地苗族民族的文化之基。

总体来说，否定性审美内容的设计引导是散点式的，是针对传统集市和新型旅游集市存在的不同问题和不同程度的问题，基于每个乡镇集市的特点，相互之间提供参考。在现代设计与环境美学的整体性、宜人性、生态性和审美性引导之下，应为民族性乡镇集市提供多元化和具有弹性的功能空间，通过控制集市容量减轻环境的承载量，在保持集市景观在地性的同时，调动集市主体的积极性并让当地居民充分享有家园感、归属感和幸福感。但是，还应注意到在城市化的加速发展中，因盲目追求经济发展而造成的否定性审美内容。设计意识的缺失在大的社会背景面前，仅是小小的一环，因而不能忽视时代发展造成的境遇与困境。

结语

乡镇集市的真实存在状态远比文本研究所能呈现的更加复杂、多变，美国著名经济人类学研究学者施坚雅认为，在20世纪末，中国集市会随着社会和经济发展引起的交通条件的改善而全面衰退甚至是消失的预言，❶可能忽视了中国城市发展的独特之处。中国城市发展与外国城市发展的不同之处在于，中国城市有乡村基础，它是在原有的乡村之上发展起来的，生活在城市中的大部分居民也都是原住民，他们的生活习惯虽然在乡村的摧毁和城市的崛起中被重塑了一部分，但另一部分依然很难改变，并且其习惯在代际之间会有影响和传承。另外，乡镇集市的参与者角色、空间使用、准入条件、基础设施等的灵活性也赋予了其强大的生命力。所以，可以看到集市不仅广泛存在于乡村社会中，城市生活中也有其身影，并且为适应城市生活演变出了其他形态，如"地摊经济"。

在后疫情时代的生活中，乡村社会的集市以及城市的"地摊经济"在各地的经济恢复中扮演了重要角色，当城市中的大型商场还未恢复元气时，乡村社会中的集市依赖于其相对封闭的社会环境，在2020年7月初已经基本恢复正常，而城市中集市的新形态"地摊经济"也发展得如火如荼，在特殊时期对满足当地居民生活需求、促进经济发展、解决就业问题发挥了重要作用，自2020年3月15日四川省成都市出台相关助力"地摊经济"发展以来，江苏省南京市、湖北省大冶市和宜昌市、上海市、陕西省、湖南省湘潭市、山东省济南市、黑龙江省等多个省市也陆续出台相关文件给予"地摊经济"暂时性的合法地位。发展旅游型集市也是带动乡村地区经济发展、实现脱贫致富的重要方式和手段，因此，拥有鲜明民族性旅游资源的丹寨小镇（即C集市）顺应而生，作为万达集团与政府合作开发的项目成果之一，它是商业与民生发展的需求，但同时也要认识到其局限性，其对经济的发展助力需要同其他相关要素共同发挥作用。

---

❶ 李子娟. 国内外集市研究综述［J］. 科技和产业，2011,11（12）：155-159.

　　对贵州黔东南地区苗族乡镇集市的生活美学研究，旨在发现真实社会中乡镇集市的复杂生存面貌和乡镇集市生活的生命力、审美的可行性及其影响审美的因素。传统集市在审美体验的获得上更加丰富，但其物理环境与基础设施却存在很多问题，新型集市拥有完善的基础设计和更适合现代生活的环境，但是其审美体验却又面临着与中国古镇旅游相同的同质化问题。究其本源，这是设计意识的缺失所导致的审美趋同，而复杂、多样的乡镇集市类型则显示出社会在不同需求和背景下产生的韧性力量，人们的日常生活就在具有弹性和可回旋的社会空间内持续进行，并在每一个普通、平凡的瞬间，不间断地生成一种关于人的审美"光晕"。人是具有主观能动性的群体动物，对于乡镇集市生活的否定性审美内容，人们具有改善甚至是突破性创造的能力，人类所有行动的最终意愿都是为了不断趋向更美好的生活，而更美好的生活在审美上必然也是趋向于更完善和更有价值的。但是，美学价值和存在价值的含义及其行为实现并非只是人类专属，还应该囊括所有的生命体，因为"生活"虽是人的概念，但"生活"的本质状态却是所有生命体都在进行的状态。

07

多元文化社区的自组织设计与未来发展

——以鸡鸣山社区为例

吴億能

　　全球化背景下，中国经济水平与国际地位不断提升，吸引大量外籍人员来华经商、学习、工作、定居。义乌作为全国外籍人口最多的城市，国际商贸城的发展，外籍商人众多，据数据显示，近年来共有130多个国家逾8000名外商常驻义乌经商和贸易采购，经济全球化前提下，外籍居民增加，且居住模式存在聚居倾向，从而产生大量多元化社区，在异质文化背景下，继而引发外籍人员无法很好地融入居住社区的问题。而社区作为城市的基本功能单元，多元文化下居民融合问题，为此类型社区的未来发展带来挑战。本研究选址案例是位于浙江省义乌市的鸡鸣山社区，在城市化进程中，地处义乌市江东街道，为城市社区范畴，该社区有来自74个国家和地区的1000多名外籍居民及29个少数民族成分居民，具有多国籍、多元素的复合型社区，又被称为"联合国社区"，是典型的多元文化社区。鸡鸣山社区还属于邻高校社区，毗邻义乌工商学院，学院内有部分国际生也在该社区居住生活。高校的发展与社区的发展之间，存在双向关系，社区作为高校与城市的一个过渡空间，也承载了商业、交通、休闲、娱乐等多重生活职能。同时，出于可持续发展的需要，鸡鸣山社区进行了系列的社区多元融合发展的探索。

在社区发展过程中，自组织是一个不断自我优化的过程，自组织对社区发展的影响比他组织更为深远，自组织的出现与发展体系是居民生活的实际需求的满足，是现代社会发展中的自我内部解决问题的智慧体现。这种集体智慧下的自组织设计，又是如何演变的呢？

社区的发展存在两种力量，国家政府对于社区发展的行政规划的他组织和社区系统运行中自发走向有序的自组织。对于他组织下的一些社区项目，都存在一个通病：因政府对一个地区的发展干预是非持续性的，他组织的抽离并不能彻底治理一个地区的发展问题，如何在他组织干预后，社区内部自组织动力走向有序化、系统化才是社区可持续发展的重要前提。

自组织现象指系统演化过程中，没有外部力量强行驱使的情况下，系统内部的各要素协调动作，导致在时间上、空间上或功能上的联合行动，出现有序的活的结构❶。从社会学的角度来看，在社会发展过程中，一直存在两个相对观点：人为秩序观与自发秩序观。在埃佐·曼奇尼《日常的政治中》中指出：设计应是跨越并连接不同学科和知识领域的思维方式，并且他认为美好社区不是通过自上而下的政策制定，而是日常的社会创新❷。从设计学的角度看来，设计存在物质设计与非物质设计，非物质设计更多指的是非平面式的设计思维在各个领域的运用，自上而下是一种他组织观点，而日常的社会创新依靠的是自下而上，即社区的自组织演化，可看作是一种自组织设计。在边缘地区，而不是市中心地区，往往是自下而上，而不

---

❶ 高春凤. 自组织理论下的农村社区发展研究［M］. 北京：中国农业大学出版社，2009：19.
❷ 埃佐·曼奇尼. 日常的政治［M］. 钟芳，译. 南京：江苏凤凰美术出版社，2020：45.

是自上而下的。以"人人都是设计师"的立场观点，自组织设计是人与人在组织空间中发生碰撞的一种集体设计智慧。在社区发展过程中，不同社区根据本身发展要素，在没有强行的外部力量介入的情况下，依据不同类型社区的居住密度、公共设施完善度、居民年龄层次与文化背景等差异性衍生出各异的人居问题，社区作为居住空间的基础单元，社区内部虚拟空间环境受到许多非正规规划设计的影响，这些隐性问题的发现与自发性的设计也是居住空间的一种自我优化。

2019年浙江省政府报告中提出了未来社区的概念，并将其定义为新社区发展模式的指导思想。未来社区建设的主要内容是围绕邻域、教育、卫生、创业、建设、交通、低碳、服务和治理9个社区创新方向，目的是创造更好的生活，满足社会的需要。未来社区理念的运用在未来发展的视域下，追求新型社区综合体建设，在未来社区的建设中，城乡社区均被纳入实践，在基础规划缺失的城中村社区，如何以未来发展的视角看待城中村社区的发展也是未来民生问题之一。在社区也有"未来国际部落"这一展望，综合研究背景，对于城市社区发展变迁中，探究社区自组织机制的运行和未来社区理念下的未来发展，对居住空间环境的可持续有重要的现实意义。

1 多元文化社区

1.1 社区

社区的概念起源于西方，常常指一群利益共同体的结合，或亲密伙伴的结合。亲密伙伴指小范围的人群之间存在共同、直接的利益，因此，社区一词可以理解为小规模的直接利益共同体。最早由德国社会学家斐迪南·滕尼斯提出，首次出现在他的著作《共同体与社会》中，他对社区的定义是共同体与亲密伙伴之间的关系。后中国学者费孝通在他的研究中引用社区概念，致使社区一词的发展和广泛运用。社区按照地域划分又可划分为城市社区与乡村社区❶。

从社会学和社区心理学两个角度来说，对社区的定义有两个方面的区分：一个

---

❶ 斐迪南·滕尼斯. 共同体与社会 [M]. 林荣远，译. 北京：商务印书馆，1999：78.

是地域基础性社区，这是对社区的传统概念。它包含了邻里、城市街区、农村等。在成员中存在着人际关系的纽带，这种纽带是建立在接近性基础之上的，而不是一种必然的选择。另一个是关系型社区，这种社区是依靠人际关系社区感形成的，往往不受限于地理条件。西方社会越来越多的个体倾向加入这种关系型社区。这两种社区形式不是对立的，而是同时存在的。

社会学领域对于社区概念在现代发展的基础上基于不同角度进行了重新定义，现关于社区的定义已达到一百多种，本文基于研究案例为城市社区的需要，按地域特征划分的城乡社区角度着手，对社区定义进行归纳概括。城乡社区又分为乡村社区和城市社区。中国的乡村社区发展早于城市社区，早期的乡村社区单位为村落，居住群体为农民，以农业为基本产业。城市社区的发展最早可追溯至原始社会生产末期和奴隶社会初期，起源于因军事防御和货物交换的需要导致的人口流动，商业贸易促进了人口从农村流向城市，生产资料从农业向工业转型，劳动力的聚居形成了早期的城市社区❶。而现代的城市社区指城市范围内，有居民委员会的辖区，现代社区的发展也出现了多元化转型。

划分在城市范围内的社区，除了城市社区外，还存在特殊的城中村社区，城中村社区是中国城市化进程中特有的产物，在外国文献梳理中并没有这样的概念，城中村在城市范围向城郊地区外扩的过程中遗留了一系列问题，虽然被划入市区范围，统称为城市社区范畴，但仍保留了村集体制度，在大多为自建房的建筑形态等方面均存在明显特征。与城中村类似的概念包括"城市非官方空间"和"城市附属社区"。

在发展变迁的过程中，鸡鸣山社区已由都市依附型社区转变成为城市社区，且为邻高校社区。邻高校社区在一般社区的常住人群基础上，增加了学生群体和留学生群体，这部分群体的人口年龄结构较轻，对消费趋势产生影响，对周围消费环境起到直接促进作用，对周边教育产业发展有辐射作用。高校的发展、高校教授、学生群体的聚居可带动周边区域的投资环境、土地升值以及促进房地产业、商业甚至旅游业的发展。

---

❶ 周良才，何艳琳，车海波. 现代社区理论［M］. 北京：电子工业出版社，2009：44.

1.2 社区的自组织设计

自组织理论是20世纪60年代末开始建立并发展的一种系统理论，与之相对应的概念有他组织、非组织等。自组织通常是指，该系统能在无须外部介入的情况下进行，系统能够自行发生、演化，没有特定干预，这样的系统可以称为自组织系统。

自组织理论最早发端于动力学科的自组织现象，是一种非线性系统现象，最早由法国物理学家贝纳德于1900年的贝纳德对流实验中得出，是在从下方加热的流体的平面水平层中发生的一种自然对流。在该层中，流体形成一种称为贝纳德原胞的规则对流原胞。这种对流模式是最常被研究的对流现象之一，同时也是一种自组织非线性系统。不仅物理学科，生物学科里也有对自组织现象的解释，细胞的自我调节、自我分化、自我复制也被定义为自组织过程。在物理学、生物学相结合的基础上，比利时物理学家普里戈金（Prigogine）在1967年提出耗散结构理论，主要研究内容是一个系统从无序走向有序的机理、条件、规律，该理论认为一个系统产生自组织现象必须具备三个条件，一是系统呈开放状态，与外界环境有不断的物质能量交换；二是系统各要素之间存在差异性处于非平衡状态；三是系统内部要素非线性地相互作用。在耗散结构理论的同时期，哈肯（H·Haken）和他的学生格若汉姆于1971年提出了协同学理论，协同学是形成系统内在动力学机制的根本。协同学的核心观点表示任何系统从无序到有序的转化都需要以协同为动力，系统内部的动力机制依靠自竞争与协同。在系统发展的过程中，内部各要素的不平衡是竞争的基础，竞争推动系统朝有序的方向发展，通过竞争又能达到协同，二者相互依存对立，是系统演化的基本动力。协同学还有一个重要观点，认为序参量的形成可以支配系统的整体演化过程❶。

自组织在设计学看来，存在自组织设计现象，传统的设计学更多关注的是对物的设计，传统设计学更注重的是一种对物质外观或功能的追求，缺乏对于设计师身份转变的认同，对于社区的研究，也大多围绕物质表象，对设计师身份的认同观念未发生转变，城市边缘型社区作为没有初期的完善规划和人口职业构成复杂的混居模式，很大限度上是依靠社区对于发展的自行探索，通过自组织演化过程，社区内

---

❶ 吴彤. 自组织方法论研究［M］. 北京: 清华大学出版社，2001: 29-33.

的物质空间和虚拟空间环境提升，打破了传统设计观念的局限性❶。

1.3　未来社区

未来社区的概念是指将未来社区以城乡社区为主体，从现今的角度出发，以现在的社会状况衡量未来的社会、文化、经济等方面发生的变动。同时，从未来的视角出发，逐步改善城乡社区的生活质量，使社区在改善的过程中获得更加长远而持久的有力变化❷。

未来社区与20世纪晚期的智慧社区、低碳社区在概念上较为接近，都力求在新技术的发展下，对社区发展进行新一轮探究，未来社区是在智慧社区、低碳社区等概念基础上继而发展的总体性、完整性概念。21世纪后，才出现对未来社区综合模式建设的实践探索。与未来社区相近的概念还有虚拟社区，霍华德·莱茵戈德在其代表作《虚拟现实、虚拟社区》中对虚拟社区的描述是：虚拟社区是人的集合，这里的人遵守一定的（松散的）社会契约，并共有一定的兴趣。普华永道在《未来城市》报告中指出了未来城市社会生活的七大趋势：个人主义、加速化、高科技和情感化、人口老年化、城市化、气候变化以及全球范围内的迁移。人们逐渐意识到，对于可持续发展问题，仅仅依靠新技术的方式不能完全解决这个文化和社会的问题。

1.4　社区的异质文化共生

共生思想在城市规划中的运用广泛，共生思想最早源于佛教，"共生"始于文化领域，它不作为一种目的存在，而是达成愿望的手段与必要条件。异质文化的共生也是共生思想中重要的组成部分，世界各地的民族文化和地域文化特性各异，追求异质文化共生是包括少数民族、宗教在内的独特文化共生、尊重，不论经济是否发达的世界民族与区域的传统文化权威性与自豪感，以此来形成文化交流的精神纽

---

❶ PAIK H Y, BENATAIIAH B, TOUMANI F. Towards Self-organizing Service Communities［J］. IEEE transactions on systems, man, and cybernetics-Part A: Systems and humans, 2005, 35（3）: 408-419.

❷ 德鲁克基金会，赫塞尔本，魏青江. 未来的社区［M］. 北京：中国人民大学出版社，2006：178.

带和文化多样性的保持。文化与艺术的共生也是有必要的，在多元文化背景的交融下，尊重各个民族的固有文化，异质文化的共生可以促进美好生活的愿望达成，甚至达成审美意识的共生。

对于异质文化，黑川纪章提到了"中间领域"，意为思考其中的共生部分，就是共生思想的基本出发点。在对异质文化共生的探讨中，他在《新共生思想中》对不同文化的二项对立有过归纳，他认为对立双方在不同文化中都必须积极承认圣域（即对双方文化信仰中不可理解的领域），并互相尊重。在对立双方的不同文化、不同要素之间，设定中间领域。而中间领域部分，指的就是不确定的共通项，所谓共生就是一种流动着的和解状态❶。

社区"中间区域"对多元文化地区的居民来说尤为重要。社区内常住人口结构的多样化和文化的多样化，相比较同样化的社区而言，居民间无法进行充分的互动，这也导致了多元文化还有充分的相互学习融合的空间。多元文化社区没有相对独立和文化封闭的群体，这些多文化群体共同生活在一个地区的空间上必然会相互冲突，容易产生文化摩擦，并伴随偏见和歧视，在居民之间发生变化，扩大了社会与各个群体的距离。因此，多元文化社区治理的关键是通过服务区内不同社区搭建社区公众参与平台，跨社区组织活动，促进社区居民互动，在尊重和包容的气氛中，形成对社区的归属感。

1.5 多元文化社区的自组织路径

本研究的研究内容着重于多元文化社区在发展变迁中的自组织模式思考，通过系统分析自组织模式在社区发展中的价值、鸡鸣山社区自组织产生的内部条件，如社区居民构成、社区业态、社区组织结构等，分析这些社区要素中的线性与不平衡性，探究本研究的案例社区是如何通过自组织设计对社区出现的问题自发治理，并总结其中的价值和对同类型社区的借鉴意义。介于全球化多元文化背景的社区聚集模式从单一到多元的转变，在鸡鸣山社区的多元文化融合背景下面临的困境与发展中牵引的居住问题中的自组织成分分析。

---

❶ 黑川纪章. 新共生思想［M］. 覃力，译. 北京: 中国建筑工业出版社，2009: 51-55.

自组织在演化过程中，不仅受到内部条件影响，也受外部条件影响，如政策、市场、资金、技术、科技等。从研究背景中切入实际问题，在全球化背景下的社区聚居模式，由单一到多元的现状发展模式，分析多元文化背景下社区面临的困境，以设计学自组织角度对这一类现象进行论证分析，从鸡鸣山社区的空间形态与特征实地调研考察，探究多元文化社区的物质空间与虚拟空间现状，考察鸡鸣山社区自组织的出现、发展、特点，得出社区发展过程中的自组织设计成分，进而得出鸡鸣山社区的自组织设计体系的意义价值及对同类型多元文化社区的借鉴意义，在此基础上，对鸡鸣山社区的未来发展引申展望。

2 社区发展概况与发展条件

2.1 社区概况与特点

鸡鸣山社区位于浙江省义乌市江东街道，属于城市社区范畴。江东街道共有16个管辖社区，鸡鸣山社区位于江东街道的南部，鸡鸣山社区坐落于鸡鸣山下，辖管范围为篁园路以东、江东中路以南、宾王路以西、环城南路以北，行政区域面积为2平方千米。

一是居民文化背景多元。鸡鸣山社区辖区在册户籍居民3512人，流动人口达2.5万人，其中包括29个少数民族群众2082人，境外居民来自74个不同的国家和地区，约有1388人，具有多国籍、多文化、多元素的特征，是典型的复合型社区，也被称作"联合国社区"。

二是邻高校。鸡鸣山社区位于义乌市，离义乌国际商贸城较近，是义乌外商居住最集中的社区之一。在地域划分上，属于城市范围内社区，鸡鸣山社区毗邻义乌工商职业技术学院，又属于邻高校社区。在早期因发展需要城市面积不断向市区边缘地带扩张下，中国现代城市化率已达到60.6%，教育事业的发展和扩招，现代高校的建筑面积不断扩张。高校在选址上除较早建设在市中心范围内的，通常会优先考虑非市中心区域且土地面积较大便于扩校的区域。高校考虑经济因素、土地面积、交通因素等，选址常在市区范围内且土地面积充盈、交通生活便利的市郊周边，二者之间形成了一种特有的共生关系，最直接地体现在经济和教育两个方面。

高校的发展与邻高校社区的发展，存在一种相互作用。

2.2　社区发展的外部政策条件

首先是市域范围，1978年的改革开放政策，引发义乌民间自贸活动。1982年，相关部门下发全国第一个开放市场的通告，促进了城乡工业的发展。2011年，国际贸易综合改革试点的开展，促进了国际贸易发展。2003年，中共义乌市委制定并实施了《义乌市城乡一体化行动纲要》，通过大规模实施旧村改造、新社区建设、启动老城区更新改造、全面开展小城镇环境综合整治等系列文明城市整建，鸡鸣山社区就是在当时重新划分辖区整合管理成立的。2015年，"一带一路"建设，义乌被列为战略支点城市，扩大了开放贸易，义乌转变为由出口较多到进口较多。

在以上大方向的政策性因素引导下，义乌市中外贸易交流往来更加频繁，外籍商人来义乌经商生活定居的数量骤增。政府数据显示，义乌市现有各类涉外机构6800多家，其中外商投资合伙企业2500多家，约占全国外商投资合伙企业的75%。义乌户籍人口约80万人，外来流动人口达140余万人，有50多个少数民族同胞共同生活在这里。据不完全统计，每年来义乌采购的外商有50多万人次，有超过100多个国家和地区的1.3万名外商常驻义乌。这也是全市异质文化背景居民基数较大的主要原因，根据党的民族政策要求，深入开展汉族与少数民族和谐共融，中国人与境外人员和谐共处，本地居民与外来建设者和谐共生的"三和谐"主题工程，这一政策的落实，也是形成当地各民族同胞共治、共融、共享良好局面的原因之一。

在现社区事务的管理政策上，主要由社区党委组织牵头，联合20家共建单位和6家两新党组织共同组成党建同心会，通过共享资源清单，各自认领服务项目，以"1+X+Y"的模式引领社区建设，为社区建设和发展打下了良好根基。如在2018年，社区在党建引领下，逐步完成新增休闲区、施划停车位、修补路灯、完善基础设施等社区公共项目。

2.3　社区发展的文教资源因素

鸡鸣山社区毗邻义乌工商职业技术学院，义乌工商职业技术学院简称义乌工商学院，自2007年起招收国际学生，已累计培养知华友华、国际商贸素质较高的国际学生9000余人次。现每年招收培养国际学生1200余人次，规模位居全国同类院校前列。生源70%来自"一带一路"沿线国家和地区。学校开设阿拉伯语、西班牙语等8个语种课程，是省内开设语种课程最多的高职院校，充分满足学生和市民的语言学习需求。学校大力融入"义新欧"发展，积极"走出去"办学，并在西班牙开设了中欧跨境电子商务培训学院、中西跨境电子商务培训基地。

鸡鸣山社区驻有义乌市教育局、义乌工商学院、义乌市教育研究院、义乌二中、义乌商报社、义乌电视台、义乌市江东第一小学等多家文化教育单位及其他单位近20家，图1为义乌工商学院。

图1　义乌工商学院（图片来源：作者自摄）

2.4　社区的多元文化交融因素

鸡鸣山社区有接近一半的常住居民为外籍居民，来自全世界58个不同的国家和地区，是义乌市境外人员居住密度最高的社区之一。出于社区的国际融合问题考虑，社区党委领导了国际融合社区的建设工程，帮助居民在社区生活中获得了参与式民主，也在自主为社区服务的过程中进行了参与式设计。

费孝通在《乡土中国》中曾提到，在面对面的社群关系中，语言是不得已的工具。基于多元文化居民背景下的异质文化共生考虑，社区的融合形态发展首要克服的就是语言障碍❶。为了解决语言交流难题，社区从2014年伊始，建立了全国首个社区境外人员服务中心，利用辖区内文教资源，设立"家门口的孔子学院"，主要服务对象为外籍居民，服务内容为免费开设汉语、书法、电商、民俗等课程，初步帮助境外人员克服交流障碍。

---

❶ 费孝通. 乡土中国［M］. 北京：北京大学出版社，2009：23.

在建立初步交流的基础上，社区成立"自治委员会"，除了本地居民，还吸纳了十余名外籍洋委员和少数民族委员，主要帮助负责境外居民和少数民族居民的矛盾纠纷调解、生活意见收集，让外籍居民在社区生活中获得参与式民主。

社区在关注少数民族同胞融入异地社区的工作中，与少数民族官方组织和民间组织积极合作，迄今在义乌的中小学中，共计开办了50期普及普通话活动。同时，免费向少数民族群体开放公益授课班，使他们更加了解汉族文化，这些活动惠及了在义乌工作学习的所有少数民族同胞及他们的子女，使社区互动成为联系各民族群众感情的纽带。

2.5　社区内部居住群体结构

社区居民是社区的所有者，也是社区的主体。居民的构成来源主要随着"自由流动空间"的演变而发生变化。作为"资源"的一种，社会结构的变化会导致该社区的性质发生根本改变，从而改变了作为原社区居民的生活习性，这一变化不仅代表着社区的居民群体构成并非固定，同时，也表明社区的组成结构、社区文化也会随着空间、时间的改变而发生质的变化。

随着经济、文化的全球化，鸡鸣山社区作为中国代表性多元文化社区，吸引了更多的外来人口，社区居民身份逐渐向国际化特征演变。社区居民的群体构成是社区构成的基本要素之一，社群内的居民群体结构主要有本地市民、外来务工人员、流动商人等，再加上少数民族和境外人员，不同社区间居住群体的社会关系会导致生活习惯差异。多样化的人口结构和多元化的文化相互拼接在同一社区内，为中国社区治理能力的现代化提出了新的挑战。

鸡鸣山社区的人口数据显示，社区内户籍人口为3512人，约占总人口的11%，来自29个少数民族的2082人，约占总人口的7%，来自74个国家的境外人员1388人，约占总人口的4%，流动人口25280人，约占总人口的78%，如图2、图3所示。从统计数据可以看出，人口基数最庞大的是流动人口，而社区内外籍居民的占比高达4%。

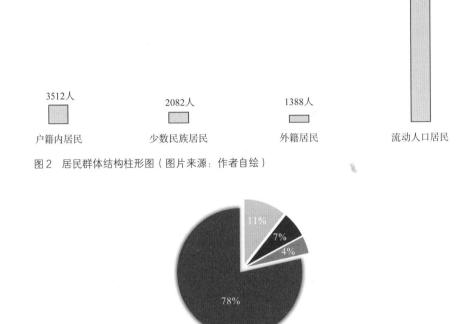

图2　居民群体结构柱形图（图片来源：作者自绘）

图3　居民群体结构图（图片来源：作者自绘）

2.6　社区人口年龄结构

鸡鸣山社区人口的年龄结构如图4、图5所示。从图4可以看出，年龄在0～13岁的居民有2276人，包括1251名流动人口、595名户籍内居民、300名少数民族、130名境外人员。年龄在14～35岁的居民有21170人，包括17774名流动人口、1360名少数民族、1109名境外人员、927名户籍内人口。年龄在36～60岁的居民有7881人，包括6083名流动人口、1350名户籍内居民、328名少数民族和120名境外人员。年龄在61～80岁的居民有802人，包括520名本地户籍居民、172名流动人口、85名少数民族、25名境外人员。年龄在81岁以上的居民有131人，包括120位本地户籍居民、7名少数民族和4名境外人员。

从统计图5中可以看出，年龄在0～13岁的居民约占总人口的7%，年龄在14～35岁的居民约占总人口的66%，年龄在36～60岁的居民约占总人口的24%，

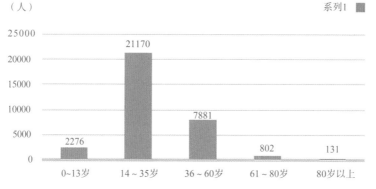

（人）

系列1 ▬

图4　人口年龄结构柱形图（图片来源：作者自绘）

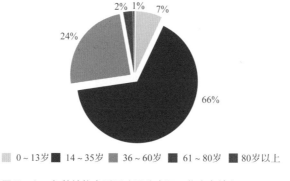

▨ 0～13岁　■ 14～35岁　▨ 36～60岁　■ 61～80岁　■ 80岁以上

图5　人口年龄结构扇形图（图片来源：作者自绘）

年龄在61～80岁的居民约占总人口的2%，而年龄在80岁以上的居民很少。该社区
的人口年龄结构较轻，年龄层次主要分布在14～35岁。

2.7　社区经济结构

社区的经济结构，是社区自组织发展的内部条件之一。社区在业态分布上，主
要有网络电商、餐饮业、生活服务业、外贸企业、物流仓储类、文化娱乐类、学校
机关单位七大类和其他，如图6所示。其中占比最大的是网络电商，达923家，餐
饮类441家、生活服务类239家、外贸企业213家、物流仓储类164家、文化娱乐类
63家、学校机关单位21家、其他分类32家。社区内的居民就业情况大多根据社区
业态分布就业（图7）。

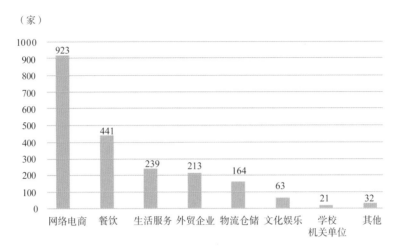

图 6　社区业态分布柱形图

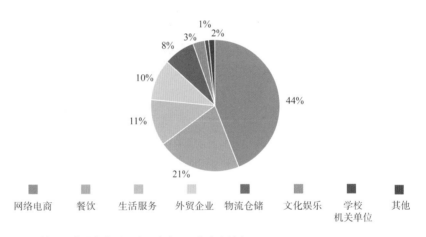

图 7　社区业态分布扇形图（图片来源：作者自绘）

　　总之，作为多元文化社区的代表性社区，鸡鸣山社区的地理位置存在明显的商业化优势，社区的发展特点鲜明，社区的发展主要受地方政策、区位优势、邻高校的文化资源优势、多元文化背景汇入等外部条件和社区内的群体结构、经济结构、人口年龄层次等内部条件共同影响，商业的发展直接促进了人口的迁徙，间接促进了多元文化的交融与传播，产生双向作用。业态分布以新兴电商为主，人口年龄结构集中在青壮年，流动人口占比高，社区居民在多民族、多种族各方面差异的接受程度较高，融合接受度得以提高。在对传统社区的探究过程中，通常是对人居建筑和物质环境的现状研究，在对物质空间与虚拟空间的社区区分建构上关注较少。下一章节在社区基本概况的基础上对鸡鸣山社区的物质空间与虚拟空间进行剖析，探究其表层现象到内在问题的转化。

3　社区的物质空间建构

对于物质空间的研究，西方发达国家已经开展了许多理论探索与实际工作，并在研究技术、方法与手段等方面取得了显著的研究成果。相较而言，国内对于物质空间的形态和特征研究尚处于起步阶段，社区虚拟空间指某一具体社区居民在虚拟网络中结成的网络共同体。连接社区虚拟空间居民的纽带是现实中具体的地域生活共同体，而非共同的兴趣爱好等。在这一点上，社区虚拟空间实现了虚拟与现实的重合，而对社区的物质空间与虚拟空间的剖析对社区的整体环境研究有重要意义。多元文化社区是中国经济发展、不断开放的产物空间，外来文化的注入，涌现出越来越多的国际化社区、多元文化融合社区❶。

3.1　社区的物质空间布局

社区的居住空间形态分布呈现散装式住宅，居民住宅区非单一集中，鸡鸣山社区的金村、樊村居民区在合并前为城中村社区，建筑外观大多为自建房，建筑的密度较高，无统一的规划。鸡鸣山社区的环境特征总结如下：空间形态和内部特征与城市周围环境相互融合较好，虽人口流动基数大，聚居群体身份差异复杂，人口职业构成关系多样，不同国籍文化差异的融合问题导致社会治安管理难度大。

鸡鸣山社区成立于2003年6月，社区内分为时代广场、星城广场、城市风景、江东四小区、金村和樊村。时代广场是商住楼，星城广场、城市风景是商品房，江东四小区主要安置市中心拆迁户，金村和樊村是城中村。

驻有义乌市教育局、义乌工商学院、义乌市教育研究院、义乌二中、义乌商

---

❶ 孟刚. 未来社区建设的时代背景和浙江追求 [J]. 浙江经济, 2019, 657（7）: 11–14.

报社、义乌电视台、义乌市江东第一小学等多家文化教育单位及其他单位近20家。鸡鸣山社区功能区主要包括居民住宅区、文体学校区、鸡鸣山公园区和商业用房区。

3.2 街区轴线肌理

社区外部空间的交通体系路网，主要分为三级道路，一级是主干道路，二级是社区辅路，三级是社区内小路，一级道路通行对象主要为交通工具，为交通运输型道路；二级为商业街区的商业步行道路；三级道路主要围绕社区居民住宅建筑铺设，主要是生活休闲型道路。街区由于商业区、工业区、居住区的主要功能需求差异，道路职能也有所不同。商业区外围道路是人行走道与社区广场相连，空间开阔，人流量大，人的视线相对自由，主干道路的空间界定感强，人行走道多与绿化相连，城市绿植的分布与居住区道路相连，不同街区的道路尺度规划的合理性会为社区环境创造更舒适的生活条件。

3.3 社区交往与对话空间

社区的交往空间是人与人之间产生交流与碰撞的群体关系环境网络，大部分社区的交往空间主要集中在社区的公共空间（图8），鸡鸣山社区的交往空间主要集中在社区公共区域、社区的党群服务中心、鸡鸣山公园、商业街区等，社区的公共区域主要集中在党群服务中心后部，设有健身器材、文体设施、健身步道，可以满足居民基本锻炼活动需求，商业空间主要的功能是商业交往，居民的文化交往空间集中于社区的居民党群活动中心，社区的居民党群活动中心共有三层，一层空间为便民服务中心和党群生活馆，党群生活馆是对社区居民免费开放的休闲平台，在这个区域，设置了城市书房、共享咖啡、社区剧场影院；二层主要为中外居民交往平台，设有中外居民之家、中外志愿者服务站、四点钟学校、民族团结书苑、公益超市、境外人员服务中心；三层为社区管理层办公空间和社区美育空间。以上居民交往与对话空间的设置，不仅是人与人之间的交流，也是居民与文化、与体制的一种互动空间，而这些所有对话空间的集中化，便于各种问题的交流与理解，在无形中形成了参与式民主，也是社会制度创新的一种体现。

图8　社区公共交往空间一角（图片来源：作者自摄）

4　社区的虚拟空间形态

社区的虚拟空间建立在社区的物质空间基础之上，社区的社会制度遵循"区域化党建、开放式管理"的模式。在设计学的前沿理论和相关社区研究文献中，都有对于"社会创新设计"的探讨，上一章节中居民交往与对话空间设立涵盖多种功能需求，除了为居民交流提供固定场所，也满足了不同年龄层次群体的学习与交流。

受区域贸易集中、物流发展、政策因素影响，准确把握互联网社区发展趋势，义乌市联合商务电子商务专业师资，利用义乌高校群体较多的优势，在七年间不断为少数民族开展电子商务技能培训，同时，由于良好的营商环境、义乌政府大力支持等因素，义乌电子商务业具备高效的翻译及法律援助服务，帮助各民族人民在义乌营商。

社区制度的创新发行《人民服务手册》，设立少数民族特别服务窗口，让少数民族尽快融入当地生活。提供涵盖生活、医疗、教育、商业等领域的多样化式服务。此外，社区定期举办有关知识的法律讲座、健康检查、儿童学校政策说明和其他活动，以满足各族裔群体的不同需要。鸡鸣山社区居民和海外工作人员以文化为媒介逐渐融合，它以饮食、体育、传统节日为基础，打造"我们的节日"和"家庭"等项目，同时，适应中国和外国居民，加强交流和统一。通过法规和政策的宣讲课堂，海外官员讲解交通运输法、合同法和垃圾分类，提高就业技能，帮助他们顺利适应生活，让志愿者作为促进参与的桥梁❶。

4.1　社区美育

美育源于教育，现代美育已经打破教学场仅限于校园的局限性，社区的公共活动空间，为社区的文化艺术传播提供了场所，以社区作为美育的场所也是居民自我价值的实现途径之一。基于多元文化社区的属性，社区教育呈现汉族文化、少数民族文化、异国风情文化相互交流的多元融合形态。这种融合开放形态，对于本地文化是传播与输出，对于异质文化，是交流、理解与尊重❷。

为了提升居民的审美素养，社区为居民开设形体、舞蹈、插花、美妆、剪纸、乐器等美育建设，提升社区女性整体形象素质的同时，提升居民的文化艺术修养。在每年的端午、中秋等中国传统节日来临时，社区都会组织邀请辖区内少数民族群众和外籍居民共同参加丰富多彩的民俗文化活动，如端午游园、包粽子、赛龙舟等，以传统文化输出的形式创建社区文化家园。对于外来文化，社区也为此举办了相关活动，如义乌市首届异国文化风情展在居民社区的举办，参与这项活动的外籍居民分别来自英国、美国、乌兹别克斯坦、哈萨克斯坦、伊朗、苏丹、马里等十几个国家，他们为中国居民展示了近百件来自各个国家的文化工艺品、服饰、收藏品等，获得社区中外居民的踊跃参观和好评，这种以多元文化展示的形式，促进了社区多元文化的相互交流与邻里和谐，帮助外籍居民在社区获得归属感。

在文化共建与交流的基础上，中外居民邻里之间的了解不断加深，为之后社区

❶ 柴晋颖，王飞绒. 虚拟社区研究现状及展望［J］. 情报杂志，2007，26（5）：101-103.

❷ 谢中起，王玉超. 基于物联网技术的服务型社区构建——以社会管理创新为视角［J］. 自然辩证法研究，2012（4）：78-82.

的文艺演出铺垫了居民积极参与的基础，在社区的大小活动中，越来越多的少数民族群众愿意共同参与，带来民族音乐舞蹈等文化形式的表演，丰富文艺汇演，丰富各族群众的文化生活，大家在互相尊重、欣赏、包容的情绪中，不断增进民族感情。图9为鸡鸣山社区宣传栏一角。

图9　鸡鸣山社区宣传栏一角（图片来源：作者自摄）

4.2　服务型社区的空间融合形态

在社区管理的原则上，管理与服务是相互结合的。服务型社区是以服务人民为宗旨的新型社区管理模式。社区服务可以把人们联系在一起。我们之所以要开展服务型社区建设，这不仅是社会主义国家性质的要求，由我们党为人民服务的宗旨所决定的；同时，从另一个角度而言，在改革开放不断深入的过程中，传统社区的解体，新兴企业社区的出现，同时，主导体为政府的原社区管理存在弊端，传统模式陷入困境，以政府为主体的基层社区的管理能力也在逐渐下降。

从1800年开始，发达国家就开始了早期的现代化社区建设。重点是动员社区居民，促进居民积极参与解决社区问题，发扬自治、自助、互助的精神。然而，第二次世界大战之后，由于全球化、城市化、计算机化的进步和新思想的传播，最初的社区精神开始衰落。因此，自2000年以来，西方发达国家纷纷开展社区革新运动，希望通过自下而上参与社区管理，通过"与政府、社区建立合作关系"的方式，重建传统的社区精神，向服务型社区转变。所谓服务型社区建设，其实质是要将基层制度的管理模式和功能由过去的政府主导型转变为居民主导型政府服务模式❶。同时，社区虚拟空间作为现代社区不可分割的一部分，具有自然的自组织性。通过虚拟社区空间，政府可以在现代通信技术发展的今天及时了解社区居民的现

---

❶ 陆大道，陈明星. 关于"国家新型城镇化规划（2014—2020）"编制大背景的几点认识［J］. 地理学报，2015，70（2）：179-185.

状。与当地居民合作，进行实时跟进，及时有效地交流并关注人民的生活。在浙江国际人民交流基地建设的要求下，社区注重国际交流、海外文化交流和国际形象建设，打造一个供社区居民具有自由反映的交流基地。

在以服务为导向的社区建设中，居民应该做的是重新形成社区意识，培养社区居民的归属感与主人翁意识，积极参加到社区的建设中。社区虚拟空间有两个功能：一方面，是为社区居民提供互动的平台。社区居民之间的相互沟通可以增进感情，提升社区良好关系氛围。当地区居民建立相对广泛的社会关系时，自然的地理关系自然会产生社区常识。另一方面，社区虚拟空间是社区居民交换意见、协助解决社区问题、保护自己权利和利益的场所。如果社区利益受到损害，社区的所有者可以使用社区网络等开始集体抗议。这种方式的社区建设不仅会促进社区居民对社区的认同，同时也可以建立深厚的居民感情，从而增强了社区的向心力和凝聚力。

4.3 协作居住的社区

协作居住是指在自组织、互助、友谊和邻里的总体理念框架内，包括共享空间和服务在内的家庭、邻里和城市的生活方式。

从国内来看，鸡鸣山社区这种多元化社区的治理主要集中在"城中村"治理、农民工融入社会、少数民族进城务工等方面。近年来，跨境流动人口现象不断涌现，与此同时，国家发改委也提出了建设"全球社区"的思路，开始了早期治理实践。鸡鸣山社区以"三和谐"项目为中心，倡导"外国人与中国人和谐共处、少数民族与汉族和谐相处、流动人口与当地人和谐相处"，在此基础上努力构建新型的现代化多元化社区。不仅将大公司作为引进建设项目，为外派人员、少数民族、流动人口和社区当地居民提供就业机会，同时，也注重提高外来人员的归属感，社区志愿者经常在社区开展各种公益活动，倡导少数民族、外来人员、农民工等不同群体积极参与到社区的各个活动中，积极向当地居民介绍多元文化的氛围和非流动人口、少数民族的风俗习惯，向海外人员介绍中华文化、风俗习惯和法律。社区网格中各层次之间的内在有机配合，更有效地融合内外部的差异性。

国际性融合社区项目引入社工专业服务理念和方法，特别注重对居住在社区的境外人员需求的发现。根据实际走访，通过问卷调查的形式来分析鸡鸣山社区境外人员的十项主要需求，本项调查共计随机选取140位境外人员，调查结果见表1。

表1　鸡鸣山社区境外人员主要需求（表格来源：作者自绘）

项目	比例	项目	比例
提供签证帮助	48.3%	提供就医信息	47.6%
提供工作信息	44.2%	提供房源信息	36.9%
提供就学信息	34.7%	提供法律援助	25.4%
提供娱乐场所	16.1%	提供交流的机会	10.8%
提供翻译帮助	8.0%	提供交友信息	4.3%

通过走访，从随机问卷来看，境外人员主要的需求如下：签证帮助需求的占比为48.3%，就医信息需求的占比为47.6%，工作信息需求的占比为44.2%，房源信息服务需求的占比为36.9%，就学信息需求的占比为34.7%，法律讲解和法律援助需求的占比为25.4%，娱乐场所需求的占比为16.1%，交流的机会需求的占比为10.8%，翻译帮助需求的占比为8.0%，交友信息需求的占比为4.3%。

文化交流可以有效化解群体间的矛盾，促进社区开放、包容和进步，提升国内外居民的文化素质，形成鲜明的城市社区的文化特征。社区以文化活动为载体，积极推动中华文化的传播与交流，安排各种文化活动，如异域风情展、国际马拉松、电商嘉年华、摄影比赛等。

总之，鸡鸣山社区的物质空间与虚拟空间建构基本布局较为合理，基础设施完善，人口基数较大，社区最显著的特征在于社区居住群体的多样性背景下，多元文化的差异性与融合性，商业空间主要围绕居住区外围延伸，社区的电商产业和文化教育产业较为发达，凭借邻高校和邻近的其他教育产业，社区内的多元文化得以发展和融合，文化多样性丰富。基于本章对鸡鸣山社区物质空间与虚拟空间的建构现状下，在下一章节中对鸡鸣山社区自组织设计成分展开分析研究，着重分析自组织在社区演进过程中的动力前提、演进过程及演进特点。

5 社区的自组织设计动力前提

社区的空间自组织发展，主要存在两种机制："自上而下"的"他组织"与"自下而上"的自组织。政府主导下的上层规划建设属于"他组织"范畴，而"自组织"则属于自我空间演进。鸡鸣山社区的自我组织力量，具有自发性与不可避免性，鸡鸣山社区最为显著的特征即多民族、多种族的聚集，移民问题随经济全球化导致的人口流动应运而生，自组织的出现是人类内部生存机制的发展和进化，也是外部环境双重影响的必然结果❶。鸡鸣山社区空间自组织问题主要围绕社区内自组织机制的形成前提、自组织作用下的演进过程、自组织在社区空间塑造的特点以及特点是如何作用于社区的演化过程。第一个问题主要涵盖空间的社会原因，其背景包括社会结构和社会文化；第二个问题是在从宏观到微观层面的观察中，结合设计学、社会学、城市规划等综合研究；第三个问题需要将空间设计问题与社会问题相结合的跨学科综合研究。

5.1 他组织的显性化

在社区初期建设中，政府的"他组织"主要起到宏观的规划作用，自组织的演化前提，是对于他组织完善性需求的迫切需要。从他组织的角度看，自组织在社区的演化过程都是一个对于现存生态系统下自我完善的过程。他组织的规划更为表象，具有显性化的特征。而人类对于居住空间的需求，高于他组织的显性建设赋予，因而产生对于生存发展更高层次考量的隐形部分挖掘，这种演化是无特殊职能部门、特定职能人员规划的。在国外相关研究文献对自组织人居空间的研究结果显示，单纯的住房政策改革而不是单一的住房问题，只依靠政策改革的角度而言，想要解决问题是不可能的。它与城市社会普遍存在的贫困问题和社会排斥有关。此外，物质环境滞后（达不到城市建设标准），社会融合不好（面临社会歧视），产权安全性低（没有合法或安全的产权）等因素同时影响着人居空间自组织推荐演化的过程。

---

❶ 赵衡宇. 城市移民人居空间自组织机制下的"城中村"研究［D］. 无锡: 江南大学，2017:
  38.

5.2 自组织的隐性化

在他组织无法深入的部分，居民对于居住空间的诉求需要依靠居民群体自发解决，鸡鸣山社区自组织的隐性化部分的最直接来源是对多元文化背景人口聚居矛盾的诉求。出于隐形诉求的自组织部分，是可以通过时间与空间演变的，在义乌市流动性大、人口类型繁多的特点下，异质文化交流与认同成为最大的隐性需求，也成为多元文化社区需要解决的核心矛盾。

5.3 社区自组织的开放性

鸡鸣山社区耗散结构的形成前提是空间的开放性，社区在开放的前提下可以同外界交换物质、信息、资源，封闭的结构空间无法遵循社区自组织演化过程规律，开放的社区系统才能走向有序。

鸡鸣山社区的商业空间主要为社区主路商业街区、篁园路商业街、库存专业街等区块，商业空间的对外交流上，主要是社区与市场的物质交换，依据社区的产业结构，占比最大的为网络电商，居民在就业创业上充分利用了义乌国际商贸城的经贸环境优势进行物质生产与交换。在产品的销售和生产环节，实质上会引发自组织协同学论中的一对重要的关系，即竞争与协同。在自组织演化的条件中，竞争将推动社区空间的经济自组织，这种良性竞争造成系统自组织的非平衡状态。

5.4 社区租住群体的聚集化

与鸡鸣山社区产生交流的外部社区居民群体除本户籍内居民外，外来人口主要以租住的方式生活在这里，初期的鸡鸣山社区，因地理区位因素、政策性因素，经济逐步发展，进而交通便利、基础设施完善，而租住空间聚集化的因素与人口密度、文化多样性、人口年龄结构等相关联。租住空间的聚集化特点取决于社区功能使用的数量和频率，人口密度与人口年龄结构、与居民活力挂钩，影响着社区居住机制。不同种族、民族，在生活行为习惯、语言文化、消费观念等各个方面存在差异性。鸡鸣山社区在成立初期，并非典型多元文化社区，而是通过交通干道相连的分散式住宅区，其中包括原城中村自建房及现代小区楼房，因移民逐渐增多等相关因素，社区于2006年在他组织下进行整合。在原有的居住空间的特点社区划分将高校空间义乌工商学院划分至社区内，邻高校优势与商业空间形成伴生关系，推动了社区教育与经济的繁荣，吸引了越来越多的外籍租客。

在以上背景下，外籍租客和少数民族租客或随亲缘关系流入社区的流动人口租客群体基数变大，外籍租客群体在聚居方式上倾向于聚居，流动人口租客大多依靠亲缘关系生活工作，也呈现聚居倾向。社区由本地居民的单一化聚集形态，被动发展成为多元文化特征的融合社区形态，从而衍生不同种族间的生活行为方式差异，难以融合，这也是大多多元文化特征社区面临的问题。

人居空间的困境不仅存在于多元文化社区，所有类型社区都面临邻里关系的处理问题，相比较而言，多元文化社区因文化背景差异、生活习惯差异、管理制度差异等行为，更容易发生矛盾与冲突。因此，从社会环境角度来看，鸡鸣山社区自组织的出现，既受人与人之间交流需求的影响，也取决于政策手段、经济发展程度、租住群体的文化水平等因素的影响。

城市化的阶段不同，国际化的程度也不相同。历史关系政策和公众态度的差异充分说明自组织空间在现实社会中实际发展的差异。简言之，如果合理合法的需求不能及时得到满足，自组织系统必然导致整个系统偏离现有的设计轨道。跳出如今对于各种老旧房屋和违建的概念词，今天的"自建"行为有正当用途，但普遍存在一些"灾难性"的投机现象。然而，从历史上看，它是一种无法解决长期以来与我国建设管理体制和公共住房需求矛盾的产物。对于建筑的形式分析，不能根据表面物理的现状来进行价值判断，而应该从历史连续性的角度来看待这一空间背后的种种矛盾和问题。

5.5 空间形态的结构变化

在鸡鸣山社区自组织设计出现的过程中，城市化程度对社区空间形态结构发生作用，社区的功能分区不断多样化、完善化，在人居空间形态的发展上，自组织结构化产生变化，社区自组织机制形成的过程中，建筑形态与环境布局两相适应，并逐渐形成社区外部空间与内部空间的共同作用。物质空间是固态的，虚拟空间实为动态，空间的动态规律性也是自组织设计的一个重要特征。空间的产生和演变过程是一个不断调整的过程。因此，自我调整也是社区自组织过程中的一个非常重要的特征。社区自我调整的本质需要所有参与这一过程的主体共同参与，而且有必要交替主导。在虚拟空间中存在的人与物、人与人之间的动势，对空间的后续自组织演化起到反馈作用。

社区的可持续不能完全依赖于他组织的规划管理，社区在一定限度上空间形态结构的变化，通过自组织模式实现了高效的社区自治，并作用于居民的隐性需求，是实现社区居民和谐相处与发展可持续的有效途径之一。

自组织对空间形态的感知不能停留在静止状态。空间结构的主体变化必然促进空间自组织行为的不断衍生与更替，促使自组织成为人类主体能动性和外在约束性的动力机制。鸡鸣山社区在形成持久性和相互作用的过程中，各个阶段的社会需求特征逐渐显现，从社区空间形态结构进化的角度看，自组织设计经历了外界因素识别、内在文化适应、系统构建等阶段。组织结构和运作形式不断以社区居民自我为中心，在"自组织"的设计理论下，引导着社区适应机制。

中华人民共和国成立后经济困难时期，党和国家大力扶持民房和出租房，对旧房进行改造、鼓励居民适度建设、缓解住房需求等，都是住房管理体制中的重要手段。这就形成了"建筑设计"和"居住使用"，这两个孤立的命题。在这些古老的建筑发展过程中，一个更为完整和有机的融合才可以成为一个统一的整体。以村庄为例，中华人民共和国成立初期到中期的建筑几乎没有变化，也不存在更新自组织现象，这些动作贯穿于建筑的整个生命周期，自组织已经无法再对其进行改造。但是，鸡鸣山社区并不像这样，从建设初期开始，许多老房屋的违章建筑被拆除，取而代之的是正式的社区规划。也就是说，决定了人居空间建设不是"产权"属性的问题，而是一种自上而下的城市规划与自组织之间的冲突与融合，是一种动态的平衡。

从整体上看，学术界对空间形态独特性的认识是基于现代城市的空间设计原则，通过现代交通手段将居住活动分隔开来，促进空间分割和密度控制。通过增加密度和集中度的自组织技术，使一些公共服务和产品的供给成为可能。同时，随着城市化土地价值的日益上升，鸡鸣山社区逐渐加强了建设密度和开发力度。

5.6　社区管理的一体化

在鸡鸣山社区自组织演进中，社区的管理应最大限度地实现空间功能一体化、效用一体化，将优化住房供应等推向专业化细分市场，通过专业化管理提高服务水平，促进社区管理制度的成熟。自组织下的社区建设，维护和管理主要依据个人及社会的潜力来形成适合居民生活方式的良好社区。如果这种自发行为失去了动态的演变过程，那么，居住环境就会停滞不前。

在不同地域、形态类型、社会经济特征的社区环境管理，对居民融合程度的影响差异很大，在自组织的进程中，社区管理的一体化有利于社区在演化的过程中都拥有独有的最有利于社区融入聚居的形态。社区的居住空间现状以多元文化背景下的移民生活需求为"动力源"，作为鸡鸣山社区的主要矛盾，促使了人居空间的自组织演进，形成社区自组织机制运行与设计价值体系，促进了社区建设和对其他同类型社区的借鉴意义。

从门店开发经营到租赁管理，社区居民通过"自组织"方式提高了租赁市场的专业化程度，加强了商业空间的实用性，促进了社区租赁的精准发展。从过去的混合型利益主体开始逐渐转变为社区"管理者"的角色。结构上形成了较为清晰的组织机构，提升了社区管理的经验，服务于更精细的管理需求市场，不断地提高行业的分化程度和发展效率，形成更加具有实质性规范的管理机制。促进移民住宅空间的成熟发展，降低政府管理成本，改良空间自我管理的设计。这种自组织模式表明了这种集体住宅本身的天然优势，实现了"原住民"和"新老移民"和谐共处的可能性。相反，今天的设计师与规划者的现代设计和空间控制总是失去了城市的力量和活力，将更多的注意力集中在高效和管理上，忽视了自组织的力量。

虽然鸡鸣山社区的物业管理由社区委员会统一调控，但该社区同样拥有自我维护空间秩序的机制，除了外来居民外，本户籍内社区居民的住宅与商业都是在社区内，因此，居民也倾向于保持良好的社区关系，降低了政府和国家的物业管理成本。同时，从自身的利益出发，商住合一也对城市安全隐患进行监管。另外，原本的社区存在很多非正规门店，这类门店通常不临街，生活和服务都由居民日常生活的需求和支持来支撑，居民之间需要相互配合，不仅存在安全隐患，同时，也提高了监管成本。在空间和社会资源有限的情况下，在政府公共投资不足的过去，社区自发从粗放型管理向内部精细化管理迈进。在建筑层面，构建了鸡鸣山社区的地方政府、社区委员会、建房者和外来人口的混合受益主体。这种相互关系形成了多种利益共同体，促进了社区内非正规住房的形成和发展，由非正规逐渐演变为正规住房。

多元文化社区的自组织设计与未来发展——以鸡鸣山社区为例

6 社区空间自组织现象

6.1 商业层次

鸡鸣山社区是在城市规划指导下形成的作为自组织生存空间的居住综合体，不同于传统村落聚集形成的居住空间和建筑模式。建筑与规划虽然没有得到一定限度的认同，但它是现代城市中一种独特的人文类型，它的发展特征是在城市规划空间的基础上，通过再生修复的方式来实现。社区的商业模式作为空间活动的现象，居民能够将空间和功能组织有机结合，从而实现了社区功能复杂高效的利用。因城市化进程迅速，土地利用率和人口增长的需求不足，低密度等同于高质量的住宅区面临着令人尴尬的局面，不将社区密度与社区质量剥离则无法满足现代化城市社区的功能和更多人口的居住需求。自组织的空间聚集性除分担了更多公共社会的责任外，同时，也彰显了社区自组织的自身的秩序和理性发展。

社区的商业空间边界界定中，空间路径系统的透明度较高，呈现流动的状态。据考察得出，社区业态分布上占比最大的是网络电商，其次是餐饮、生活服务、外贸、物流、文化娱乐等，从考察数据中可以看出，社区业态依托社区的地理区位、政策因素影响，把握了电商发展优势，社区在商业层面的自组织现象比较突出。社区在2006年合并初期阶段的发展，并无明显的电商优势，直至2013年，社区开始把握了互联网优势，依托辖区内的高校资源，社区居民通过自组织的方式，联合义乌工商学院电子商务专业教师合作开设淘宝店铺装修、淘宝美工、网络推广营销、国际电子商务速卖通等十多门互联网营销课程，连续6年为少数民族群众开展电子商务技能培训，参加培训的少数民族群众近千人次，超过80%的学员通过社区自组织商业扶持手段开网店，在这片土地上改变了命运。

社区的商业发展迅猛，吸引了更多的流动租户，较早来社区租住的移民人口因发展商机留在义乌，因亲缘关系的带动效应，已在社区务工创业人群中形成以血缘关系为聚集的趋势，吸引更多的外来人口，在部分少数民族人口家属语言不通、文化学历不高的背景下，初次创业会首选餐饮行业，部分少数民族餐馆汉语不佳，社

251

区居民管理处的工作人员针对这一情况，自发地帮助少数民族在社区内开设经营餐馆，为他们进行招牌的多语言设计，并统一制作规范。社区对部分刚来社区创业扎根的少数民族经营餐馆进行商铺照片拍摄，并在社区公众号发文宣传，通过自组织方式，帮助少数民族在社区内进行个体就业发展。鸡鸣山社区的"夜市"经营也是商业布局中的"另类"自组织空间。它提供了一种不同于城市住宅的新的"时空结构"，不仅满足了市场的需求，还提供了就近购物的路线，满足生活便利，为特定移民提供了额外的兼职工作，增加其收入。社区内的夜市原处于义乌工商学院校外街区的流动摊贩，初期面临摊贩占道经营、垃圾遍地的状况，在社区环境整治下，改为街区商铺室内经营，现目前入驻近100家夜市商户，结合社区优势，形成了夜市一条街。通过流动摊位的"夜市"，原本松散的社区走向结构化，提供繁荣的夜间经济，丰富城市体验。

6.2 文化层次

鸡鸣山社区是典型的多元文化社区代表，具有多种族、多民族的特点，社区有外籍居民1388人，少数民族居民2082人，居民的文化背景和文化水平差异性较大，初期外籍居民的融合问题成为困扰社区发展的主要问题。社区居民在居民融合问题上从初期的排异到现阶段的开放融合，有很大一部分原因是依靠居民的自发组织，对社区邻里关系、异质文化的接纳进行努力的成果。

社区的可持续发展，首要是促进移民融入。面对外籍人口、少数民族较多的移民情况，社区从开始的无法融入现在的体系完善、开放度高，除了他组织的带动，主要依靠居民对于异质文化接纳意识的提升。在他组织方面，政府以向当地的社工服务中心购买服务的方式作为牵引，在社区内以免费形式开办少数民族普通话培训班，在此基础上，社区志愿者通过自组织对普通话班进行宣传对接，并组织邀请少数民族居民加入社区文体活动，帮助他们更好地融入社区。

除了帮助外来文化背景者在本地的共融，对于中国传统文化的输出，社区的志愿服务者也进行了相关活动的双向交流，以此促使居民间的接纳与交往。社区在传统节假日，以民俗文化宣传、文艺演出等形式来促进社区文化建设。得益于此类活动，少数民族的能歌善舞优势得到发挥展现，并通过文化交流在社区内赢得了各民族群众的赞扬和尊重，增进了居民间的感情。

针对外籍语言文化障碍，社区自发设置了"汉语角""孔子学院"及汉语班等，帮助外籍居民学习汉语，系列以文化为媒介的活动，以文化输出和接纳的方式帮助外来移民更好地适应生活，也使社区生活变得更好。

6.3　公共空间层次

在公共空间的动态发展中，鸡鸣山社区是一个开放的非线性空间。社区为居民设置了图书馆、电子阅览室、健身步道、灯光球场等公共活动场所，社区本身具有市场导向、多样化和灵活的特点。在社区自建房部分的早期，扩建了部分房屋，公共空间受到了压缩，降低了资源的利用率。随着小区周边环境的变迁，社区重新整合，由传统小型农村社区逐渐演变成国际化典范小区，市场供给空间不断补充。

同时，在进行自组织演化的过程中，社区也形成了相对稳定的居住空间，规范着社区生活秩序和管理者的商业道德。稳定的传统道德情感元素维持着空间的基本秩序，现代的法律条文设立了商业道德的框架。人际关系更加和谐，传统文化更加丰富，通过聚合、重组、规范等社会功能，达到了整个社区无论从商业、人文、环境各方面都优于传统小区的现状。社区网络与住宅相结合，有利于人居空间的稳定发展，地域感和归属感得到提升，并逐渐相交，从邻居网络的扩展等方面维护住户的基本心理需求。同时，这种稳定的状态避免了商业发展中出现的利益损害。在脆弱的社区环境背景下，商家个人的追名逐利和外来人口的异地感产生冲突，导致了追求利益共同体的出现。"原住民"为获取更大的利益损害了移民。

总而言之，通过分析鸡鸣山社区自组织演化过程中的各种要素可以得知，自组织演化可以使社区稳定，同时，随着社区的演变和升级，人类行为的"自下而上"对居住空间进行了建构。自组织者根据外部环境做出反应，在满足社区居民的基本要求下，进一步继续形成复杂生活环境与人文形态。从广义设计的角度看，重点在于物质生活环境是否适应特定集群的社会需求。鸡鸣山社区在自组织演变的过程中就充分体现了该种方式功能清晰、结构稳定、居住环境不断优化的特点，不仅弥补了城市化过程中的消极方面，也是这种城市生活环境现代化稳定的动力机制。

7 未来社区建构与数字化治理

鸡鸣山社区的未来发展，可以从多种视角的问题观察着手客观评价其未来功能。基于未来社区理念和九大场景对社区进行未来展望，社区"未来国际部落"的规划重心放在与周边社区的"五有五共"，主要目的为扩大社区资源的共享，带动周边社区的共建。将鸡鸣山社区现存空间形态纳入未来规划发展下，对鸡鸣山社区未来展望主要包括未来绿地规划、未来公共交通系统规划、未来基础配套设施规划、未来老龄化适配规划。以"人人都是设计师的理念"看来，居民是最适合规划自己生活和组织模式的设计者。在鸡鸣山社区的自组织演化下，依托"未来性"为建设目标，未来社区建设最关键的因素是新技术的发展。在最大限度地满足社区美好生活需求的同时，通过社会性、传统性和生活性的交融，同时，在大数据背景下，强化未来社区与技术性和生态性的相互关系，依靠科技与社会关系的改变，探索未来场景的数字化建设，促进社区的文化水平、居民素质、生活质量稳步提升，以此达到可持续发展的目的。

7.1 未来社区的主要特征

未来社区的主要特征表现在社会性、生态性、未来性、技术性等多方面，主要围绕九大场景展开（图10）。社区是城市的重要功能单元，城市的可持续发展和未来进步都需要依靠社区来实现。未来社区在2019年浙江省政府工作报告中被提出，作为一个较新的理念，它的规划发展几乎涵盖了城市更新的全部内容。在社会发展中，我们常见的城市更新概念基本作为城市衰落背景下的城市重建和重建战略而提出。而未来社区理念，是近年来在快速城市化、快速数字化的城乡社会全面发展的背景下提出并实施的，未来社区的实践必然带给社区人民生产和生活质量的提升，在物质环境与虚拟环境上，社区的整体生态环境和社区整体形象与居民的身心健康有着直接关联。在出行上，便利的公共交通设施可以缩短居民日常的交通安排时

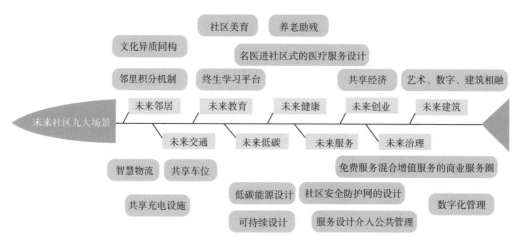

图 10　未来社区九大场景构想图（图片来源：作者自绘）

间，每天的通勤时间可以使居民投资于家庭生活和生产。

从未来性的角度来看，未来社区建设最具决定性作用的是新技术。设计的社会意义，即到目前为止，最典型的项目是科技与生态相结合的低碳社区建设，这个项目主要是建立在一系列创新技术的基础上。在 2020 年席卷全球的新冠肺炎疫情中，居民交往一度处于封闭状态，这也更让社会创新设计者们认识到，数字平台的有效性和必需性。数字平台的数字化民主期盼也正是居民所向往的，不仅是生活沟通便利，更多地创造了深层次的社会价值与环境价值。

丹麦，太阳风社区。最大的特点是使用公共住房设计和可再生能源。同类型的还有英格兰西南部萨丁的零碳城市生态区，它的目标是在城市中创造一个可持续的生活环境。为了减少水资源的流失和提高利用率，社区的自来水循环系统和停车场均采用多孔不透水材料，以此来减少表面水分的流失。社区废水排放通过专业小型废水处理系统在现场处理成循环水。诸如此类的概念小区和未来的新技术结合在一起，也是未来社区的发展路径之一。

在社区居民的互动关系和归属认同上，仅依靠技术应用和社区物质环境的改造，无法从根本上提高社区居民的素质。实现社区的可持续发展，实现未来社区的创建要从技术、物质、社会、人际关系多方面着手，在构建未来社区的过程中，人们可以发现，相对于技术指导和物质支持的各项指标，实现社区归属与关系的互动性，社会指标始终是社区建设的现实意义。随着工业化、城市化的发展，人与人之间密切的社会关系正逐渐走向消解。人际关系割裂、社会的松散，社会的初级化衰落会导致人与公共世界的疏离、规范的迷失、社会道德水平的降低。为避免此种现象的蔓延导致的人性与情感消失，在技术与社会的互动中，新技术可以被应用于激活社会关系，改善新的社会互动模式。因此，在推进社区管理和向先进技术迈进的过程中，维护社区的社会性显得尤为重要。

7.2 未来视域下的社区公共空间展望

2019年，浙江省政府报告提出"未来社区"理念，并开展实践。2020年，浙江省开始联合策划浙江省社区的规划方案和行动方法，同时，在年底的政府活动中，财政部将未来社区的规划纳入到了未来几年省重点投资项目，政府的促进行为对未来的社区计划建设活动起到了积极的推动作用。未来社区在政府报告中被明确提出，要求必须以规划建设为目标。鸡鸣山社区作为浙江省境内多元文化社区的典型案例，也承担了进一步推进未来社区建设的责任，以鸡鸣山社区未来绿地规划、未来公共交通规划、未来公共设施规划、未来老龄化适配规划为基本内容，建设"有形"与"无形"相互促进的未来社区。

社区绿化作为协调社区微环境的重要手段，通过走访社区生态满意度（图11）发现，在以往的鸡鸣山社区，存在内涝损害和绿地广场不足及随意占用社区公共绿地种植蔬菜等情况，在整治改良之后，社区还原了所有绿地，种植景观绿化，增加公共休闲设施，为居民提供了

图 11 社区生态满意度调查（图片来源：作者自绘）

就近休息、锻炼身体的良好场所。未来社区的绿地规划控制条件上要求达到项目内绿地的30%以上。

城市内涝问题在浙江城市地区的夏季汛期较为突出，老旧小区的排水系统陈旧问题成为众多社区生态可持续的隐患。在未来社区的规划建设中，应当将社区建设

与城市绿地系统建设相结合，大力发展海绵城市建设，利用雨水收集系统，在公共区域尽量采用透水性较高的铺装。在鸡鸣山社区的沿街商铺，也落实了污水排放系统的改良，统一增加铺设了隔油池，从城市生态绿地保护和污水排放管理等方面着手，形成一系列的连环解决措施。未来在梅雨季节，利用海绵城市雨洪管理系统，通过吸水、渗水、净水、蓄水，可错峰和调峰到要用水时将水释放利用。充分展示绿地系统的蓄积、地下淋滤、蓄积和地表径流的调节作用，减少社区区域地表径流的影响。

社区公共交通系统在居民私家车数量较多的基础上，会降低公共交通系统使用率。交通系统连接各个功能片区，未来公共交通系统的优化在未来社区的发展中占有重要地位。据社区交通现状调查（图12）显示，鸡鸣山社区现缺乏地铁

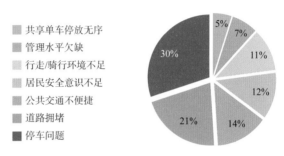

图 12　社区交通现状调查（图片来源：作者自绘）

公共交通系统，在现下义乌市正在与周边各市修建市域轨道交通的情况下，具备完善的公共交通系统也是未来社区的具体表现，距城市轨道交通车站较近的社区，可以充分依托快速轨道交通系统，提高生活便利程度、出行速度❶。因社区的建筑建设非完全性的现代化小区，部分居民区无地下停车场，私家车的停放需要占用社区公共用地，因此，私家车的停放问题成为社区交通问题中最突出的矛盾之一，随之而来的是车辆停放在道路两侧造成的交通拥堵。在一个没有建设城市轨道交通系统的社区，或者在一个偏远的社区，据公共交通改善需求（图13）调查显示，利用现有的公交系统，适当调整公交线路，或者在该地区新增一条线路，补充交通线路的不足。对于未来新型交通需求（图14）的期待调查数据，最受居民期待的是无人技术与智能停车技术的发展。

在2020年初的新冠肺炎疫情期间，社区公共设施对公共夜防和社区稳定发挥

---

❶ 李森. 电商布局社区数字化"战疫"开启［J］. 中国战略新兴产业，2020（6）：28-29.

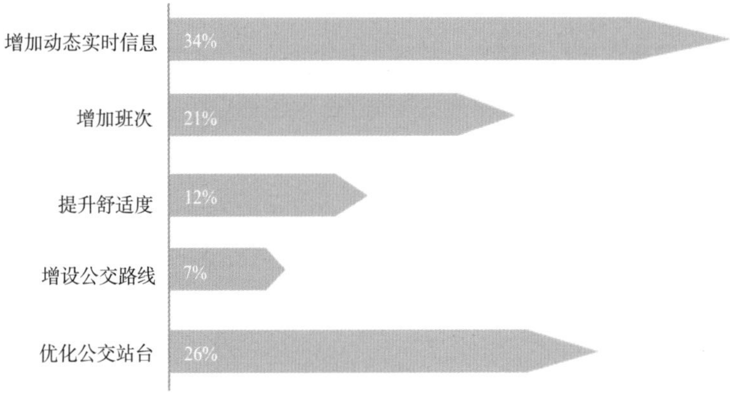

增加动态实时信息 34%

增加班次 21%

提升舒适度 12%

增设公交路线 7%

优化公交站台 26%

图13 公共交通改善需求（图片来源：作者自绘）

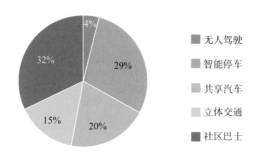

- 无人驾驶
- 智能停车
- 共享汽车
- 立体交通
- 社区巴士

图14 新型交通需求（图片来源：作者自绘）

了积极作用。社区生活形态上，依托社区周边超市可以为居民提供充足的食品和生活用品保障。社区广场健身器材与健身步道等的设置为居民提供了交流与锻炼的空间。对于社区公共设施需求分布（图15）的未来完善方面，最受居民期待的是社区未来公共网速的提升，5G网络的全面覆盖与网速提升。

据浙江省相关部门统计，预计截至2025年，全省70周岁以上的常住人口比例将达到25%，其中80周岁以上的将占到全部老年人数的15%，在此人口老龄化问题上，未来社区的"适老化"规划建设面临较大的挑战。鉴于上述老年人在养老观念上尚存在一定的误区，而目前集中式养老模式中所存在的养老设施所在地较为偏僻、养老院条件较为简陋、养老院医疗设施保障有所欠缺等因素也制约着集中式养老模式的发展。在鸡鸣山社区，61~80岁的居民有802人，年龄在81岁以上的居民有131人，未来社区的老龄化适配展望符合实际情况需求。在浙江省未来社区的规划建设中，首先将居家式养老作为未来20年内解决社会养老问题的首要举措，出台了浙江省城镇居家养老服务设施规划配建标准，其中，明确规定所有新建住房项目，住房保障范围内建筑面积低于项目住房总面积的2%，且不得超过20平方米的计划控制要求❶。对于老旧社区的居家养老困

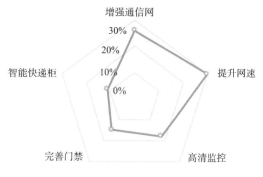

图15　公共设施需求分布（图片来源：作者自绘）

境，最首要解决的是老旧社区无电梯问题，推进旧社区电梯安装，是现有社区老年人居家养老生活改善的关键。鸡鸣山社区的金村与樊村居民区，即变迁发展前的自建房区域，在未来老龄化适配的要求下，应增加电梯的配置。

7.3　社区的数字化建设现状

大数据作为一种数字资源，有自己的公共属性和应用边界，信息安全建设是公共资源应用基础。社区的党群活动中心是全方位使用数字化办公的代表，解决社会问题需要多方协力，更需要数据的统一和快速共享，而以往政府不同职能部门间数据共享难、协同效率低，政府部门间改革数据标准，需要统一部门间的工作目标，以实现人民的更好生活为目标。数据治理也是一个相对紧迫的核心问题，随着政府数字化转型进程开展，数据治理通过数据聚合、整合、共享和开放来实现数字化商业的协调，这无疑会完善政府整体模式，提高政府决策水平和服务水平。

在现代设计发展转变过程中，传统设计产业不断转型升级，随着邻高校城中村发展越来越快，社区政务已经向数字化转型，"数字经济"也一度成为热点话题，社区在业态上占比最大的也是网络电商行业，最依靠的也是数字化经商。互联网经济和数字基础设施建设推动经济转型升级、提升社会治理能力现代化做出重要铺

---

❶ 赵晓旭,傅昌銮.数字化背景下老年友好社区构建策略——基于杭州市K街道N社区的调查[J]. 理论与改革,2020（3）: 131-146.

垫，在此基础上将会对政府的数字化公共管理起到促进作用。

7.4　社区的数字化未来发展

数字化未来发展本质上是以新发展理念为导向，实现技术创新，以信息网络为基础，提供高质量的发展需求，提供数字化转型、智能化升级、一体化创新服务来完善基础设施系统。提升数字治理水平的核心是基于创新，这种创新，通过整合和数据共享提供一种新的创新模式。大数据信息的收集、基础数据的创建、数据的共享，使不同功能之间的业务流程重构成为可能，各部门数据互通使城中村的公共事务监管更加便捷，能够更好地提高管理部门的决策科学化水平，在未来也会更好地优化服务设计及流程设计。

在鸡鸣山社区的未来数字化发展规划中，优化职能人员构成要注重加强学习能力，提升数字素养，设立观察访谈专门组织，最重要的是建立专门的数字平台。以上措施的实施有利于社区居民更好地进行文化建设与社区建设，由数字平台领导建立全面联系网络，拓宽交流，关注兴趣吸引。同时，促进新兴项目和应用的需求，促进数字化转型的开放治理。数字化社区建设将教育、医药、住房、公共安全等部门明显分工，将部分职能数字化。在未来数字社会中，应加强对政府职能人员的常识培训，要求其懂得应用必要的技术和常识。从大数据集成存储和安全的角度来看，市场应用需要清晰的顶层设计。同时，要根据各个政府部门的实际情况，逐步实现部门的数字化，建立多部门数据共享的基础。

结语

对于自组织设计的定义和自组织现象的探索，是一种还尚未被充分认知和研究定性的现象，然而设计学对此还较少有理论研究的呼应和介入。由于社区发展现象缺乏记录状态，很多系统深层性的问题在短期内无法深入考究，给问题的界定带来困扰。本研究对多元文化社区的自组织现象及其从现有的自组织演进与对社区未来发展的思考转变上，需要进行进一步的深化。未来社区理念的提出与实践还处于初期阶段，对社区未来视域下如何发展有待进一步研究。对于鸡鸣山社区的调研工作，因社区的实际情况在不断变化，因此，在研究过程中，数据采集可能随时间推移会有偏差，对人口流动与社区环境改变的调研困境，对研究分析的相关问题界定带来一定难度。从线性脉络分析来看，本研究内容体量还不够丰富。因缺少更长时段的案例追踪，对于鸡鸣山社区等此类型的多元文化社区实际现象还缺少足够的资料。另外，由于论文主题所涉及的现实问题较为复杂，牵涉学科理论较多，问题界定涉及面较广，在跨学科方面还缺乏厚实的理论基础，在建立贯通性的同时难免有不妥之处，也难免会有争议，存在部分理论索引不够准确，有待专家批评指正。

居住空间的变迁研究对人类本体的生存环境改善意义重大，在城市不断发展的前提下，移民融入的社区居住环境的建设仍然存在许多困境，人居需求的矛盾会引发相关社会问题，在中国的城市化过程中，城中村社区向城市社区的变迁发展上尤为明显，放任矛盾继续演化、发展，对人类生存会造成不可持续的后果。

从问题的延续性剖析，不同居住空间的空间形态的"自组织"现象各有差异，牵涉的问题复杂而广泛，长期给设计学等传统领域和观念带来巨大的困惑。主要包括学科间的壁垒问题、狭义的设计学认知局限和自我封闭，形成了主要围绕"物"的研究方法的局限。

协同设计关键、未来社区理念以人为本的共同特征，关注人的内在需求，相关后续研究应该建立在以社区为城市基本功能单元的基础上，探究城市化与城市问题的自组织动态。重点仍在于改变以往狭义的空间认知误区，深刻辨识"自组织"社区空间的实质，才能把握不断更替、涌现的各类型社区发展的各种问题与应对策略，以及在社区现有发展基础下，不同类型的社区在未来社区综合体要求下应该如何建设。